全国“十四五”规划精品教材

装配式施工

ZHUANGPEISHI SHIGONG

主　编　张　敏　陈　佳　王艳群

副主编　李福龙　李　洋　刘业金

　　　　黄　猛　何　君　杨一振

哈尔滨工程大学出版社

Harbin Engineering University Press

图书在版编目(CIP)数据

装配式施工/ 张敏主编. —哈尔滨:哈尔滨工程大学出版社,2020.11

ISBN 978 - 7 - 5661 - 2802 - 7

Ⅰ.装… Ⅱ.张… Ⅲ.装配式混凝土结构-混凝土施工 Ⅳ.TU755

中国版本图书馆 CIP 数据核字(2020)第 206800 号

责任编辑 王俊一
封面设计 唐韵设计

出版发行 哈尔滨工程大学出版社
社　　址 哈尔滨市南岗区南通大街 145 号
邮政编码 150001
发行电话 0451 - 82519328
传　　真 0451 - 82519699
经　　销 新华书店
印　　刷 河北佳创奇点彩色印刷有限公司
开　　本 787mm × 1 092mm　1/16
印　　张 14.25
字　　数 367 千字
版　　次 2025 年 1 月第 2 版
印　　次 2025 年 1 月第 1 次印刷
定　　价 55.00 元
http://www.hrbeupress.com
E-mail:heupress@hrbeu.edu.cn

PREFACE 前言

我国传统建筑施工体系，即钢筋混凝土现浇体系，虽然对城乡建设快速发展贡献很大，但弊端亦十分突出：钢材、水泥浪费严重；用水量过大；工地脏、乱、差，往往是城市可吸入颗粒物的重要污染源；质量通病严重，开裂渗漏问题突出；劳动力成本飙升，招工难、管理难、质量控制难。这表明传统技术已经不再适应我们的发展需要，加上节能减排的要求，必须加快转型，大力发展装配式建筑施工方法。近年来，装配式建筑施工技术得到快速发展推进了结构性改革和新型城镇化发展的要求，大力发展钢结构、混凝土等装配式建筑，具有发展节能环保新产业、提高建筑安全水平、推动化解过剩产能等一举多得之效。

预制装配式施工技术与传统施工技术的区别在于不同的设计、生产、运输和施工方式，其最大特点是生产方式的转变，主要体现在五化上：建筑设计标准化、部品生产工厂化、现场施工装配化、结构装修一体化和建造过程信息化。其主要优势体现在提升工程建设效率、提升工程建设品质、保障施工安全、提升经济效益以及低碳低能耗、节约资源、实现可持续发展等方面。

装配式建筑经过一段时间的发展，技术与设备已经趋向成熟，目前装配式建筑在日本和欧美非常流行，我国的装配式建筑还处于起步阶段。为此，要适应市场需求，完善装配式建筑标准规范，推进集成化设计、工业化生产、装配化施工、一体化装修，提高装配式建材应用比例。此外，要加大人才培养力度，将发展装配式建筑列入城市规划建设考核指标，鼓励各地结合实际出台规划审批、基础设施配套、财政税收等支持政策，在供地方案中明确发展装配式建筑的比例要求。目前高等学校的教学教材，一直延用着依据传统建造方式所形成的教学教材体系，已经不能完全适应新时期发展的新要求。在高等学校开设有关装配式建筑的学科，设置有关装配式建筑的相关课程，是高等学校教学改革发展的必然要求。

本书共12章，介绍了装配式建筑施工的基本概念、材料与配件、制作与储运、组织设计、构件制作、施工工艺、质量管理、安全管理、BIM在制作与施工环节的应用等方面的知识与经验。

本书编著者希望献出一部知识性强、信息量大、实用性强并有思想性的教材。但限于我们的经验和水平有限，离目标还有较大差距，也存在差错和不足，在此恳请并感谢读者给予批评指正。

编　者

CONTENTS 目录

第 1 章　概　论

随着现代工业技术的发展,装配式建筑在20世纪初就开始引起人们的兴趣,到60年代终于实现。英、法、苏联等国首先作了尝试。由于装配式建筑的建造速度快,而且生产成本较低,迅速在世界各地推广开来。因为装配式建筑的优势非常明显,从国家政策到环境保护等多个方面,都需要大力发展装配式建筑。目前我国的建筑施工仍然较多地采用传统施工工艺。传统的建筑行业多是粗放型的施工方式,而装配式建筑行业主要采用集约式、整体式的施工方式,这种施工方式大大改善了传统建筑施工中的弊端。目前我国装配式建筑发展和推广工作存在着很多问题,并且需要深入研究解决这些问题,以便促进我国装配式结构建筑工程的发展和进步,推动我国装配式建筑工程领域朝着多样化以及现代化的方向稳步发展。

1.1 装配式施工概述

随着现代工业技术的发展,建造房屋可以像机器生产那样,成批成套地制造。只要把预制好的房屋构件,运到工地装配起来就可以了。

装配式建筑是指用预制的构件在工地装配而成的建筑。这种建筑的优点是建造速度快,受气候条件制约小,节约劳动力并可提高建筑质量。装配式施工就是在装配式建筑概念的基础上,对设计好的图纸,预制好的材料进行组装施工。美国有一种活动住宅,是比较先进的装配式建筑,每个住宅单元就像是一辆大型的拖车,只要用特殊的汽车把它拉到现场,再由起重机吊装到地板垫块上和预埋好的水道、电源、电话系统相接,就能使用。活动住宅内部有暖气、浴室、厨房、餐厅、卧室等设施。活动住宅既能独成一个单元,也能互相连接起来。装配式建筑常常包括以下几种:

(1)砌块建筑　用预制的块材砌成,墙体的装配式建筑适于建造3~5层建筑。砌块建筑适应性强,生产工艺简单,施工简便,造价较低,还可利用地方材料和工业废料。

(2)板材建筑　由预制的大型内外墙板、楼板和屋面板等板材装配而成,又称大板建筑。它是工业化体系建筑中全装配式建筑的主要类型。板材建筑可以减轻结构质量提高劳动生产率,扩大建筑的使用面积和防震性能。板材建筑的内墙板多为钢筋混凝土的实心板或空心板。

(3)盒式建筑　从板材建筑的基础.上发展起来的一一种装配式建筑,这种建筑工程化程度很高,现场安装快。一般不但在工厂完成盒子的结构部分,而且内部装修和设别也都安装好,甚至连家具、地毯也一概齐全。盒式建筑的装配形式如下。

①全盒式　完全由承重盒子重叠组成建筑。

②板材盒式　将小开间的厨房、卫生间或楼梯间等做成承重盒子,再与墙板和楼板等组成建筑。

③核心体盒式　以承重的卫生间盒子作为核心体,四周再用楼板、墙板或骨架组成建筑。

④骨架盒式　用轻质材料制成的许多住宅单元或单间式盒子,支撑在承重骨架上形成建筑。也有用轻质材料制成包括设备和管道的卫生间盒子,安置在用其他结构形式的建筑内。盒子建筑工业化程度较高,但投资大,运输不便,且需用重型吊装设备,因此发展受到限制。

(4)骨架板材建筑　由预制的骨架和板材组成。其承重结构一般有两种形式,一种是由柱、梁组成承重框架,再搁置楼板和非承重的内外墙板的框架结构体系;另一种是柱子和楼板组成承重的板柱结构体系,内外墙板是非承重的。承重骨架一般多为重型的钢筋混凝土结构,也有采用钢和木作成骨架和板材组合,常用于轻型装配式建筑中。骨架板材建筑结构合理,可以减轻建筑物的自重,内部分隔灵活,适用于多层和高层的建筑。

钢筋混凝土框架结构体系的骨架板材建筑有全装配式、预制和现浇相结合的装配整体式两种。保证这类建筑的结构具有足够的刚度和整体性的关键是构件连接。柱与基础、柱与梁、梁与梁、梁与板等的节点连接,应根据结构的需要和施工条件,通过计算进行设计和选择。节点连接的方法,常见的有榫接法、焊接法、牛腿搁置法和留筋现浇成整体的叠合法等。

板柱结构体系的骨架板材建筑是方形或接近方形的预制楼板同预制柱子组合的结构系统。楼板多数为四角支在柱子上;也有在楼板接缝处留槽,从柱子预留孔中穿钢筋,张拉后灌混凝土。

(5)升板升层建筑　板柱结构体系的一种,但施工方法则有所不同。这种建筑是在底层混凝土地面上重复浇筑各层楼板和屋面板,竖立预制钢筋混凝土柱子,以柱为导杆,用放在柱子上的油压千斤顶把楼板和屋面板提升到设计高度,加以固定。外墙可用砖墙、砌块墙、预制外墙板、轻质组合墙板或幕墙等;也可以在提升楼板时提升滑动模板、浇筑外墙。升板建筑施工时大量操作在地面进行,减少高空作业和垂直运输,节约模板和脚手架,并可减少施工现场面积。升板建筑多采用无梁楼板或双向密肋楼板,楼板同柱子连接节点常采用后浇柱帽或采用承重销、剪力块等无柱帽节点。升板建筑一般柱距较大,楼板承载力也较强,多用作商场、仓库、工场和多层车库等。

升层建筑是在升板建筑每层的楼板还在地面时先安装好内外预制墙体,一起提升的建筑。升层建筑可以加快施工速度,比较适用于场地受限制的地方。

装配式施工是指把传统建造方式中的大量现场作业工作转移到工厂进行,在工厂加工制作好建筑用构件和配件,运输到建筑施工现场,通过可靠的连接方式在现场装配安装的施工方式。

装配式施工中最常用的是混凝土预制构件,就是指在工厂或工地预先制作的建筑物或构筑物的混凝土构件,常见的混凝土预制构件的主要种类有外墙板、内墙板、叠合板、预制阳台、预制楼梯等,如图1.1所示。

装配式施工主要应用于的建筑主要包括预制装配式混凝土结构、钢结构、现代木结构建筑等,这些建筑由于因为采用标准化设计、工厂化生产、装配化施工、信息化管理、智能化应用,是现代工业化生产方式的代表。本书将从多个方面指导大家认识了解装配式施工。

a.外墙板

b.内墙板

c.叠合板

d.楼梯

e.阳台

图 1.1　混凝土预制构件

1.2　装配式施工的发展历程

改革开放至今,中国农民收入水平大幅提升,“赚钱盖大房子”这个朴实的梦想也在一户接一户的实现。一间间土坯房被推倒,代替的是一幢幢空间宽敞的大砖瓦房,讲究点又有些实力的人家都盖起了混凝土住宅。后来到了 1997 年,我国钢产量达 1 亿吨,1998 年投产轧制 H 型钢系列,有关规范标准配套出台,给钢结构创造了良好的物质基础。之后,各种钢结构建筑如雨后春笋般伫立在中国的各个角落。然而在农村却很少见到钢结构住宅建筑的身影,似乎广大农民们还是很认可砖瓦房和混凝土房,在翻新或新建自家住宅时,还是选这两种,至于钢结构房屋——那是什么?

我国从 50 年代开始发展装配式建筑,在 70 年代达到装配式建筑发展繁荣时期,而 80 年代中期以后装配式建筑逐渐被大众所淡忘,工程师也只在极少量的高层建筑中采用了叠合梁、板结构。期间,我国在设计标准化、构件生产工厂化、施工机械化等方面做了许多努力,装配式建筑酌类型也日益增多。并在大型砌块装配式住宅、装配式大板、装配整体式框架结构、框架轻板、工业厂房等装配建筑方面取得了可贵的经验,初步形成了符合我国情况的装配式建筑形式。现将我国装配式建筑按发展体系呈现如下:

(1)大型砌块装配式住宅

我国最早于 1957 年在北京进行了装配式大型砌块试验住宅建设,该住宅采用纵墙承重方案。在工厂中生产大型砖砌块，预应力多孔楼板，钢筋混凝土波浪型大瓦及轻质隔墙等预制构件，在现场进行装配，该住宅在施工中创造了 8 天盖好一栋四层住宅的速度记录。通过该试验住宅的建设，使工程师及施工技术人员深刻体会到工业化施工的优越性：砌块和构件制造不受季节影响，不仅缩短了工期，也保证了工程质量。同时，现场机械运输、吊装，大大节省了工人的劳动量。建筑外观及墙体连接处理分别见图 1.2。

图 1.2　建筑外观

1959 年，上海市民用建筑设计院和住宅建筑研究所提出住宅建筑设计中的技术革新实例“非蒸压矽酸盐大型砌块装配式住宅”，建造了装配式试验住宅，该实验性住宅中采用了新材料“非蒸压矽酸盐大型砌块”。楼梯采用预应力空心板楼梯。建筑物由 2 488 个构件组成，其总重 2 400t，基础、墙身、勒脚、窗顶砌块共 1 500 立方米，建筑施工如图 1.3 所示。

图 1.3　住宅施工

(2)装配式大板住宅

装配式大板建筑也叫装配式壁板建筑，其外墙板及楼板及屋面板均按间分块，节点处理多采用预留钢筋，属于全装配式建筑。这种建筑除基础外，其内外墙板、楼板、楼梯及其他结构组成部分均为预制构件一般由构件加工厂生产构件，施工现场吊装组接而建成。大板建筑是工业化建筑体系中一种重要的类型，早期的墙板采用苏联式的带肋墙板，后期墙板有空心大板、陶粒混凝土墙板及矿渣墙板等。

1959 年，在学习了苏联大型壁板住宅的设计经验后，我国对壁板建筑进行了进一步的试验研究，北京市在苏联专家的指导下开展了一项大型壁板试验住宅。该试验住宅，共 5 层，分 4 个单元，建筑面积 3 471 平方米。

该次试验住宅主要承重的横向壁板，采用苏联工程师使用的钢筋混凝土薄壁板，板厚 50mm，薄板四周有肋，上肋支撑楼板，边肋构成柱，因此一块壁板起到梁、柱与隔墙的综合作用。其中隔断墙及外墙均采用轻质混凝土的非承重壁墙，使房屋总重量比同等的混合结构减轻 50%。这种壁板的缺点体现在几个方面：(1)隔音较差，因此分户采用双层壁板；(2)保温性欠佳，因此在壁板的外面加上一块保温壁板。

1964 年前后新型装配式壁板住宅在全国得到了大力的推广，续北京之后，上海、沈阳、南京昆明、四川等地亦相继试建振动砖墙板和利用各种工业废料为结构材料的大型板居住建筑。仅北京市，在1964年前先后完成了27万平方米振动砖壁板的居住建筑。1965年，北京市提出不用或少用黏土砖。此后，在积极进行利用工业废料的研究基础上，至1972年又完成了11.5万平方米的烟灰矿渣混凝土壁板的居住建筑。为了满足装配式大板建筑的工程设计及推广，建筑科学研究院、北京市建筑设计院及云南省建筑科学研究所等编制了JGJ 78—1《规程》，1991年中国建筑技术发展研究中心联合中国建筑科学研究院又对JGJ78《规程》进行了改进，出版了《装配式大板居住建筑设计和施工规程》JGJ 1—91。

因此相同面积的房屋采用大板建筑，工期可以缩短1/3以上。通过对大型墙板居住建筑使用效果调查以及技术经济效果分析，认为大板建筑是比较成功的，其主要优点主要体现在以下几方面。

①建筑有效面积增加　大板建筑墙厚比一般砖混结构减薄，因而建筑物有效面积增大5%到7%左右。

②建筑物自重减轻　孔洞率达50%左右的混凝土空心墙板自重比相应的砖墙减轻一半，从而减轻地基负荷，有利于采用浅基础，同时也提高了结构的抗震性。

③有利于长年均衡地施工　大板建筑主要是在预制工厂内生产构件，施工观场吊装组装，这样气候和季节对施工时的影响不大，能保证全年均衡施工。此外，由于现场湿作业的大大减久手工操作程度的大大降低，也使现场管理有很大简化。大板建筑的出现，使建筑工地向文明施工的目标迈出了一大步。

④有利于提高劳动生产率　大板建筑每平方米的工时消耗与砖混结构相比，有较大的节约。大板建筑每平方米用工约为2工日，比砖混结构提高30%。

⑤保护土地资源　大板建筑部分或全部取消采用黏土砖，充分利用了煤灰、矿渣等工业废料。据统计建造10万平方米的大板建筑可节省黏土砖2 000万块，节约农田20亩。

当然装配式大板建筑并非尽善尽美，它也存在以下缺点。

①由于其装配化程度高，必须有足够的加工场地和起重设备才能施工，因而推广受到限制。

②大板建筑的造价均比砖混结构高20%～30%。这是由于一次性投资大，摊销费用多，同时构件生产数量还较少，故生产能力未充分发挥，而且一种构件要经过加工厂生产、运输、吊装几个环节管理费用略有增加。

③大板建筑构件尺寸、形状一旦定型，不易改变，因而大板建筑的外观就给人千篇一律的感觉，标准化与多样化的矛盾较突出。

(3)大模板住宅

装配式建筑是实现建筑工业化的重要手段之一。然而，在实现建筑工业他的过程中，国外还普遍采用了工具式模板现浇与预制相结合的体系。这种结构体系的承重部份采用大模板施工方场而一些非承重构件则仍采取预制的方法。这种预制与现浇体系的优点是所需生产基地一次投资比全预制装配少、适应性强、节省运输费用、在一定的条件下可以缩短工期，实现大面积流水施工，可以取得较好的技术经济效果。

70年代以来，我国在发展装配式建筑的过程中，也试点建造了装配与预制相结合的建筑。其中大模板建筑发展较，仅以就北京、天津、沈阳等一些大城市的统计，到70年末已累计建造了几十万平方米的大模板住宅。图1.4为北京一大模板住宅。为了推进大模板住宅的建设，1984年国家出版了《大模板多层住宅结构设计与施工规程》JGJ 20—84。

图1.4 大模板住宅

大模板建筑主要是采用工具式模板在现场浇筑钢筋混凝土内横墙及内纵墙。外墙则可以采用预制大板或手工砌筑，同时楼梯、阳台均采用预制，墙板连接时多设暗式圈梁。外墙采取预制大板的做法被称为"内浇外挂"，外墙采取手工砌筑砖墙的做法被称为"内浇外砌"。大铁板建筑的工具式模板主要采用钢板、角钢创作。一般一组模板的周转次数为500次左右。由于大模板建筑是现浇与预制相结合的体系，其具有以下方面的特点。

①工具式模板的成本较高，必须多次周转使用才能达到预期的经济效果。同时型号不宜过多，否则会给施工带来不便。为了满足施工要求，在设计时必须对开间、进深、层高等主要建筑参数进行限制。

②由于大模板建筑的外踏板只是围护结机困而在设计时可以只从保温、隔热和隔声方面去考底并优先采用轻质材料。

③大模板建筑在选用和制造构件上应注意简化施工工序、减少装修湿作业量。外墙板要使壁板外的饰面一次成活，成果用特制底模浇筑的"反打"外墙板。楼板可采用预的陶粒混凝土的实心大楼板，地面一次成活。

(4)叠合框架住宅

国内高层建筑首次采用混凝土叠合式装配整体结构的是建于1958年北京民族饭店(图1.5)和北京民航局办公大楼(图1.6)，这些高层建筑的特点是预制抗震墙与承重构件的连接占了一定的比重，因面自有其特殊的节点处理形式，梁柱接头采用暗牛腿式，柱与柱钢筋接头采用熔杯接合，是一种比较可靠的接头，但用钢量较大。

图1.5 北京民族饭店

图 1.6　北京民航局办公大楼

70 年代，我国建设了一批装配整体式框架结构，节点处理方式有了较大改进，其中典型的代表有北京建国门外交公寓（16 层，设防烈度 7 度，图 1.7），西南交大峨眉校区图书馆（5 层，图 1.8）等，1975 年浙江省标准设计站出版了预应力混凝土预制小梁与现绕板叠合的屋面图集（浙 G103.103—1）。80 年代随着我国经济体制的改革，各大城市的高层建筑如雨后春笋，这些高层建筑的楼屋面，由于抗震的需要，大部分采用了现浇结构，但也有相当一部分采用装配整体叠合板结构。据不完全统计从 1975 年到 1995 年国内全部或部分采用叠合结构的近 30 个工程，有多层公共建筑，也有高层建筑。自 80 年代起，叠合结构就已开始应用于高层建筑楼盖结构之中，如北京国际大厦（33 层，高 101m）、西苑饭店（29 层，高 96m）、昆仑饭店（30 层，高 99m）、武汉金源世界中心（28 层，高 97.5m）、武汉友谊大厦（33 层，高 105m）等共 20 多栋。我国一些小城市，在民用建筑中，由于抗渗和运输安装的需要而采用了装配整体预应力混凝土叠合板楼屋面，不仅加快了施工速度，而且改善了屋面的防水，取得了很好的经济效果。仅汕头市饶平县就采用了这种结构达 40 万平米。此外，四川成都市和广西南宁市也大量地采用了预应力薄板和预应力空心板与现浇混凝土叠合的装配整体楼屋面。

图 1.7　北京建国门外交公寓

图 1.8　西南交大峨眉校区图书馆

（5）装配式框架轻板结构

框架轻板住宅建筑是我国 70 年代中期开始试建的一种新的建筑体系。它把承重结构与围护结构分开考虑，以框架承重，使墙体摆脱了承重要求，只起保温、隔热、隔声、防雨等围护作用。这就为选用各种轻型墙体材料和利用工业废料创造了有利条件。我国自从 70 年代提出研究框架轻板住宅建筑体系以来，在北京、沈阳、天津、苏州、南宁、石家庄、上海、哈尔滨等地都陆续试建了框架轻板试验建筑，抗震设防烈度在 7 度或 8 度，建筑面积从几百到几千平方米，层数从 2 层到 14 层不等。

对于柱构件可采用实心或空心预制柱，梁可采用空心叠合梁或实心叠合梁，楼板可采用预应力空心楼板或预应力密肋楼板。

通过各地框架轻板试点建筑的实践，得到框架轻板住宅的一些特点，其优缺点如下。

优点：

• 自重轻。由于框架轻板住宅可以选用各种轻型墙体材料，使建筑物的荷载和自重大大减轻。

• 房间布置灵活，有利于发展通用体系。

• 增加有效面积，提高建筑面积的利用率（墙板厚度小）。

• 节约水泥。框架轻板可以采用非水泥制品且减轻建筑自重。

缺点：

• 新型轻质墙体材料，从数量、品种、质量、配套等方面都远远满足不了发展框架轻板住宅的需要，试验住宅中多数采用的石膏内隔墙的隔音问题防潮问题和防火问题也没有很好解决。

• 目前框架轻板住宅的承重结构，多数采用梁、板柱的框架系统，用钢量偏大。

• 垂直与水平管线布置与框架梁柱的矛盾问题，薄墙板的接缝处理问题等。

（6）整体预应力装配式板、柱结构

1956 年，南斯拉夫材料试验研究院在院长伯兰柯 · 热热立教授的指导下，创立了“IMS”体系，其中“I”指“研究院”（Institute），“M”指“材料”（Materials），“S”指“塞尔维亚”（Serbla）。“IMS”体系，即整体预应力装配式板柱建筑体系，只有两种基本构件柱和楼板。体系的基本原理是用后张法将楼板和柱子连接起来，在板挂之间形成预应力摩擦节点，楼板的垂宜荷裁依靠四角摩擦力传给柱子，水平荷裁则主要依靠剪力墙传到基础。“IMS”体系最早是在 1957 年用于建设新贝尔格莱德，以后成为南斯拉夫最普遍采用的工业化建筑体系之一，据统计，在 1965—1982 年期间已成 60 000 套住宅，还有许多办公楼、学校、医院、百货商店、旅馆、车库及轻工业建筑。据 1982 年报道，在南斯拉夫，该体系为 15 个建筑公司所采用，并且每年用该体系建造是，在 1962—1982 年期间，在南斯拉夫的斑亚，卢卡地区建造了大约 7 000套住宅，由于这些建筑物经受了 1969 年和 1981 年袭击该地区的灾难性地震，IMS 体系因而得到人们充分的信认。

1976 年我国唐山发生强烈地震以后，南斯拉夫向我国赠送了这种抗震性能很好的 IMS 体系技术资料。1977 年 1 月，我国建研院收到了 IMS 体系英文资料，《CIMS - A PREFABRICATED PRESTRESSED CONCRETE SKELETONSTRUCTUREB》，我国的整体预应力装配式板柱建筑的研究与开发开始启动。原国家建委、建工总局和国家科委相继下达科研任务，在北京、成都、唐山、重庆、渡口、石家庄、广州、沈阳、天津、常州及兰州等地推广应用这一体系约 25 平米，其中建筑高度最高的是成都珠峰宾馆，15 层，高 56. 7m；建筑层数最多的是北京中建一局四公司住宅楼，18 层，高 50. 5 m；矩形建筑柱网最大的是北京密云商场，117m × 117m；六角形建筑柱网最大的是常州纺校展厅，对角跨度 20m；单层楼板面积最大的是首都体育馆速滑馆地下室顶单层面积达 14 530 平米。该体系的研究成果分获 1985 年国家科技进步三等奖和 1987 年国家科技进步二等奖，也是建设部“八五”科技成果推广项目之一。1994 年，中国计划出版社出版了《整体预应力装配式板柱建筑技术规程》CECS52：1993；2010 年，四川省建筑科学研究院联合中建建筑科学研究院对老版《规程》进了修订，中国计划出版社出版了 CECS52：2010。

除中国外，其他各国的装配式建筑施工的发展史也各展风采。

日本是率先在工厂中批量生产住宅的国家；美国注重住宅的舒适性、多样性、个性化；法国是世界上推行工业化建筑最早的国家之一；瑞典是世界上住宅装配化应用最广泛的国家，其 80% 的住宅采用以通用部件为基础的住宅通用体系；丹麦发展住宅通用体系化的方向是“产品目录设计”，是世界上先将模数法制化的国家。这些国家的经验都为我国装配式住宅的发展提供了借鉴。日本每年新建低层住宅20万幢左右，建筑面积大约300万平方米，它们大都是钢结构住宅，尤其是轻钢结构装配式住宅。轻钢结构装配式住宅因1995年神户大地震在日本得到普及推广尤其是经历了1995年神户大地震后，震中兵库县实施了“不死鸟”计划，要求建筑物遭受8级地震不倒；日本政府则提出了“零死亡”计划。因此抗震性能非凡的轻钢结构、轻质材料等各种先进的防震手段被广泛应用，所有老式建筑全部采用不同形状轻钢结构框架进行加固。日本这种工业化住宅生产规模比较大的厂家目前有七八家。

二战后，为解决住房荒问题，英国与欧洲其他国家一样采用了工业化方式建设大量住宅，六七十年代以后则在住宅的结构体系尚出现了多元化的趋势：木结构、钢结构、钢筋砼结构等。1998年，在“建筑生产反思”报告中提出了通过建筑新产品开发，集约化组织，工业化生产，达到下述目标：成本降低10%；时间缩短10%，可预测性提高20%；缺陷率降低20%；事故发生率降低20%；劳动生产率提高10%；最终实现产值利润提高10%。

澳大利亚早在上世纪60年代就提出了“快安装预制住宅”的概念，但由于市场尚未成熟，并未得到很好发展。到了1987年，高强度冷弯薄壁钢结构出现，澳大利亚与新西兰的联合规范AS/NZS4600冷弯成型结构钢规范于1996年发布实施。这种钢材承载力刚，与相同承载力的木材相比，只是木材的1/3重，表面经镀锌处理，在面免大修的情况下，耐久性可达75y。另外，他还发展了一种称为“速成墙”(Rapiwall)系统，它是一种中间挖空的板材，在工厂制造时已完成装修，主要成分为石膏板、玻璃纤维和水密聚酯材料等的混合体，重量为38kg/m²。标准板尺寸为长13m×宽2.85m×厚12mm。它也可以剪裁成任何长度和高度的组合件。在其中空洞处灌注混凝土，则可以起到较好的防火、隔声、放热作用。他可以用于内外墙体。

建筑工业化发展除了科技创新，还需要管理流程的创新，包括设计流程、建造流程和政府监督流程等，致力于建筑工业化发展的卫德研究院指出，住宅产业化工艺设计需要在满足产品生产要求的前提下合理进行PC厂房生产布局，合理进行分流路线、物料运输和仓储设施的配置和布置，同时还需要满足住宅产业化预制构件生产要求和产品生产工艺要求。并提出，剪力墙结构住宅建筑设计，首先要做好技术策划，通过技术策划实现提效和减负的目标。

1.3 装配式施工的技术特点

与传统的现浇混凝土结构相比，预制装配式混凝土结构的主要优点如下。

(1)工业化生产　因为预制构件采用的是在工厂统一生产，而工厂生产有利于工业化机械化的生产方式的应用。采用工业化的生产方式可以提高劳动生产率，保障工人生产劳动条件，并且工厂生产环境相对稳定，有利于控制产品质量，检验产品出厂品质，保证构件的高品质。并且生产出的混凝土构件外观质量好，表面光滑，可以在不进行粉刷抹面等装饰的情况下，作为清水混凝土构件直接使用。有Basler的调查显示，预制混凝土的强度变异系数远远小于现浇混凝土的强度变异系数。工厂生产的混凝土在包括强度、密实性等各方面性能上都要优于现场浇筑的混凝土；并且在工厂生产的环境下，模具的使用可以更加精细复杂多样，复杂多样的模具可以使预制构件的造型更加丰富多样。

(2)施工方便　因为预制构件在工厂已经采用了高效率的机械化生产完成了，在现场仅仅只需要做预制构件安装连接，而预制楼梯等构件不需要支撑，叠合板、叠合梁等构件的模板使用量少，因此采用预制装配式结构大大减少现场的支模以及混凝土浇筑，使施工更为方便快速。在工厂生产可以减小季节和天气对工程施工的影响，并且在工厂良好的劳动条件下，可以预先做好混凝土构件的建筑装饰面或者直接使用清水混凝土，这样可以省去了建筑工程的装修过程。

(3)施工修建进度快，对四周生活工作环境的影响小。预制装配式混凝土结构采用的是工厂制造，现场组装的模式建造，减少了大量的现场施工工序，尤其遇到在施工工期十分紧张时的闹市区施工，如百货公司，过街天桥等工程，它们施工文明要求高，要尽量不影响周围人们的工作生活，这时预制混凝土结构就能很好地适应这种要求，达到的效果也十分令人满意。在洪都拉斯工业园区里面修建的一座预应力混凝土悬索桥就是一个很好的例子，这项工程采用了预制混凝土结构进行建造，仅仅只用了一个星期就将整座桥组合安装完成了，而且在整个施工过程中，从始至终都能够保证开通两个逆向车道正常运行，完全没有造成周围交通的堵塞瘫痪。

(4)预制混凝土的工厂化生产由于模具的精度更高，使得构件的尺寸精准、外观美观平整光滑，并且能将一次性将保温隔热措施、水电管道布置等多方面功能要求联合起来，可以使其有良好的技术经济效益，此特点被应用于以预制外墙墙板为代表的一些便于安装的结构构件。

(5)预制混凝土结构施工工期短，投资回收快。预制混凝土结构在现场主要是组装连接，减少了支模、拆模、钢筋绑扎等一系列繁复工序，节约了时间，使现场的施工速度明显加快，从而缩短了建造工程的还贷时间，使资金的回收周期缩短，整体成本投入减少，经济效益显著提高。

预制装配式混凝土结构的缺点有如下几个方面。

(1)整体性较差。预制混凝土结构由于其本身的构件拼装特点，决定了其连接节点设计和施工质量非常重要，它们在结构的整体性能和抗震性能上起到了决定性作用。我国属于地震多发区，对建筑结构的抗震性能要求高，如果要运用预制混凝土结构，则必须加强节点连接和保证施工质量。

(2)设计难度较大。预制装配式混凝土结构现在并没有一套完整的行之有效的规范指导结构设计师进行设计，并且长期以来，现浇混凝土结构在我国占据主要地位，结构工程师大多都只熟悉应用现浇混凝土结构的设计方法，对预制混凝土结构的设计方法、特点和构造则比较陌生；而施工现场的工程管理技术人员及施工专业人员的缺乏也是造成预制混凝土结构推广难的一个重要原因。

(3)运输安装问题。由于预制混凝土结构建造方式的特殊性，其预制构件是在预制工厂制作，然后现场安装，在这个过程中预制构件的转移需要大型运输工具和安装设备，其会无形地增大运输安装成本，因此为了降低运输成本，在选择构件预制厂"上应考虑其与施工现场的距离，尽量不选较远的预制工厂，以避免长距离运输。

(4)初期建厂投资大，经济优势不明显。要使用预制混凝土结构，由于需要先建设预制构件厂，厂房建设和专业生产设备的初期投资都很大，并且还会在运输工具以及安装设备上有所投资；再者预制混凝土结构从设计、生产和安装的全过程都需要有较高技术水平的专业人员来完成，这些都无形的增加了预制混凝土结构应用推广的难度。Ariditi 对美国的预制混凝土行业进行了调查，结果表明，大约一半的承包商不愿意采用预制混凝土，他们普遍认为采用预制混凝土不能起到降低工程造价的作用。这也是预制混凝土结构推广难的一个原因。

1.4 装配式施工的发展现状

首先本节我们将了解国外的装配式建筑的发展情况。

(1)美国装配式建筑

美国在20世纪70年代能源危机期间开始实施配件化施工和机械化生产。美国城市发展部出台了一系列严格的行业标准规范,一直沿用至今,并与后来的美国建筑体系逐步融合。美国城市住宅结构基本上以工厂化、混凝土装配式和钢结构装配式为主,降低了建设成本,提高了工厂通用性,增加了施工的可操作性。

总部位于美国的预制与预应力混凝土协会PCI编制的《PCI设计手册》,其中就包括了装配式结构相关的部分。该手册不仅在美国,而且整个国际上也是具有非常广泛的影响力的。从1971年的第一版开始,PCI手册已经编制到了第7版,该版手册与IBC 2006、ACI 318—05、ASCE 7—05等标准协调。除了PCI手册外,PCI还编制了一系列的技术文件,包括设计方法、施工技术和施工质量控制等方面。

(2)欧洲装配式建筑

法国1891年就已实施了装配式混凝土的构建,迄今已有130年的历史。法国建筑工业化以混凝土体系为主,钢、木结构体系为辅,多采用框架或板柱体系,并逐步向大跨度发展。近年来,法国建筑工业化呈现的特点:焊接连接等干法作业流行;结构构件与设备、装修工程分开,减少预埋,使得生产和施工质量提高;主要采用预应力混凝土装配式框架结构体系,装配率达到80%,脚手架用量减少50%,节能可达到70%。

德国的装配式住宅主要采取叠合板、混凝土、剪力墙结构体系,剪力墙板、梁、柱、楼板、内隔墙板、外挂板、阳台板等构件采用构件装配式与混凝土结构,耐久性较好。众所周知,德国是世界上建筑能耗降低幅度发展最快的国家,直至近几年提出零能耗的被动式建筑。从大幅度的节能到被动式建筑,德国都采取了装配式的住宅来实施,这就需要装配式住宅与节能标准相互之间充分融合。

瑞典和丹麦早在20世纪50年代开始就已有大量企业开发了混凝土、板墙装配的部件。目前,新建住宅之中通用部件占到了80%,既满足多样性的需求,又达到了50%以上的节能率,这种新建建筑比传统建筑的能耗有大幅度的下降。

丹麦是一个将模数法制化应用在装配式住宅的国家,国际标准化组织ISO模数协调标准即以丹麦的标准为蓝本编制。故丹麦推行建筑工程化的途径实际上是以产品目录设计为标准的体系,使部件达到标准化,然后在此基础上,实现多元化的需求,所以丹麦建筑实现了多元化与标准化的和谐统一。

1975年,欧洲共同体委员会决定在土建领域实施一个联合行动项目。项目的目的是消除对贸易的技术障碍,协调各国的技术规范。在该联合行动项目中,委员会采取一系列措施来建立一套协调的用于土建工程设计的技术规范,最终将取代国家规范。1980年产生了第一代欧洲规范,包括EN 1990 ~ EN 1999(欧洲规范0 ~ 欧洲规范9)等。1989年,委员会将欧洲规范的出版交予欧洲标准化委员会,使之与欧洲标准具有同等地位。其中EN 1992—1—1(欧洲规范2)的第一部分为混凝土结构设计的一般规则和对建筑结构的规则,是由代表处设在英国标准化协会的《欧洲规范》技术委员会编制的,另外还有预制构件质量控制相关的标准,如《预制混凝土构件质量统一标准》EN 13369 等。

总部位于瑞士的国际结构混凝土协会 FIB 于 2012 年发布了新版的《模式规范》MC 2010。模式规范 MC90 在国际上有非常大的影响,经历 20 年,汇集了 5 大洲 44 个国家和地区的专家的成果,修订完成了 MC 2010。相较于 MC 90,MC 2010 的体系更为完善和系统,反映了混凝土结构材料的最新进展及性能优化设计的新思路,将会起到引领的作用,为今后的混凝土结构规范的修订提供一个模式。MC 2010 建立了完整的混凝土结构全寿命设计方法,包括结构设计、施工、运行及拆除等阶段。此外,FIB 还出版了大量的技术报告,为理解模式规范 MC 2010 提供了参考,其中与装配式混凝土结构相关的技术报告,涉及了结构、构件、连接节点等设计的内容。

(3)日本装配式建筑

日本 1968 年提出装配式住宅的概念。在 1990 年的时候,他们采用部件化、工厂化生产方式,高生产效率,住宅内部结构可变,适应多样化的需求。而且日本有一个非常鲜明的特点,从一开始就追求中高层住宅的配件化生产体系。这种生产体系能满足日本的人口比较密集的住宅市场的需求,更重要的是,日本通过立法来保证混凝土构件的质量,在装配式住宅方面制定了一系列的方针政策和标准,同时也形成了统一的模数标准,解决了标准化、大批量生产和多样化需求这三者之间的矛盾。

日本的标准包括建筑标准法、建筑标准法实施令、国土交通省告示及通令、协会(学会)标准、企业标准等,涵盖了设计、施工等内容,其中由日本建筑学会 AIJ 制定的装配式结构相关技术标准和指南。1963 年成立日本预制建筑协会在推进日本预制技术的发展方面做出了巨大贡献,该协会先后建立 PC 工法焊接技术资格认证制度、预制装配住宅装潢设计师资格认证制度、PC 构件质量认证制度、PC 结构审查制度等,编写了《预制建筑技术集成》丛书,包括剪力墙预制混凝土(W - PC)、剪力墙式框架预制钢筋混凝土(WR - PC)及现浇同等型框架预制钢筋混凝土(R - PC)等。

(4)新加坡装配式建筑

新加坡开发出 15 ~ 30 层的单元化的装配式住宅,占全国总住宅数量的 80% 以上。通过平面的布局,部件尺寸和安装节点的重复性来实现标准化以设计为核心设计和施工过程的工业化,相互之间配套融合,装配率达到 70%。

(5)我国装配式建筑

随着我国经济快速持续增长,城市人口不断增长,人们对住宅的需求量也越来越大,传统的建筑修建方式由于其本身速度慢、工期长、成本高等许多缺点,已经不足以满足人们的需求,因此建筑工业化将成为未来住宅发展的大方向。由于建造成本的过高,传统的建筑方式已经不能满足普通人对住房的需求。随着建筑工业化的快速发展,将大大降低住宅的建造成本,而且能够较大地提高建筑的修建速度,因此可以让更多国民较快地住上便宜舒适的住宅。一方面,采用住宅产业化方式修建房屋,可以大量地节省劳动力和缩短工期,一层楼的修建时间由原本的 7 天减少到现在 5 天,工期缩短近 1/3,高峰期需要的劳动工人数目由 240 人左右减少到 70 人左右;另一方面,采用工业化生产方式,建筑的预制率提高了,可以使施工现场模板的用量以及现场脚手架的用量减少,节约钢材和混凝土的使用,水电、耗能耗材等各方面资源也有相应的节约。再者,我国建筑工人的劳动力成本也在不断的增加,2000—2005 年,我国建筑农民工的平均日工资分别是 23.24 元、25.1 元、28.23 元、32.45 元、37.7 元、41.78 元,总共增长了 79.8%。据统计数据可知,采用住宅产业化的方式修建房屋,可以使工程项目的综合造价节省大约 15% 以上。

有统计数据显示，当前我国城市用于住宅建设的土地将近占用于其他建设土地的30%，在住宅建设中消耗的水资源占总消耗水资源的32%，住宅建设的钢材消耗量占全国钢材消耗量的20%、水泥消耗量占全国总消耗量的17.6%，1平米的房屋的建成，将会释放约0.8吨的CO_2，以上资料可以看出，目前我国住宅的建设，是以资源的高消耗与碳的高排放为基础的。在当今"节能减碳"的大环境下，降低住宅建设过程中的各种资源消耗，减少二氧化碳的排放和对环境的污染，逐渐迈向绿色建筑，是建筑业必须取得的创新和突破。而通过住宅产业化是有可能打破这些现存的资源浪费和高碳排放现状的，将向节能减排的目标更近一步。

综上所述，我国的住宅建设已经达到了一个重要的转折点，既要求数量的增加和质量的保证，同时又要求资源的合理利用和保护所需要的资源，实现住宅建设多快好省的全面发展，因此建筑工业化是目前我国的必然之路。根据住宅产业化发展的大背景，国家住建部陆续发布《住房城乡建设部关于保障性住房实施绿色建筑行动方案的通知》《绿色建筑评价标准》等方案。

目前，全国已有1个住宅产业化示范城市，2个产业化基地园区，8个住宅产业化试点城市，45个国家住宅产业化基地。这些都足以看出从国家层面上对建筑工业化的重视。

一方面，我国在预制装配整体式结构的研究上取得了一些成果，许多高校和企业为预制装配整体式结构的研究与推广做出了贡献，同济大学、清华大学、东南大学以及哈尔滨工业大学等高校均进行了预制装配整体式框架结构的相关构造研究。在万科集团、远大住工集团等企业的大力推动下，预制装配整体式结构也得到了一定的推广应用。

另一方面，目前主要的应用的还是一些非结构构件，如预制外挂墙板、预制楼梯及预制阳台等；对于承重构件的应用（如梁、柱等）还是非常少。尽管叠合技术及其构造的研究已经很成熟，但是在民用建筑工程上仍然只有屈指可数的应用。我国预制装配整体式结构在工业与民用建筑中的应用仍然远远小于现浇结构，其原因有以下几点。

预制装配整体式结构在我国发展存在间断期，使得掌握这项技术的人才也产生了断代，且随着抗震要求的不断提高，预制混凝土结构的设计难度也更大了。

我国到目前为止也只出台了一部相关的国家规范，其设计分析方法并不完整，新的构造措施和施工工艺也不能形成一个系统，不足以支撑预制装配整体式结构在全国范围广泛应用，大多数工程计师没有预制装配整体式结构的相关设计方法指导。

装配式建筑在国内研究应用的较少，也很少有完整的施工图，国内仅有华阳国际等少量的几个设计院能够做装配整体式混凝土框架结构的设计，设计技术人员缺少，使之难以推广。

尽管装配整体式框架结构的整体性能和抗震性能都有很大的提高，但是人们对其的认识还是停留在不如现浇结构上，这给装配式建筑的推广带来了困难。

其中现在将装配式建筑发展较好的城市有：

沈阳：标准配套齐全，引进的技术论证严谨，结构类型品种较多，构件厂设备自动化程度高。完成了《预制混凝土构件制作与验收规程》等9部省级和市级地方技术标准。

北京、上海：有政府出台配套优惠政策作保证，标准配套基本齐全，部分装配的剪力墙结构的技术成熟。北京出台了混凝土结构产业化住宅的设计、质量验收等11项标准和技术管理文件；上海已出台5项且正在编制4项地方标准和技术管理文件。

深圳：工作开展的较早，装配式建筑面积较多，构件质量高，编制了产业化住宅模数协调等11项标准和规范。

江苏:结构体系品种齐全,部品的工业化工作同时开展。

合肥:近年来政府推动力度较大。

现行国家标准:

工程建设国家标准《建筑模数协调标准》GB/T50002—2013

工程建设国家标准《木结构设计规范》GB50005—2003 及局部修订

工程建设国家标准《胶合木结构技术规范》GB/T50708—2012

工程建设国家标准《木结构工程施工质量验收规范》GB50206—2012

工程建设国家标准《木结构工程施工规范》GB/T50772—2012

工程建设国家标准《木结构试验方法标准》GB/T50329—2012

国家产品标准《建筑物的性能标准 预制混凝土楼板的性能试验 在集中荷载下的工况》GB/T 24497—2009

国家产品标准《预应力混凝土肋形屋面板》 GB/T16728—2007

国家产品标准《叠合板用预应力混凝土底板》 GB/T16727—2007

国家产品标准《预应力混凝土空心板》 GB/T 14040—2007

国家产品标准《乡村建设用混凝土圆孔板和配套构件》GB 12987—2008

国家产品标准《灰渣混凝土空心隔墙板》 GB/T23449—2009

国家产品标准《建筑隔墙用保温条板》 GB/T 23450—2009

国家产品标准《建筑用轻质隔墙条板》 GB/T 23451—2009

国家产品标准《建筑用金属面绝热夹芯板》 GB/T23932—2009

国家产品标准《钢筋混凝土大板间有连接筋并用混凝土浇灌的键槽式竖向接缝 实验室力学试验 平面内切向荷载的影响》 GB/T 24496—2009

国家产品标准《承重墙与混凝土楼板间的水平接缝 实验室力学试验 由楼板传来的垂直荷载和弯矩的影响》 GB/T 24495—2009

国家产品标准《建筑墙板试验方法》 GB/T 30100—2013

国家产品标准《建筑门窗洞口尺寸协调要求》 GB/T30591—2014

国家产品标准《住宅卫生间功能及尺寸系列》 GB/T11977—2008

国家产品标准《住宅厨房及相关设备基本参数》 GB/T11228—2008

国家产品标准《住宅部品术语》 GB/T 22633—20082. 现行行业标准工程建设行业标准《装配式混凝土结构技术规程》JGJ1—2014

工程建设行业标准《住宅厨房模数协调标准》JGJ/T262—2012

工程建设行业标准《住宅卫生间模数协调标准》JGJ/T263—2012

工程建设行业标准《预制带肋底板混凝土叠合楼板技术规程》JGJ/T258—2011

工程建设行业标准《低层冷弯薄壁型钢房屋建筑技术规程》JGJ227—2011

工程建设行业标准《预制预应力混凝土装配整体式框架结构技术规程》JGJ224—2010

工程建设行业标准《混凝土预制拼装塔机基础技术规程》JGJ/T197—2010

工程建设行业标准《轻型钢结构住宅技术规程》JGJ209—2010

行业产品标准《住宅轻钢装配式构件》JG/T182—2008

行业产品标准《住宅内用成品楼梯》JG/T405—2013

行业产品标准《住宅整体卫浴间》JG/T183—2011

行业产品标准《住宅整体厨房》JG/T184—2011

思考题

1. 什么是装配式建筑？什么是装配式施工？装配式建筑有哪几类？
2. 我国装配式建筑的发展经历了哪几个阶段？
3. 装配式施工的优缺点有哪些？
4. 我国装配式建筑有哪些典型建筑，分别属于哪种？
5. 我国预制装配整体式结构在工业与民用建筑中的应用仍然远远小于现浇结构的原因是什么？

第 2 章　装配式施工总体设计

2.1 概 述

伴随着1999年国务院发布72号文件《关于推进住宅产业现代化，提高住宅质量的若干意见》，各地推进装配式建筑的政策陆续发布，极大的促进各地装配式建筑的发展。尽管近年来国家的规范、图集陆续发布实施，但在项目实施过程中，因项目参与单位长期以来设计实施传统混凝土建筑形成的思维惯性，装配式建筑设计方法跟不上装配式建筑的发展，甚至最终设计结果不利于装配式建筑的生产与实施，本章将介绍装配式建筑的设计方法。

装配式建筑与传统混凝土建筑不同，装配式建筑是工厂内生产预制墙板、预制楼板、预制楼梯、预制阳台等构件，然后运到项目现场拼装，浇捣混凝土，使预制构件与现浇部分形成整体建筑。装配式建筑设计有个明显的特征技术前置"，相对于传统混凝土建筑的建造方式而言，约束条件更多、更复杂，对设计也提出了更高的要求，建筑设计需从策划阶段介入，必须考虑项目的造价和经济效益、预制构件厂的技术和生产规模、运输道路情况、项目施工组织和施工总平面布置情况。装配式建筑设计力求功能布局方便合理、结构规整受力简明，在适应预制构件的技术水平的基础上，应采用"一体化""标准化""模块化""通用化"的设计方法，应遵循少规格、多组合的原则，在标准化设计的基础上实现系列化和多样化。减少预制构件种类，提高相对应模具的重复利用率，为构件工厂与项目现场的降耗提效提供便利。

预制装配式建筑对住房传统的建设模式和生产方式产生了深刻的变革，影响预制装配式建筑实施的因素有技术水平、生产工艺、管理水平、生产能力、运输条件。建设周期等方面。在预制装配式建筑的建设流程中，需要建设、设计生产和施工等单位精心配合，协同工作。

与采用现浇结构建筑的建设流程相比，预制装配式建筑的设计工作呈现五个方面的特征。

流程精细化：预制装配式建筑的建设流程更全面、更综合、更精细，在传统的设计流程的基础上，增加了前期技术策划和预制构件加工图设计两个设计阶段。

设计模数化：模数化是建筑工业化的基础，通过建筑模数的控制可以实现建筑、构件、部品之间的统一，从模数化协调到模块化组合，进而使预制装配式建筑迈向标准化设计。

配合一体化：在预制装配式建筑设计阶段，应与各专业和构配件厂家充分配合，做到主体结构、预制构件、设备管线、装修部品和施工组织的一体化协作，优化设计成果。

成本精准化：预制装配式建筑的设计成果直接作为构配件生产加工的依据，并且在同样的装配率条件下，预制构件的不同拆分方案也会给投资带来较大的变化，因此设计的合理性直接影响项目的成本。

技术信息化：BIM是利用数字技术表达建筑项目几何、物理和功能信息以支持项目全生命期决策、管理、建设、运营的技术和方法。建筑设计可采用BIM技术，提高预制构件设计完成度与精确度

2.2 施工组织设计大纲

传统的建筑设计方式相信大家都了解,都会经过方案设计、初步设计、施工图设计三个阶段,与传统设计不同的是在预制装配式建筑设计过程中,可将设计工作环节细分为以下五个阶段:技术策划阶段、方案设计阶段、初步设计阶段、施工图设计阶段以及构件加工图设计阶段。每个阶段的设计要点分述如下。

技术策划阶段:前期技术策划对预制装配式建筑的实施起到十分重要的作用,设计单位应在充分了解项目定位、建设规模、产业化目标、成本限额、外部条件等影响因素的情况下,制定合理的技术路线,提高预制构件的标准化程度,并与建设单位共同确定技术实施方案,为后续的设计工作提供设计依据。

初步设计阶段:应联合各专业的技术要点进行协同设计,结合规范确定建筑底部现浇加强区的层数,优化预制构件种类,充分考虑设备专业管线预留预埋,进行专项的经济性评估,分析影响成本的因素,制定合理的技术措施。

施工图设计阶段:按照初步设计阶段制定的技术措施进行设计。各专业根据预制构件、内装部品、设备设施等生产企业提供的设计参数,在施工图中充分考虑各专业预留预埋要求。建筑专业应考虑连接节点处的防水、防火、隔声等设计。

构件加工图设计阶段:构件加工图纸可由设计单位与预制构件加工厂配合设计完成,建筑专业可根据需要提供预制构件的尺寸控制图。除对预制构件中的门窗洞口、机电管线精确定位外,还要考虑生产运输和现场安装时的吊钩、临时固定设施安装孔的预留预埋。

相比设计阶段的不同,装配式建筑更加注重协同、一体化的设计思路:

1. 土建专业协同装配式建筑体型、平面布置及构造应符合抗震设计的原则和要求。为满足工业化建造的要求,预制构件设计应遵循受力合理、连接简单、施工方便、少规格、多组合的原则,选择适宜的预制构件尺寸和重量,方便加工运输,提高工程质量,控制建设成本。建筑承重墙、柱等竖件宜上下连续,门窗洞口宜上下对齐,成列布置,不宜采用转角窗。门窗洞口的平面位置和尺寸应满足结构受力及预制构件设计要求。

2. 给排水专业协同装配式建筑应考虑公共空间竖向管井位置、尺寸及共用的可能性,将其设于易于检修的部位。竖向管线的设置宜相对集中,水平管线的排布应减少交叉。穿预制构件的管线应预留或预埋套管,穿预制楼板的管道应预留洞,穿预制梁的管道应预留或预埋套管。管井及吊顶内的设备管线安装应牢固可靠,应设置方便更换、维修的检修 门(孔)等措施。住宅套内宜优先采用同层排水,同层排水的房间应有可靠的防水构造措施。采用整体卫浴、整体厨房时,应与厂家配合土建 预留净尺寸及设备管道接口的位置及要求。太阳能热水系统集热器、储水罐等的安装应与建筑一体化设计,结构主体做好预留预埋。

3. 暖通专业协同供暖系统的主立管及分户控制阀门等部件应设置在公共空间竖向管井内,户内供暖管线宜设置为独立环路。采用低温热水地面辐射供暖系统时,分、集水器宜配合建筑地面垫层的做法设置在便于维修管理的部位。采用散热器供暖系统时,合理布置散热器位置、采暖管线的走向。采用分体式空调机时,满足卧室、起居室预留空调设施的安装位置和预留预埋条件。当采用集中新风系统时,应确定设备及风道的位置和走向。住宅厨房及卫生间应确定排气道的位置及尺寸。

4. 电气专业协同确定分户配电箱位置，分户墙两侧暗装电气设备不应连通设置。预制构件设计应考虑内装要求，确定插座、灯具位置以及网络接口、电话接口、有线电视接口等位置。确定线路设置位置与垫层、墙体以及分段连接的配置，在预制墙体内、叠合板内暗敷设时，应采用线管保护。在预制墙体上设置的电气开关、插座、接线盒、连接管线等均应进行预留预埋。在预制外墙板、内墙板的门窗过梁及锚固区内不应埋设设备管线。

5. 预制装配式建筑的装配式内装修设计应遵循建筑、装修、部品一体化的设计原则，部品体系应满足国家相应标准要求，达到安全、经济、节能、环保等各项标准的要求，部品体系应实现集成化的成套供应。部品和构件宜通过优化参数、公差配合和接口技术等措施，提高部品和构件互换性和通用性。装配式内装设计应综合考虑不同材料、设备、设施的不同使用年限，装修部品应具有可变性和适应性，便于施工安装、使用维护和维修改造。装配式内装的材料、设备在与预制构件连接时宜采用 SI 住宅体系的支撑体与填充体分离技术进行设计，当条件不具备时宜采用预留预埋的安装方式，不应剔凿预制构件及其现浇节点，影响主体结构的安全性。

为保证装配式施工总体设计安全性及效率性，设计时应在多个方面进行要求尤其是在以下几个方面。

在进行规划设计时，预制装配式建筑的规划设计在满足采光、通风、间距、退线等规划要求情况下，宜优先采用由套型模块组合的住宅单元进行规划设计。以安全、经济、合理为原则，考虑施工组织流程，保证各施工工序的有效衔接，提高效率。由于预制构件需要在施工过程中运至塔吊所覆盖的区域内进行吊装，因此在总平面设计中应充分考虑运输通道的设置，合理布置预制构件临时堆场的位置与面积，选择适宜的塔吊位置和吨位，塔吊位置的最终确定应根据现场施工方案进行调整，以达到精确控制构件运输环节，提高场地使用效率，确保施工组织便捷及安全。

平面设计时应注意，预制装配式建筑平面设计应遵循模数协调原则，优化套型模块的尺寸和种类，实现住宅预制构件和内装部品的标准化、系列化和通用化，完善住宅产业化配套应用技术，提升工程质量，降低建造成本。以住宅建筑为例，在方案设计阶段应对住宅空间按照不同的使用功能进行合理划分，结合设计规范、项目定位及产业化目标等要求确定套型模块及其组合形式。平面设计可以通过研究符合装配式结构特性的模数系列，形成一定标准化的功能模块，再结合实际的定位要求等形成合适工业化建造的套型模块，由套型模块再组合形成最终的单元模块。标准功能模块和套型多样化组合。建筑平面宜选用大空间的平面布局方式，合理布置承重墙及管井位置，实现住宅空间的灵活性、可变性。套内各功能空间分区明确、布局合理。通过合理的结构选型，减少套内承重墙体的出现，使用工业化生产且易于拆改的内隔墙划分套内功能空间。一个套型可根据家庭使用功能的需要灵活改变。

进行立面设计时要注意以下内容，预制装配式建筑的立面设计应利用标准化、模块化、系列化的套型组合特点，预制外墙板可采用不同饰面材料展现不同肌理与色彩的变化，通过不同外墙构件的灵活组合，实现富有工业化建筑特征的立面效果。预制装配式建筑外墙构件主要包括装配式混凝土外墙板、门窗、阳台、空调板和外墙装饰构件等。可以充分发挥装配式混凝土剪力墙结构住宅外墙构件的装饰作用，进行立面多样化设计。立面装饰材料应符合设计要求，预制外墙板宜采用工厂预涂刷涂料、装饰材料反打、肌理混凝土等装饰一体化的生产工艺。当采用反打一次成型的外墙板时，其装饰材料的规格尺寸、材质类别、连接构造等应进行工艺试验验证，以确保质量。

外墙门窗在满足通风采光的基础上,通过调节门窗尺寸、虚实比例以及窗框分隔形式等设计手法形成一定的灵活性;通过改变阳台、空调板的位置和形状,可使立面具有较大的可变性;通过装饰构件的自由变化可实现多样化立面设计效果,满足建筑立面风格差异化的要求。

然后就是最重要的预制构件设计。预制装配式建筑的预制构件的设计应遵循标准化、模数化原则。应尽量减少构件类型,提高构件标准化程度,降低工程造价。对于开洞多、异形、降板等复杂部位可考虑现浇的方式。注意预制构件重量及尺寸,综合考虑项目所在地区构件加工生产能力及运输、吊装等条件。同时预制构件具有较高的耐久性、耐火性。预制构件设计应充分考虑生产的便利性、可行性以及成品保护的安全性。当构件尺寸较大时,应增加构件脱模及吊装用的预埋吊点的数量,预制外墙板应根据不同地区的保温隔热要求选择适宜的构造,同时考虑空调留洞及散热器安装预埋件等安装要求。

对于非承重的内墙宜选用自重轻、易于安装和拆卸,且隔声性能良好的隔墙板等。可根据使用功能灵活分隔室内空间,非承重内墙板与主体结构的连接应安全可靠,满足抗震及使用要求。用于厨房及卫生间等潮湿空间的墙体应具有防水、易清洁的性能。内隔墙板与设备管线、卫生洁具、空调设备及其他构配件的安装连接应牢固可靠。

预制装配式建筑的楼盖宜采用叠合楼板,结构转换层、平面复杂或开间较大的楼层、作为上部结构嵌固部位的地下室楼层宜采用现浇楼盖。楼板与楼板、楼板与墙体间的接缝应保证结构整体性。叠合楼板应考虑设备管线、吊顶、灯具安装点位的预留预埋,满足设备专业要求。

空调室外机搁板宜与预制阳台组合设置。阳台应确定栏杆留洞、预埋线盒、立管留洞、地漏等的准确位置。预制楼梯应确定扶手栏杆的留洞及预埋,楼梯踏面的防滑构造应在工厂预制时一次成型,且采取成品保护措施。

预制构件连接节点的构造设计是装配式混凝土剪力墙结构住宅的设计关键预制外墙板的接缝、门窗洞口等防水薄弱部位的构造节点与材料选用应满足建筑的物理性能、力学性能、耐久性能及装饰性能的要求。各类接缝应根据工程实际情况和所在气候区等,合理进行节点设计,满足防水及节能要求。预制外墙板垂直缝宜采用材料防水和构造防水相结合的做法,可采用槽口缝或平口缝预制外墙板水平缝采用构造防水时宜采用企口缝或高低缝。接缝宽度应考虑热胀冷缩及风荷载、地震作用等外界环境的影响。

外墙板连接节点的密封胶应具有与混凝土的相容性以及规定的抗剪切和伸缩变形能力,尚应具有防霉、防水、防火、耐候性等材料性能。对于预制外墙板上的门窗安装应确保其连接的安全性、可靠性及密闭性。

装配式混凝土剪力墙结构住宅的外围护结构热工计算应符合国家建筑节能:设计标准的相关要求,当采用预制夹心外墙板时,其保温层宜连续,保温层厚度应满足项目所在地区建筑围护结构节能设计要求。保温材料宜采用轻质高效的保温材料,安装时保温材料含水率应符合现行国家相关标准的规定。

预制装配式建筑的装配式内装修设计应遵循建筑、装修、部品一体化的设计原则,部品体系应满足国家相应标准要求,达到安全、经济、节能、环保等各项标准的要求,部品体系应实现集成化的成套供应。部品和构件宜通过优化参数、公差配合和接口技术等措施,提高部品和构件互换性和通用性。装配式内装设计应综合考虑不同材料、设备、设施的不同使用年限,装修部品应具有可变性和适应性,便于施工安装、使用维护和维修改造。装配式内装的材料、设备在与预制构件连接时宜采用 SI 住宅体系的支撑体与填充体分离技术进行设计,当条件不具备时宜采用预留预埋的安装方式，不应剔凿预制构件及其现浇节点，影响主体结构的安全性。

从装配式建筑产品设计整个过程的角度来考虑装配式钢结构建筑产品性能的优劣不仅取决于组成装配式建筑产品的各部件的性能，而且在很大程度上取决于各部件的协调和配合，取决于装配式钢结构建筑产品的整体设计。整体设计水平的高下对装配式钢结构建筑的设计质量、使用性能和产品的生命力起着决定性的影响。从一般的产品设计的角度来考虑产品生命周期中超过70%的价格是由其概念设计阶段决定的。在产品完整的设计过程中，产品构思、规划和设计阶段所花费的5%左右的开发费，决定了85%以上的产品开发成本。

2.3 施工管理

在建筑企业不断进步与发展过程中，建筑工程施工技术管理水平与整个建筑企业的发展地位、实现的经济效益存在较大关系。近几年，随着科学技术水平的不断提升和经济水平的不断发展，人们对建筑工程的要求也越来越多。在传统方式下，建筑工程在施工期间，面对较大问题，尤其是施工期间面对较大难度，所以在现代化社会发展中，利用先进的施工技术，成为工程建设与发展过程中最为主要的条件。因此在该发展趋势下，促进建筑工程施工技术水平的提升，不仅能在整体上促进建筑工程质量的稳定提升，还能使企业满足对建筑工程的发展需求。例如在某高层建筑中，整体的建筑面积为5.6平方米，分为地下两层，其中地上为26层，总高度为97米。该建筑是集合金融、办公、餐饮为一体的。同时，基础工程为钻孔灌注，在上部，利用塑料模壳体系。该工程在建设与发展中，为了促进施工质量的稳定提升，对影响结构安全的钢筋工程成立了钢筋保护层小组，对其进行控制，其中针对材料不合格因素，通过与供应商的考察，实现了双方的合作。该小组人员对进场内的材料合格证、检测报告等都进行了检查，也实现了不同材料的分类放置。在该情况下可以发出，建筑工程中的施工技术管理工作十分重要，能够在较大程度上对工程质量进行有效控制。

2.3.1 建筑工程施工技术管理存在的不足

缺乏完善的管理制度。在建筑企业施工工作中，施工技术在其中发挥十分重要的作用。但是，建筑企业中缺乏完善、健全的技术管理制度，尤其是一些监督制度、培训制度等，在建筑企业没有充分形成。建筑工程施工制度作为一项规定，不仅能促进建筑工程施工质量的稳定提高，还能促进建筑施工的安全性。并且建筑企业中的管理制度还无法对技术部门、施工部门的管理人员、工作人员进行管理，导致一些人员在工作中缺乏责任心，无法有效掌握现代管理技能，也无法学习先进的文化知识，从而导致施工技术管理工作在管理期间，无法有效执行，也无法按照一定的标准和规范有效实施。基于这些要素的分析和讨论，最为主要的都是在施工中，技术管理意识不够，相关人员不重视施工技术的利用，进而导致建筑企业的施工管理工作出现一定的混乱现象。

对施工图纸重视力度不够。在教育理论下，无论做什么事，在前期一定要做好充分的保障工作，这样才能为事情的成功发展提供保障。在建筑行业积极发展期间，为了实现有效的施工工作，促进建筑工程质量更稳定。在工程实施前期，需要为其做好充分的准备工作，保证能对施工图纸进行有效审核和合理分析，这样才能使建筑工程的施工作用得以充分发挥。在这种准备工作下，不仅在较大程度上保证建筑工程的整体质量，还能使企业获得更高效益。但是在另一种程度上，一些建筑工程施工期间，相关的技术人员和管理人员仅仅重视施工建设进度，没有对施工图纸进行全方位的研究、分析以及审核等工作，导致在建筑工程施工工作中，产生各种各样的问题。其中导致其问题产生的要素为施工材料、施工工艺以及施工措施等，如果没有对这些要素严格管理，都会影响实际的工程施工进度，甚至还会带来较大的施工质量问题。

既然存在问题就有解决问题的对策，建筑工程施工技术管理对策有以下几个方面。

促进管理体系的完善性。在建筑工程建设与发展下，建立完善的制度，对施工技术的积极管理具有十分重要的作用。完善的制度是建筑工程施工技术管理工作的基本准则，不仅能促进现代建筑工程的稳定发展，还能为工程建设工作提供保障，一个完善的管理体系主要包括监督制度、培训制度以及惩罚制度等，保证全方位促进建筑工程施工技术管理工作的形成。完善的施工技术管理工作在执行期间，还需要促进技术管理工作的严格实施，规范进行，在工作执行下，不仅能促进建筑工程的稳定发展，还能实现建筑工程的安全教实施，促进整体效果的充分发挥。在管理工作中，还要开展相关的培训工作，保证在最大程度上提高工作人员的综合素质以及专业水平，在该执行下，不仅能在各个方面促进建筑企业施工技术管理水平的提升，还能为建筑工程的实施质量提供有效保障，所以说，为了提高工程建设施工质量，需要为其建立完善制度，促进监督工作的有效实施。

严格审核技术图纸。在建筑工程施工中，施工图纸发挥十分重要的作用，能够为建筑工程的实施提供有效保障，是现代化建筑建设与施工的重要保障。在工程实施期间，一定要对建筑工程施工图纸进行有效审核，保证构建的施工图纸能符合我国的法律法规要求，促进施工图纸使用的全面性。期间要对多个因素进行思考，如施工环境、施工技术等。保证建设的施工图纸能够符合实际的施工要求，解决施工图纸中存在的问题，保证实现建筑工程施工管理工作的有序执行，促进其管理工作的优化发展，还能在建筑企业施工中，将图纸作为施工中的主要引导因素，保证为现代化建筑企业的积极发展和施工质量的稳定提升提供保障。

加强施工技术管理。建筑行业的工程建设比较复杂，存在一定的系统性特点。在对工程进行施工期间，需努力收集相关资料，促进施工单位对各个文件以及各个资料的有效交流和分析。期间，工程施工中的主要负责人以及管理人员需对施工特点、工程中的具体情况等进行仔细分析，保证在工程建设期间，能够与各个人员进行相互交流，基于各个方式，不仅能为工作人员的了解和掌握提供重要基础条件，还能促进施工技术管理工作的稳定实施。

装配式建筑是由各个构件拼装而成，每个构件都是工程中必不可少的一部分，每个构件的安全都格外重要，所以比起传统建筑，装配式建筑更需要，施工过程的管理的严谨。那么现在的装配式施工管理存在哪些问题呢？我们又应该注意哪些方面呢？

在建筑的施工现场中，安全管理主要分为施工技术和施工安全。施工安全和技术管理是工程管理中的重要组成部分，一旦在此项管理中出现问题会对整个工程造成恶劣的影响，埋下安全隐患。

目前根据我国的实际情况，在管理中存在多个问题，例如构件运输、堆放不规范导致的管理难度加大、构件吊装风险较大、现场构件安装的临时支撑风险较大、预制外墙板防水难度大、构件拼装定位困难以及施工安全风险较大等等。

在建筑的施工现场中，安全管理主要分为施工技术和施工安全。施工安全中存在的隐患大多是在非施工过程中产生的，例如用水用电、防护安全以及一些仪器的使用摆放等，这些安全隐患都可以通过加强施工安全管理来进行一定的限制。

在构件安装的过程中，由于吊装方法、定位方法的不同，分为基坑施工安全、PC 构件堆放安全、PC 构件吊装安全、临时支撑安全、构件定位安全以及施工后的防水防漏问题等。

施工安全和技术管理是工程管理中的重要组成部分，一旦在此项管理中出现问题会对整个工程造成恶劣的影响，埋下安全隐患。

装配式混凝土结构的现场安装是整个施工工程中的重难点之一。由于施工现场存在一定的特殊性，各类构件的种类较多，对施工现场进行有效的管理有着重要的意义。

2.3.2 装配式建筑施工管理

(1)施工人身安全管理

安全施工是建筑项目的基础保障，施工人员的人身安全是施工安全管理中的重要组成部分。首先要确保在施工过程中，不会出现重大安全事故，包括管线事故、伤亡事故等等。

通过建立相应的安全检查组，可以有效保证施工现场的安全。在进行安全管理时，要考虑到各个方面，例如设备的规范操作与维护、吊装安全、用电安全、临边防护等。

(2)临时支撑布置

临时支撑在装配式建筑的施工中主要是用来保证施工的结构，如各类支架等。在使用门式支架时，要对间距和数量进行精确计算，并由相关的工作人员对其进行检查审核，合格后向监理单位审批，审批通过后才能应用在施工过程中。

在施工临时支架进货时，必须要进行验收。其目的是保证支架的壁厚和外观质量，在首次使用支架时，还应进行试压操作，明确支架的称重能力。

(3)构件堆放处理

施工现场中存在大量的构件，因此必须要对构件进行良好的管理，提高监督力度，根据构件的要求进行摆放。可以开发一套针对构件的管理软件，对各个部分的构件进行跟踪管理。当材料进入施工现场后，要根据不同的类型对其进行编号，并记录在册。

各个构件的摆放区域要和施工计划相搭配。并且在预制装配式材料摆放时，不能直接和地面接触，要放在木头以及一些材质较软的材料上。

(4)吊装安全管理

PC 构件在进行吊装时，必须要根据施工现场的实际情况制定相应的安全管理措施。操作塔吊的工作人员必须要有相应的证明，要对设备的有效期进行检验，工作人员在对塔吊设备进行操作时要严格按照规范，严禁出现无证上岗、不遵守规范操作等情况。

当构件进行施工现场后，要对吊点进行检查，进行重心检验，当所有的检验都合格后才能进行起吊。一些尺寸较大或形状较特殊的构件，在起吊时要用平衡吊具进行辅助。

起重所用的钢索每周都要检查，当发现磨损或损坏时要及时上报并更换，并且要在起吊构件时设置拉绳，便于控制构件的方向。

每次在吊装工作前，都要根据规范进行交底工作，对于刚进入施工现场的新员工进行专业培训，保证工作人员的专业能力以及对施工现场有足够的了解，确保施工安全。

在不断地实践之中，我们发现，装配式建筑的现场管理与传统现场相比，有三个方面的重点问题和门道要引起高度重视，而且这些问题要在项目启动之前进行系统解决，不能留到现场边干边改。

第一，现场总装计划

施工计划管理在传统项目管理中也很重要，但如果出了问题，解决起来没那么难。因为传统建筑业是一个生产力高度发达的行业，各种资源供应体系非常发达。理论上，建筑工地需要什么资源都可以在极短的时间配置到位。

而 PC 装配式建筑不同，它比传统建筑多了 PC 构件，这是一个最大的不同点。PC 构件有两大特点，一是单个构件很重，不易移动，二是必须在工厂提前预制养护好，再运到现场。

这就对计划工作提出了很高的要求。要精确计算每一个楼层有多少 PC 构件、如何分门别类编号，并提前向 PC 工厂发出需求进行订制。需求发早了，PC 工厂堆放不下，造成了库存，需求发晚了 PC 工厂无法制造出来，影响了施工进度。同时，在运输的过程中，如果漏装或损坏一个 PC 构件，现场其他工作都要停摆，出现等工现象，浪费极大。另外，如果 PC 构件进场顺序不对，需要在现场对构件进行调整，这样的难度是很大的，既费时，又费力。

那如何做好计划呢？PC 装配式建筑项目管理计划工作，要抓住一个核心，即一切以“PC 构件吊装”为计划的核心。其他一切要服从于这个计划，并以 PC 构件为核心来配置各种资源。只有这么做，一切问题才抓到了根本，手忙脚乱的现场马上就会紧张而有序了。

传统建筑业的施工管理在项目现场工作就可以了，装配式建筑的计划管理则不然，必须往前深入到 PC 工厂。如果工厂供应出错，短时间是无法解决的，因为资源的保障发生了重大变化，以前是无限供应，现在是订制化供应。所以，要做好计划，必须适应这些新变化。

第二，现场总平布置

对传统建筑现场而言这是再熟悉不过的问题了。但对于 PC 装配式工地而言，因为 PC 构件的存在，新情况出现了。

第一个问题是垂直吊装问题，此前，不要求太精确计算。如果塔吊覆盖不了的地方就用人工。因为都是散件，可以拆分，没有太大障碍。而现在面对的是几吨甚至十来吨的 PC 构件，方法就大不一样了。在总平面布置时，必须对吊装进行精确计算。最远吊距是多长？最大起吊重量是多少？什么吨位的塔吊最经济划算？如果事先计算错误，只要有一个构件无法吊装到位，就会遇到大麻烦。

这时，人工是搬不动的，可以说，基本没办法解决。所以说，垂直起吊设备的型号选择，是一个极关键之处，型号偏小会造成上述问题，型号偏大会造成成本增加，任何马虎都将带来不可估量的损失。

第二个重要问题是 PC 构件运输进场时带来的交通布置问题。因为 PC 构件运输车荷载量很大，必须考虑一次运输到位在吊点附近卸车，而不能二次转运。这就要求场内运输道路必须认真规划，既要考虑重载汽车的回转要求，又要考虑道路本身的承载能力。这两者如有任何一方面出问题，在项目管理现场都会混乱不堪，并且产生很多附加成本。

第三，总装建筑品质

国家为什么要大力推广装配式建筑？装配式建筑为什么可以叫做建筑业的转型升级？这其中一个重要原因就是装配式建筑的品质更好。原来的传统建筑难以克服的一些质量通病，诸如外墙渗水、抹灰空鼓、开裂、几何尺寸偏差等一系列问题，从理论上说，靠手工是很难根除的。装配式建筑的出现，恰好能解决这些通病。

2.3.3　施工管理措施

1. 施工、监理单位应对运输到施工现场的预制构配件进行进场验收，做好交接手续。验收内容：

(1)进场构配件的规格及数量；

(2)外观是否变形损坏；

(3)构件的出厂合格证明文件及产品形式检验报告是否提供;

(4)构件上预埋件、吊耳的产品质量合格证明或检验报告是否提供,其位置、数量、规格等是否符合设计要求;

2. 预制构配件的现场堆放的规定

(1)预制构件堆放场地地基承载力应满足专项方案要求。如遇松软土、回填土,应根据方案要求进行平整、夯实,并采取防水、排水和表面硬化措施,按规定在构件底部采用具有足够强度和刚度的垫板;

(2)垫木或垫块在构件下的位置宜与脱模、吊装时的起吊位置一致;重叠堆放构件时,每层构件间的垫木或垫块应在同一垂直线上,并应设置防止构件倾覆的支架;堆垛层数应根据构件与垫木或垫块的承载能力及堆垛的稳定性确定,预制构件中的预埋吊件及临时支撑应根据《混凝土结构工程施工规范》和《建筑施工临时支撑结构安全技术规范》的相关规定计算;

(3)对于外观复杂墙板或柱宜采用工具式插放架或靠放架直立堆放、直立运输。插放架、靠放架应有足够的强度、刚度和稳定性。采用靠放架直立堆放的构件宜对称靠放、饰面朝外,倾斜角度不宜小于80°;

(4)吊运平卧制作的侧向刚度较小的混凝土构件时,宜平稳一次就位,并应根据构件跨度、刚度确定吊索绑扎形式及加固措施;

(5)施工现场堆放的构件,宜按安装顺序分类堆放,堆垛宜布置在吊车工作范围内且不受其他工序施工作业影响的区域;

(6)预应力构件的堆放应考虑反拱的影响。

3. 预制装配构件应尽量堆放在安装起吊设备的作业覆盖区内,避免场内二次搬运。当因场地条件限制,预制装配构件在施工场地内需二次搬运时应符合下列规定:

(1)应优先选用汽车起重机、塔式起重机等起吊装设备搬运起吊;

(2)当受场地条件限制需采用拔杆、桅杆等设施起吊时,应有针对性的专项方案,并对拔杆、桅杆等设施进行力学分析计算;

(3)场内运输应采用专用运输工具,严禁采用地面拖拽方式进行搬运作业;

(4)二次搬运后需临时停放的应采用稳定措施。

4. 施工单位应根据装配式混凝土结构安全专项施工方案做好现场装配施工管理工作。

(1)应对装配式混凝土结构体系的施工作业编制标准化施工用册,吊装机具、临时支撑、接头模具应优先选用技术成熟的工具式标准化定型设施;

(2)起重设备操作人员、吊装司索信号人员均必须经过培训,取得建筑施工特种作业操作资格证书后方可上岗,其他相关施工人员应经培训掌握相应的专业知识和技能;

(3)装配式混凝土结构体系施工前,项目工程技术负责人或方案编制人员应当根据专项施工方案和有关规范、标准的要求,对现场管理人员、操作班组、作业人员分别进行安全技术交底,并履行签字手续,安全技术交底的内容应包括工程工艺、工序、作业要点和安全技术要求等;

(4)作业人员应严格按规范、专项施工方案和安全技术交底书的要求规范操作,正确配戴相应的劳动防护用品和安全防护设施;

(5)吊装作业应实施区域封闭管理,对吊装作业影响区域进行隔离围挡,设置警界线和警界标识,无法实施隔离封闭的区域,应采取其他专项防护措施。

5. 吊装设备及吊具管理应做好的工作

(1)应根据预制构件形状、尺寸、重量和作业半径等要求选择吊具和起重设备，所采用的吊具和起重设备及施工操作应符合国家现行有关标准及产品应用技术手册的有关规定，宜优先选用变频式等微动性能较好的起重吊装设备；

(2)在装配式混凝土结构体系施工过程中，起重设备的型号、起吊位置、回转半径应与安全专项施工方案一致，并满足施工工况需要。如需变更起重设备或施工工况，应编制补充方案经审批后实行，并经原论证组专家同意；

(3)当局部区域采用常规吊装设备无法吊装，需采用非常规起重设备、方法时，应进行专项设计，专项设计应包括设备的结构和构造设计详图、计算书和操作工艺要求，专项设计应通过专家评审；

(4)起重设备应保持机况良好，定期维护保养到位，各项安全保护装置齐全有效；

(5)构件吊点应依据深化设计图的要求设置和使用，吊装时应对构件上各预设螺栓(孔)功能标识进行检查复核，防止因吊点错误造成构件损坏或发生安全事故；

(6)每个构件不应少于 2 个吊点，对长度或面积较大的构件，需采用多吊点吊装时，应采用平衡梁(或闭口动滑轮)等方法使各吊点受力均匀；当采用多吊点不能确保多吊点受力均匀时，最多按 3 个吊点进行吊点吊具的承载力验算；

(7)应根据起重构件的重量和吊点设置，分别计算各吊索的承载受力，并对所选吊索的规格进行复核验算，同一类型的构件吊装宜采用同一规格的吊索；

(8)对体形复杂、重心与形心偏差较大的构件，为满足吊装时各构件之间的安装接点的角度要求，应通过计算确定各吊索的长度和角度，必要时可采用可调节螺杆或手拉葫芦等进行微调，应对所用调节螺杆或手拉葫芦的承载力进行复核验算；(九)起重机具吊钩规格应满足吊装构件的起重要求，吊钩应有安全闭锁保险装置；

(9)吊索与构件吊点之间应采用封闭式卡环(卸扣)，其规格应满足起吊承载力的要求；

(10)应根据起重设备对建筑物锚固点的荷载要求对建筑物锚固点的强度和预制装配构件的稳定性进行复核验收，确保起重设备附着锚固点强度和附着的预制装配构件的整体稳定性。

6. 现场吊装组织与指挥管理应做好的工作

(1)项目部应建立健全吊装作业组织指挥体系，明确分工，落实责任；

(2)施工现场应设一名总指挥，负责在构件吊装时统一指挥各工种的协调作业；

(3)吊装作业时，起重设备司机、信号工、司索工、电焊工等特种作业工种人员应配备齐全，当吊装构件的起吊地点与安装地点距离较远时，应设二级指挥信号工；

(4)吊运过程中，操作人员应位于安全可靠位置，不应有人员随预制构件一同起吊。

7. 现场构件吊装及临时支撑管理应做好的工作。

(1)吊装作业实施之前应核实现场环境、天气、道路状况满足吊装施工要求，4 级以上大风应停止墙、板挡风面积较大的构件吊装作业，6 级以上大风应停止所有构件的吊装作业；

(2)装配式结构正式施工前，宜选择有代表性的样板单元进行预制构件试安装；

(3)各种类型的构件在正式吊装前必须进行试吊：开始起吊时，应将构件吊离地面 200～300mm 后停止起吊，检查构件主要受力部位的作用情况、起重设备的稳定性、制动系统的可靠性、构件的平衡性和绑扎牢固性等，待确认无误后方可继续起吊；已吊起的构件不得在空中长久停滞；

(4)应采取措施保证起重设备的主钩位置、吊具及构件重心在垂直方向上重合；吊运过程应平稳，不应有偏斜和大幅度摆动；

(5)平卧堆放的竖向结构,在起吊扶正过程中,应正确使用不同功能的预设吊点,并按设计要求进行吊点的转换,避免吊点损坏;

(6)在吊装柱、结构墙板等竖向构件就位前,应将已完成面结构标高调整到位,不得直接用手在拼装缝内操作;

(7)在吊装柱、结构墙板等垂向构件时,各独立柱应在两个不同方向设可调节临时支撑,使构件、支撑及已完成楼面之间形成稳定的三角支撑体系;每个预制构件的临时支撑不宜少于 2 道,预制墙板的斜撑,其支撑点距离板底不宜大于板高的 2/3,不应小于板高的 1/2;临时支撑的数量和位置应根据吊装方案确定,如需变更应通过建设、施工、监理和原论证专家组同意;

(8)解除吊具应在就位后临时稳定措施安装完成后进行,解除吊具应有可靠的爬梯等安全措施;

(9)临时支撑与柱、墙上部及已完成结构之间应设置螺栓锚固连接,螺栓锚固螺栓(孔)应预先留设,不宜临时钻孔锚固;

(10)在吊装外围护墙时,应避免碰撞外脚手架,临时稳定支撑不得与外脚手架相连;

(11)在吊装梁板等水平构件时,搁置点的位置应按方案要求设置临时支架,临时支架的强度和稳定性应按《建筑施工临时支撑结构技术规范》JGJ300 的要求进行复核;

(12)当装配施工方法或施工顺序对结构的内力和变形产生较大影响,或设计文件有特殊要求时,应进行施工阶段结构分析,并应对施工阶段结构的强度、稳定性和刚度进行验算,其验算结果应满足设计要求;

(13)施工阶段的临时支撑结构和措施应按施工状况的荷载作用,对构件应进行强度、稳定性和刚度验算,对连接节点应进行强度和稳定验算;当临时支撑结构或措施对结构产生较大影响时,应提交原设计单位确认;

(14)节点注浆时应确保管路通畅,注浆设备应有压力保护装置;

(15)施工阶段的临时支撑结构拆除应满足的条件

①临时支撑所承载的楼层装配体系中现浇部分的混凝土强度达到设计要求;当设计无具体要求时,同条件养护试件的混凝土抗压强度应符合《混凝土结构工程施工规范》GB50666 的拆模要求;

②多个楼层间连续临时竖向的底层支架拆除时间,应根据连续支模的楼层间荷载分配和混凝土强度的增长情况确定;

③竖向结构的临时支撑应在该层结构的注浆、现浇部分已完成并形成稳定结构体系后方可拆除。

④外脚手架防护管理应做好的工作

(1)结构施工楼层应在满足构件吊装要求的条件下采用外防护脚手架进行全封闭施工,脚手架的防护高度应超出施工作业面最高点 1.5m;

(2)外防护脚手架方案设计应充分考虑建筑物周边装配构件的吊装工艺要求,但不得在没有外防护措施的情况下进行吊装作业;

(3)外防护架体形式可根据施工工艺要求采用落地式、悬挑式、工具式等类型,确定架体形式后应根据相关规范要求编制外脚手架专项施工方案,对属于超过一定规模的危险性较大分部分项工程的,应按规定对方案进行专家评审;

(4)应在预制构件中预设外脚手架连墙件、附着件的连接螺栓(孔);

(5)严禁将外防护脚手架作为吊装构件的临时支撑。

9. 现浇构件施工应做好的工作

(1) 水平叠合浇筑构件在吊装完成后现浇部分施工前，应按施工方案的要求对临时支架进行复查验收。

(2) 预制梁、板装配构件的现浇部分施工应符合下列规定：①预制构件两端支座处的搁置长度均应满足设计要求，支垫处的受力状态应保持均匀一致；②施工荷载应符合设计规定，并应避免单个梁、板承受较大的集中荷载；③不宜在施工现场对预制梁、板进行二次切割、开洞；

(3) 楼面采用泵送混凝土浇筑时，应采取措施避免泵送设备的质量及水平冲击力对安装构件及临时支撑体系造成损害。

(4) 全现浇部分的施工应符合《混凝土结构施工规范》GB50666 的相关规定。当现浇部分的模板支撑在装配构件上时，应对装配构件的承载能力进行复核。

(5) 临时固定措施的拆除应在装配式结构体系形成并达到后续施工要求的承载力、刚度及稳定性要求后进行。第 21 条施工单位应严格按照专项方案组织施工，现场作业过程中，应安排专业技术人员现场指导。发现险情，立即停止施工并采取应急措施，排除险情后，方可继续施工。第 22 条监理单位应严格审查装配式混凝土结构施工安全专项

思考题

1. 与采用现浇结构建筑的建设流程相比，预制装配式建筑的设计工作呈现哪几个方面的特征？
2. 传统建筑设计与装配式建筑设计分别有哪几个设计阶段？
3. 进行设计时有哪些方面需要注意，注意要点是什么？
4. 进行施工前需要做哪些准备？
5. 为什么要进行施工管理？
6. 传统施工管理与装配式施工管理有什么区别？
7. 装配式施工管理有什么问题，有什么解决对策？

第3章　装配式混凝土建筑材料

3.1 概 述

装配式混凝土建筑是指以工厂化生产的钢筋混凝土预制构件为主,通过现场装配的方式设计建造的混凝土结构类房屋建筑。一般分为全装配建筑和部分装配建筑两大类,全装配建筑一般为低层或抗震设防要求较低的多层建筑;部分装配建筑的主要构件一般采用预制构件,在现场通过现浇混凝土连接,形成装配整体式结构的建筑物。该建筑物的特点是,施工速度快,利于冬期施工,生产效率高,产品质量好,减少了物料损耗。

装配式混凝土结构建筑中所使用的主要材料包括钢筋、型钢、混凝土、连接材料及其他材料等。

(1)钢筋　在装配式混凝土结构建筑中,钢筋主要是指钢筋混凝土用和预应力钢筋混凝土用的钢材,包括光圆钢筋和带肋钢筋。

(2)型钢　型钢是一种有一定截面形状和尺寸的条形钢材。按照其冶炼质量不同,型钢可分为喷头型钢和优质型钢。普通型钢按照其断面形状可分为工字钢、槽钢、角钢和圆钢等。型钢可在工厂直接热轧而成,或者采用钢板切割、焊接而成。

(3)混凝土　混凝土是由胶凝材料、骨料和水按适当的比 例配合、拌和制成的混合物,经一定时间硬化而成的人造石材。在装配式混凝土结构中,混凝土主要用于制作预制混凝土 构件和现场后浇。

(4)连接材料　装配式混凝土结构建筑中常用的连接材料 主要有钢筋连接用灌浆套筒、钢筋连接用灌浆套筒灌浆料。

(5)其他材料　保温材料:夹心外墙板宜采用 EPS 板或 XPS 板等作为保温材料,保温材料除应符合设计要求,还应符合现行国家和地方标准的要求。预制夹心保温墙体用连接件:预制夹心保温墙板中的连接件宜采用拉挤玻璃纤维(FRP)连接件和不锈钢连接件,供应商应提供明确的材料性能和连接性能技术指标要求。当有可靠依据时,也可采用其他类型连接件。预制混凝土构件预埋件及门窗框:预埋件的材料、品种应按照预制构件制作图的要求进行制作,并准确定位。预埋件的设置及检测应满足设计及施工要求。预埋件应按照不同材料、不同品种、不同规格分类存放并标识。外装饰材料:当采用石材饰面时应进行防返碱处理,厚度 25mm 以上的石材宜使用卡件连接。

3.2 连接材料

对装配式结构而言,"可靠的连接方式"是第一重要的,是结构安全的最基本保障。装配式混凝土结构连接方式包括:钢筋套筒灌浆连接,分为全灌浆套筒和半灌浆套筒两种;浆锚搭接连接;后浇混凝土连接;螺栓连接;焊接连接。

3.2.1 钢筋套筒灌浆连接

钢筋套筒灌浆连接的技术在美国和日本已经有近四十年的应用历史,是一项十分成熟的技术。美国 ACI 已明确将这种连接列入机械连接的一类,不仅将这项技术广泛应用于预制构件受力钢筋的连接,而且还用于现浇混凝土受力钢筋的连接。我国部分单位对这种接头进行了一定数量的试验研究工作,证实了它的安全性。

套筒灌浆连接是指在预制混凝土构件中预埋的金属套筒中插入钢筋并灌注水泥基灌浆料而实现的钢筋连接方式。连接套筒包括全灌浆套筒和半灌浆套筒两种形式。全灌浆套筒:两端均采用灌浆方式与钢筋连接;半灌浆套筒:一端采用灌浆方式与钢筋连接,而另一端采用非灌浆方式与钢筋连接(通常采用螺纹连接)。

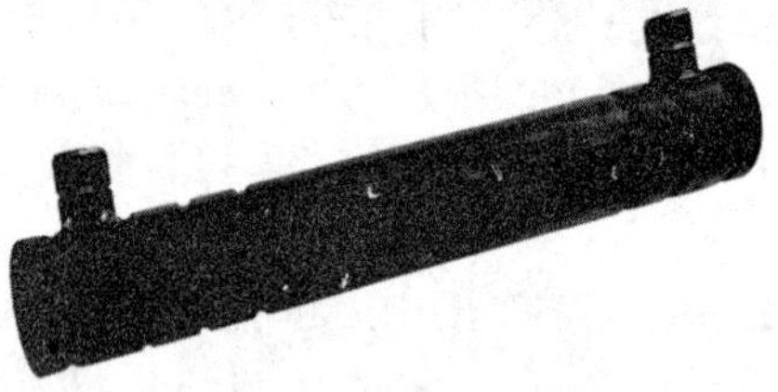

图 3.1　全灌浆套筒

图 3.2　半灌浆套筒

灌浆套筒内加入灌浆套筒灌浆料,灌浆料是以水泥为基本原料,配以适当的细集料、混凝土外加剂和其他材料组成的干混料,加水搅拌后具有良好的流动性、早强、高强、微膨胀等特性,填充于套筒与带肋钢筋间隙内。为了满足连接要求,灌浆料需要符合一些检测要求,如此保证构件连接符合国家标准。

表 3.1　灌浆套筒灌浆料的检测

检　测　项　目		性能指标
流动度/mm	初始	≥300
	30min	≥260
抗压强度/MPa	1d	≥35
	3d	≥60
	28d	≥85
竖向自由膨胀率/%	24h 与 3h 差值	0.2～0.5
氯离子含量%		0.03

套筒灌浆连接的原理是钢筋从套筒两端开口插入套筒内部,钢筋与套筒之间填充高强度微膨胀结构性灌浆料,借助灌浆料的微膨胀特性并受到套筒的围束作用,增强与钢筋、套筒之间的摩擦力实现钢筋应力传递。

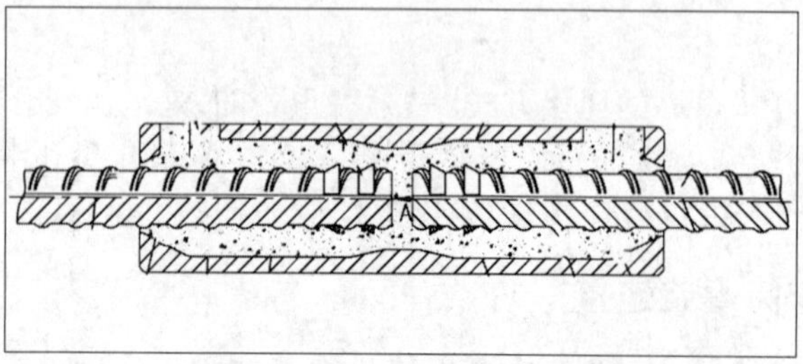

图 3.3　套筒灌浆连接的原理

灌浆套筒连接应用举例:钢筋套筒灌浆连接主要用于装配式混凝土结构的剪力墙、预制柱的纵向受力钢筋的连接。也可用于叠合梁等后浇部位的纵向钢筋连接。

灌浆套筒在装配式结构中的应用—柱

图 3.4 柱的连接

灌浆套筒在装配式结构中的应用—剪力墙

图 3.5 剪力墙的连接

灌浆套筒在装配式结构中的应用—叠合梁

图 3.6 叠合梁的连接

钢筋套筒灌浆连接的要求必须符合国家规范。在装配整体式混凝土结构中，套筒灌浆连接主要用于墙、柱重要竖向连接构件中的同截面钢筋连接，其连接性能应满足《钢筋机械连接技术规程》JGJ 107—2010 中的Ⅰ级接头的要求。套筒灌浆连接施工应采用由接头形式检验确定的匹配灌浆套筒、灌浆料，灌浆套筒、灌浆料经检验合格后方可使用。

《装配式混凝土结构技术规程》JGJ1—2014 强制性条文：预制构件采用钢筋套筒灌浆连接时，应在构件生产前进行钢筋套筒灌浆连接接头的抗拉强度试验，每种规格的连接接头试件数量不少于 3 个，且连接只能断于钢筋。

采用钢筋套筒灌浆连接的混凝土预制构件设计时应符合下列规定：1. 接头连接钢筋的强度等级不应高于灌浆套筒规定的连接钢筋强度等级。2. 连接钢筋的直径规格不应大于灌浆套筒规定的连接钢筋直接规格，且不宜小于灌浆套筒规定的连接钢筋规格一级以上。3. 构件配筋方案应根据灌浆套筒外径、长度及灌浆施工要求确定，钢筋插入灌浆套筒的锚固长度应符合灌浆套筒参数要求。

纵向钢筋采用套筒灌浆连接时，应符合下列规定：1. 接头应满足行业标准《钢筋机械连接技术规程》JGJ 107—2010 中Ⅰ级接头的性能要求，并应符合国家现行有关标准的规定。2. 预制剪力墙中钢筋接头处套筒外侧钢筋的混凝土保护层厚度不应小于 15mm，预制柱中钢筋接头处套筒外侧箍筋的混凝土保护层厚度不应小于 20mm；3. 套筒之间的净距不应小于 25mm。

3.2.2 浆锚搭接连接

浆锚搭接连接是指在预制混凝土构件中采用特殊工艺制成的孔道中插入需搭接的钢筋，并灌注水泥基灌浆料而实现的钢筋搭接连接方式。这种搭接技术在欧洲有多年的应用历史，也被称之为间接搭接或间接锚固。我国已有多家单位对间接搭接技术进行了一定数量的研究工作，如哈尔滨工业大学、黑龙江宇辉新型建筑材料有限公司等对这种技术进行了大量试验研究，也取得了许多试验研究成果。

浆锚搭接预留孔洞的成型方式有两种，1. 埋置螺旋的金属内模，构件达到强度后旋出内模。2. 预埋金属波纹管做内模，完成后不抽出。两种成型方式对比：采用金属内膜旋出时容易造成孔壁损坏，也比较费工，因此金属波纹管方式可靠简单。

螺旋箍筋浆锚搭接

波纹管浆锚搭接

图 3.7　浆锚搭接连接

在预制构件中有螺旋箍筋约束的孔道中进行搭接的技术，称为钢筋约束浆锚搭接连接。浆锚搭接连是基于黏结锚固原理进行连接的方法，在竖向结构构件下段范围内预留出竖向孔洞，孔洞内壁表面留有螺纹状粗糙面，周围配有横向约束螺旋箍筋，将下部装配式预制构件预留钢筋插入孔洞内，通过灌浆孔注入灌浆料将上下构件连接成一体的连接方式。

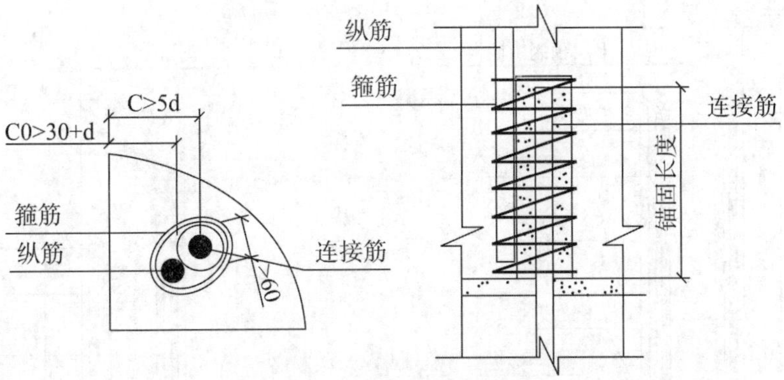

图3.8　钢筋约束浆锚搭接连接

另外比较成熟的还有金属波纹管浆锚搭接连接技术。墙板主要受力钢筋采用插入一定长度的钢套筒或预留金属波纹管孔洞，灌入高性能灌浆料形成的钢筋搭接连接接头。采用镀锌钢带卷制形成的单波或双波形咬边扣压制成的预埋于预制钢筋混凝土构件中用于竖向钢筋浆锚接的金属波纹管。

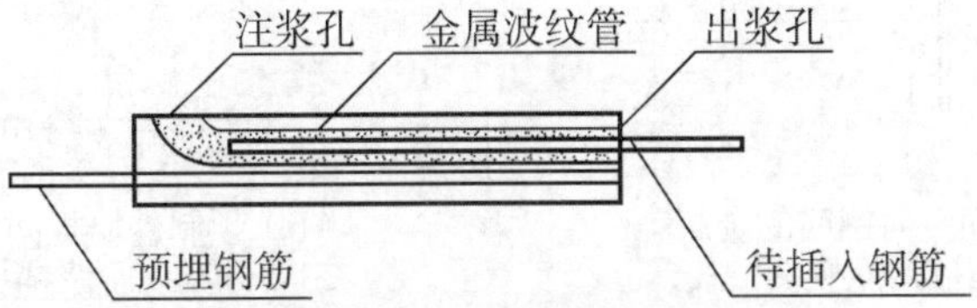

图3.9　金属波纹管浆锚搭接连接

浆锚搭接灌浆料是以水泥为基本原料，其性能应符合表3.2的规定。

表3.2　浆锚搭接灌浆料的检测

检　测　项　目		性能指标
流动度/mm	初始	≥200
	30min	≥150
抗压强度/MPa	1d	≥35
	3d	≥55
	28d	≥80
竖向自由膨胀率/%	24h与3h差值	0.2~0.5
氯离子含量%		0.06

浆锚搭接连技术的关键在于孔洞的成型技术、灌浆料的质量以及对被搭接钢筋形成约束的方法等各个方面。目前我国的孔洞成型技术种类较多，尚无统一的论证，因此《规程》要求纵向钢筋采用浆锚搭接连接时，对预留孔成孔工艺、孔道形状和长度、构造要求、灌浆料和被连接钢筋，应进行力学性能以及适用性的试验验证。

纵向钢筋采用浆锚搭接时，对预留成孔工艺、孔道形状和长度、构造要求、灌浆料和被连接钢筋应进行力学性能以及实用性试验验证。直径大于20mm的钢筋不宜采用浆锚搭接连接。直接承受动力载荷构件的纵向钢筋不应采用浆锚搭接连接。房屋高度大于12m或超过三层时，不宜使用浆锚搭接连接。在多层框架结构中，《装配式混凝土结构设计规程》不推荐

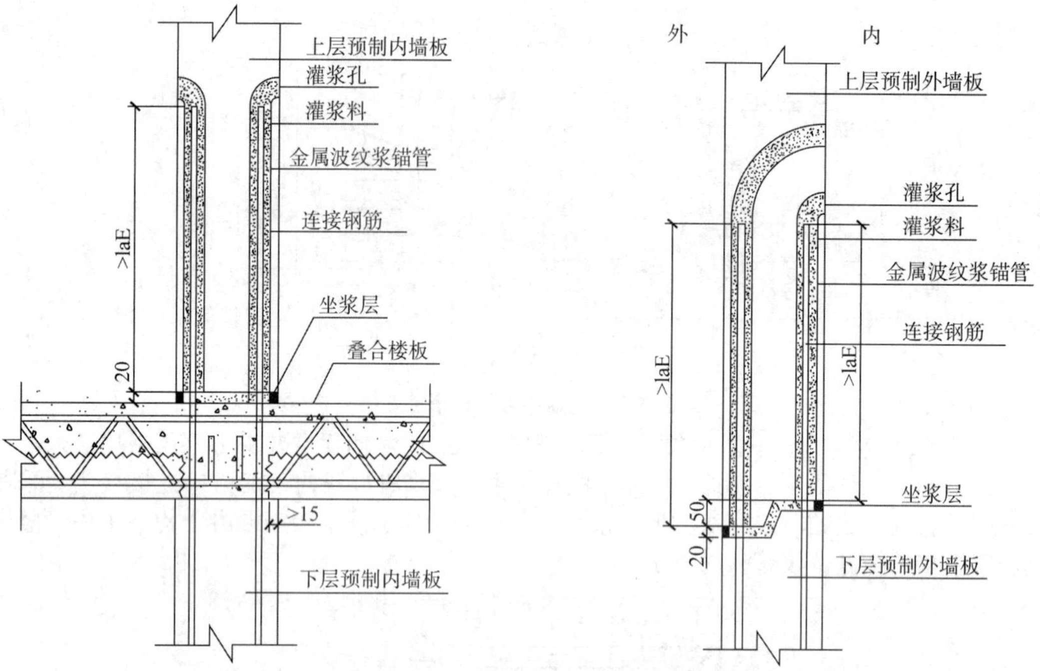

（a）预制内墙板间竖向钢筋的金属波纹管浆锚搭接连接

（b）预制外墙板间竖向钢筋的金属波纹管浆锚搭接连接

图 3.10　预制墙板间竖向钢筋的浆锚搭接连接

采用浆锚搭接方式。

《装配式混凝土结构设计规程》对浆锚连接的规定:纵向钢筋采用浆锚搭接连接时,对预留孔成孔工艺、孔道形状和长度、构造要求、灌浆料和被连接钢筋,应进行力学性能以及适用性的试验验证。直径大于 20mm 的钢筋不宜采用浆锚搭接连接,直接承受动力荷载构件的纵向钢筋不应采用浆锚搭接连接。(试验验证:是指需要验证的项目必须经过相关部门组织的专家论证或鉴定后方可使用)

相比较而言,钢筋套筒灌浆连接技术更加成熟,适用于较大直径钢筋的连接;广泛应用于装配式混凝土结构中剪力墙、柱等纵向受力钢筋的连接。钢筋浆锚搭接连接适用于较小直径的钢筋($d \leqslant 20$mm)的连接,连接长度较大,不适用于直接承受动力荷载构件的受力钢筋连接。

3.2.3　后浇混凝土连接

后浇混凝土是指预制构件安装后在预制构件连接区域或叠合层现场浇注的混凝土。在装配式结构中,基础、首层、裙房、顶层等部位的现浇混凝土成为现浇混凝土。连接区域或叠合部位的现场浇注的混凝土成为后浇混凝土。

后浇混凝土连接是装配式混凝土结构中非常重要的连接方式,基本上所有的装配式混凝土结构建筑都会有后浇混凝土。后浇混凝土钢筋连接是后浇混凝土连接节点最重要的环节。后浇混凝土钢筋连接方式可采用现浇结构钢筋的连接方式,主要包括机械螺纹套筒连接、钢筋搭接、钢筋焊接等。

预制混凝土构件与后浇混凝土的接触面须做成粗糙面或键槽面,或两者兼有,以提高混凝土抗剪能力。平面、粗糙面和键槽面混凝土抗剪能力的比例为 1 ∶ 1.6 ∶ 3,即粗糙面抗剪能力是平面的 1.6 倍,键槽面是平面的 3 倍。

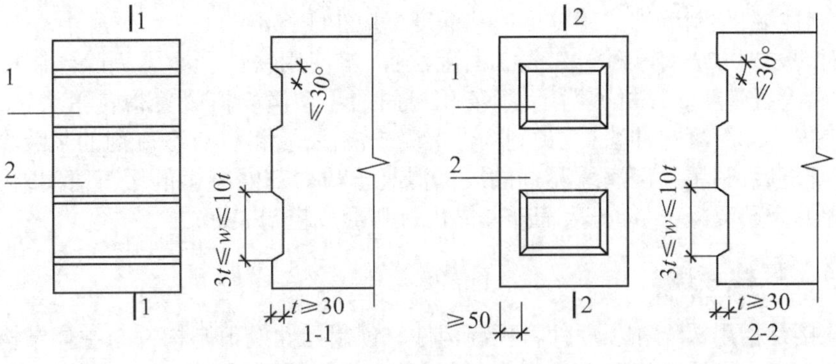

(a)键槽贯通截面　　(b)键槽不贯通截面

图 3.11　键槽构造示意

1—键槽;2—梁端面

《装配式混凝土结构设计规程》中的相关规定:预制构件与后浇混凝土、灌浆料、坐浆材料的结合面应设置粗糙面、键槽,并应符合下列规定。

1. 预制板与后浇混凝土叠合层之间的结合面应设置粗糙面。

2. 预制梁与后浇混凝土叠合层之间的结合面应设置粗糙面;预制梁端面应设置键槽且宜设置粗糙面。键槽的尺寸和数量应按本规程第 7.2.2 条的规定计算确定;键槽的深度 t 不宜小于 30mm,宽度 w 不宜小于深度的 3 倍且不宜大于深度的 10 倍;键槽可贯通截面,当不贯通时槽口距离截面边缘不宜小于 50mm;键槽间距宜等于键槽宽度;键槽端部斜面倾角不宜大于 30°。

3. 预制剪力墙的顶部和底部与后浇混凝土的结合面应设置粗糙面;侧面与后浇混凝土的结合面应设置粗糙面,也可设置键槽;键槽深度 t 不宜小于 20mm,宽度 w 不宜小于深度的 3 倍且不宜大于深度的 10 倍,键槽间距宜等于键槽宽度,键槽端部斜面倾角不宜大于 30°。

图 3.12　粗糙面的处理

4. 预制柱的底部应设置键槽且宜设置粗糙面,键槽应均匀布置,键槽深度不宜小于

30mm，键槽端部斜面倾角不宜大于30°。柱顶应设置粗糙面。

5. 粗糙面的面积不宜小于结合面的80%，预制板的粗糙面凹凸深度不应小于4mm，预制梁端、预制柱端、预制墙端的粗糙面凹凸深度不应小于6mm。

粗糙面的处理方法有三种。1. 人工凿毛法：人工使用铁锤和凿子剔除预制构件结合面的表皮，露出碎石骨料。2. 机械凿毛法：使用专门的小型凿岩机配置梅花平头钻，剔除结合面混凝土表皮。3. 缓凝水冲法：在预制构件混凝土浇注前，将含有缓凝剂的浆液涂刷在模板上，浇注混凝土后，利用已浸润缓凝剂的表面混凝土与内部混凝土的缓凝时间差，用高压水冲洗未凝固的表层混凝土，冲掉表面浮浆露出骨料形成粗糙表面。

3.2.4 螺栓连接

螺栓连接是指用螺栓和预埋件将预制构件与预制构件或预制构件与主体结构进行连接的一种连接方式。螺栓连接属于干法连接；钢筋套筒灌浆连接、浆锚搭接、后浇混凝土连接都属于湿法连接。

螺栓连接的适用范围：在装配式混凝土结构中，螺栓连接仅用于外挂墙板和楼梯等非主体结构构件的连接。

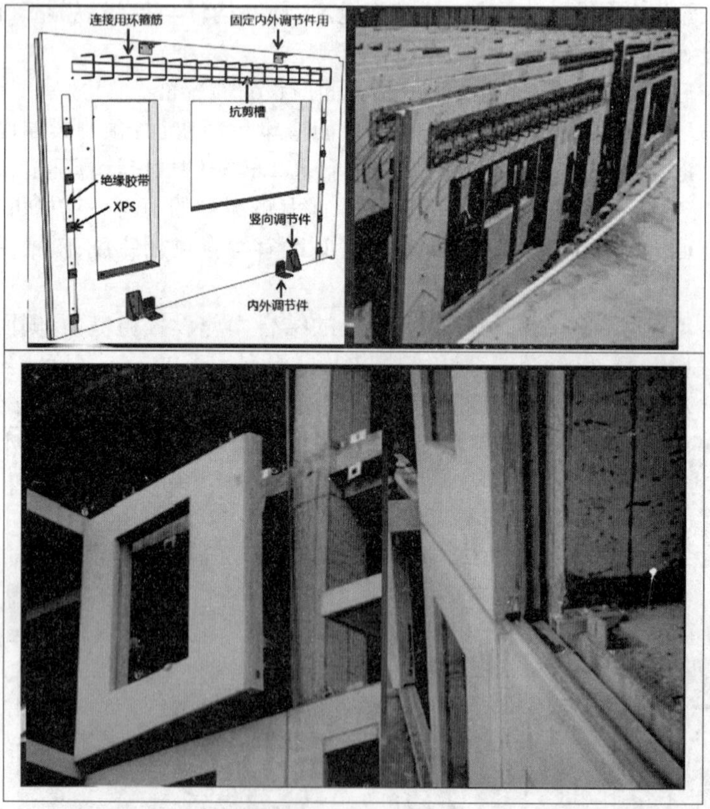

图3.13　螺栓连接

3.2.5 焊接连接

焊接连接是指在预制混凝土构件中预埋钢板，构件之间将预埋钢板进行焊接连接来传递构件之间作用力的连接方式。焊接连接在混凝土结构中仅用于非结构构件的连接。

焊接方法种类很多，但按其过程特点不同，可分为熔化焊、压力焊和钎焊三大类。熔化焊是将两焊件的连接部位加热至熔化状态在不加压力的情况下，使其冷却凝固成一体，从而完成焊接。压力焊是在焊接过程中，必须对焊件施加压力，同时加热（或不加热）以完成焊接。钎焊是将低熔点的钎料熔化，使其与焊件金属（也加热，但仍处于固态）相互扩散，而实现连接。

1. 熔化焊

熔焊，又叫熔化焊，是一种最常见的焊接方法。所谓熔焊，是指焊接过程中，将联接处的金属在高温等的作用下至熔化状态而完成的焊接方法，可形成牢固的焊接接头。由于被焊工件是紧密贴在一起的，在温度场、重力等的作用下，不加压力，两个工件熔化的融液会发生混合现象。待温度降低后，熔化部分凝结，两个工件就被牢固的焊在一起，

完成焊接的方法。由于在焊接过程中固有的高温相变过程，在焊接区域就产生了热影响固态焊接和熔焊正相反，固态焊接没有金属的熔化。

2. 压力焊

压力焊是利用焊接时施加一定压力而完成焊接的方法，压力焊又称压焊。这类焊接有两种形式，可加热后施压，亦可直接冷压焊接，其压接接头较牢固

3. 钎焊

钎焊是用熔点低于母材的金属材料作钎料，将焊件和钎料加热到适当的温度，使焊件仍处于固态而钎料熔化后靠湿润及毛细管作用填充进接头间隙，并与母材相互扩散实现连接的一种方法。也有人把钎焊定义为加热到钎料熔化，母材不熔化，通过母材与钎料之间的溶解、扩散、凝固后实现冶金连接的焊接方法。

按钎料熔点，钎焊分为软钎焊和硬钎焊两类。钎焊按加热方式不同分为烙铁钎焊、火焰钎焊、电阻钎焊、感应钎焊及炉中钎焊等。无论哪种钎焊，都要有母材、钎料、焊剂三种材料。母材是要被焊接的材料；钎料是填充并连接母材的材料；焊剂是清除母材和钎料表面氧化膜和其他杂质，改善钎料性能并保护液化钎料不被氧化的材料。你问的松香就是一种简单的有机焊剂。由于材料来源方便，污染小，效果还好，因此在原来手工锡焊中得到广泛应用。

3.3 结构主材料

1. 混凝土、钢筋和钢材的力学性能指标和耐久性要求等应符合现行国家标准《混凝土结构设计规范》GB 50010 和《钢结构设计规范》GB 50017 和《装配式混凝土结构技术规程》JGJ 1 等的有关规定。

2. 预制构件的混凝土强度等级不宜低于 C30；预应力混凝土预制构件的混凝土强度等级不宜低于 C40，且不应低于 C30；现浇混凝土的强度等级不应低于 C25。

3. 钢筋的选用应符合现行国家标准《混凝土结构设计规范》GB50010 的规定。普通钢筋采用套筒灌浆连接和浆锚搭接连接时，钢筋应采用热轧带肋钢筋。

4. 钢筋焊接网应符合现行行业标准《钢筋焊接网混凝土结构技术规程》JGJ 114 的规定。

5. 钢筋焊接网应符合现行行业标准《钢筋焊接网混凝土结构技术规程》JGJ 114 的规定。

装配式混凝土建筑的结构主材主要包括混凝土、原材料、钢筋、钢板等。

3.3.1 混凝土

装配式混凝土建筑往往采用的混凝土强度比现浇建筑的等级高。

我国行业标准《装配式混凝土结构技术规程》JGJ 1－2004 要求"预制构件的混凝土强度等级不宜低于 C30;预应力混凝土预制构件的强度等级不宜低于 C40,且不应低于 C30;现浇混凝土的强度等级不应低于 C25"。根据《混凝土结构设计规范》GB 50010 的有关规定,混凝土轴心抗压强度的标准值应按表 3.3 采用,轴心抗拉强度的标准值应按表 3.4 采用。

表 3.3 混凝土轴心抗压强度标准值 单位:N/mm²

强度	混凝土强度等级													
	C15	C20	C25	C30	C35	C40	C45	C50	C55	C60	C65	C70	C75	C80
f_{ck}	10.0	13.4	16.7	20.1	23.4	26.8	29.6	32.4	35.5	38.5	41.5	44.5	47.4	50.2

表 3.4 混凝土轴心抗拉强度标准值 单位:N/mm²

强度	混凝土强度等级													
	C15	C20	C25	C30	C35	C40	C45	C50	C55	C60	C65	C70	C75	C80
f_{tk}	1.27	1.54	1.78	2.01	2.20	2.39	2.51	2.64	2.74	2.85	2.93	2.99	3.05	3.11

混凝土轴心抗压强度的设计值应按表 3.5 采用,轴心抗拉强度的标准值应按表3.6 采用。

表 3.6 混凝土轴心抗压强度设计值 单位:N/mm²

强度	混凝土强度等级													
	C15	C20	C25	C30	C35	C40	C45	C50	C55	C60	C65	C70	C75	C80
f_c	7.2	9.6	11.9	14.3	16.7	19.1	21.1	23.1	25.3	27.5	29.7	31.8	33.8	35.9

表 3.6 混凝土轴心抗拉强度设计值 单位:N/mm²

强度	混凝土强度等级													
	C15	C20	C25	C30	C35	C40	C45	C50	C55	C60	C65	C70	C75	C80
f_t	0.91	1.10	1.27	1.43	1.57	1.71	1.80	1.89	1.96	2.04	2.09	2.14	2.18	2.22

混凝土强度等级高,对套筒在混凝土中的锚固有利;高强度等级混凝土与高强钢筋的应用可以减少钢筋数量,避免钢筋配置过密、套筒间距过小影响混凝土浇筑,这对梁柱结构体系建筑比较重要;高强度等级混凝土和钢筋对提高整个建筑的结构质量和耐久性有利。

3.3.2 脱模剂

脱模剂是一种介于模具和成品之间的功能性物质。脱模剂有耐化学性,在与不同树脂的化学成分(特别是苯乙烯和胺类)接触时不被溶解。脱模剂还具有耐热及应力性能,不易分解或磨损;脱模剂黏合到模具上而不转移到被加工的制件上,不妨碍喷漆或其他二次加工操作。由于注塑、挤出、压延、模压、层压等工艺的迅速发展，脱模剂的用量也大幅度地提高，可以预防在混凝土初期由于混凝土强度过低而在脱模时受到损坏，可以使混凝土表面易于脱离，光滑及洁净。

脱模剂的作用就是将固化成型的制品顺利地从模具上分离开来，从而得到光滑平整的制品，并保证模具多次使用，具体性能要求如下。

1. 脱模性（润滑性）。形成均匀薄膜且形状复杂的成形物时，尺寸精确无误。

2. 脱模持续性好。

3. 成形物外观表面光滑美观，不因涂刷发黏的脱模剂而招致灰尘的黏着。

4. 二次加工性优越。当脱模剂转移到成形物时，对电镀、热压模、印刷、涂饰、黏合等加工物均无不良影响。

5. 易涂布性。

6. 耐热性。

7. 耐污染性。

8. 成形好，生产效率高。

9. 稳定性好。与配合剂及材料并用时，其物理、化学性能稳定。

10. 不燃性，低气味，低毒性。

3.3.3　钢筋

行业标准《装配式混凝土结构技术规程》JGJ 1—2014 规定："普通钢筋采用套筒灌浆连接和浆锚搭接连接时，钢筋应采用热轧带肋钢筋"；钢筋的力学性能应符合国家标准《混凝土结构设计规章》GB 50010—2014 的规定；钢筋焊接网应符合现行行业标准《钢筋焊接网混凝土结构技术规程》JGJ 114－2014 的规定；装配式混凝土构件不能使用冷拔钢筋。

钢筋的强度标准值应具有不小于 95% 的保证率，普通钢筋的屈服强度标准值，即先强度标准值应按表 3.7 采用；预应力钢丝、钢绞线和预应力螺纹钢筋的屈服强度标准值、极限强度标准值应按表 3.8 采用。

表 3.7　普通钢筋强度标准值

单位：N/mm^2

牌号	符号	公称直径 d/mm	屈服强度标准值 f_{pyk}	极限强度标准值 f_{ptk}
HPB300	Φ	6 ~ 22	300	420
HRB335 HRBF335	Φ Φ^F	6 ~ 50	335	455
HRB400 HRBF400 RRB400	Φ Φ^F Φ^R	6 ~ 50	400	540
HRB500 HRBF500	Φ Φ^F	6 ~ 50	500	630

表 3.8　预应力钢筋强度标准值

种　　类		符号	公称直径	屈服强度标准值 f_{pyk}	极限强度标准值 f_{ptk}
中强度预应力	光面螺旋肋	Φ^{PM} Φ^{HM}	5、7、9	620	800
				780	970
				980	1 270
预应力螺纹钢筋	螺纹	Φ^{T}	18、25、32、40、50	785	980
				930	1 080
				1 080	1 230
消除应力钢丝	光面 螺旋肋	Φ^{P} Φ^{H}	5	—	1 570
				—	1 860
			7	—	1 570
			9	—	1 470
				—	1 570
钢绞线	1×3(三股)	Φ^{S}	8.6、10.8、12.9	—	1 570
				—	1 860
				—	1 960
	1×7(七股)		9.5、12.7、15.2、17.8	—	1 720
				—	1 860
				—	1 960
			21.6	—	1 860

3.4　模具材料

随着我国住宅产业化的发展，越来越多的企业开始进行"工业化住宅"的研发和生产，追求"像造汽车一样的造房子"，将房屋分解为多个模块在工厂加工成半成品，现场只要进行装配施工即可变为成品住宅，装配式建筑的发展离不开 PC 构件（"预制装配式建筑混凝土构件"的简称，是以构件加工单位工厂化制作而成的成品混凝土构件，经施工现场装配、连接并结合部分现浇而形成混凝土结构，具有优质、高效、节能、环保等优势，是实现住宅产业化的重要途径），而 PC 构件的生产离不开 PC 模具。

模具是用来制作成型物品的工具，这种工具由各种零件构成，不同的模具由 不同的零件构成。模具主要通过所成型材料物理状态的改变来实现物品外形的加工。而 PC 模具是应用于 PC 构件生产中的 PC 构件成型的。PC 模具包括底模，侧模，端模及窗模等重要组成部件，将装饰墙砖，窗框，及各类接驳器等配件全部定位于模具中并浇注混凝土，有利于构件及建筑物质量的整体提升。PC 构件作为住宅产业化的重要组成部分,PC 模具的作用至关重要。

PC 模具是构件生产的主要要素之一,其设计形式是否先进合理会直接影响构件生产效率和产品质量。PC 模具应该在保证质量和构件外型尺寸的前提下做到:拆卸方便,提高生产效率;提高模具通用性和周转次数,降低采购成本;采用全激光下料,提高模具质量。

3.4.1　外墙板模具设计要点

外墙板结构一般为内叶结构(200mm) + 保温(Xmm) + 外叶保护(60mm)。此类墙板可采用正打或反打工艺。建筑对外墙板的平整度要求很高,如果采用正打工艺,无论是人工抹面还是机器抹面,都不足以达到要求的平整度,对后期施工较为不利。但是正打工艺,有利于预埋件的定位,操作工序也相对简单。可根据工程的需求,选择不同的工艺。

图 3.14　外墙板模具

3.4.2　内墙板模具设计要点

由于内墙板就是混凝土实心墙体(因内墙不参与建筑结构受力,故在内墙板设计时可按相关图集在内墙板内增加 EPS 轻质减重板)。预制内墙板的厚度一般为 200mm,为便于加工,可选用 20#槽钢作为边模。内墙板三面均有外漏筋,且数量较多,需要在槽钢上开许多豁口,导致边模刚度不足,周转中容易变形,所有应在边模上增设肋板。

图 3.15　内墙板模具

3.4.3　叠合楼板模具设计要点

根据叠合楼板高度,可选用相应的角铁作为边模,当楼板四边有倒角时,可在角铁上后焊一块折弯后的钢板。由于角铁组成的边模上开了许多豁口,导致长向的刚度不足,故沿长向可分若干段,以每段 1.5 ~ 2.5m 为宜。侧模上还需设加强肋板,间距为 400 ~ 600mm。

图 3.16　叠合楼板模具

3.4.4　楼梯模具设计要点

楼梯模具可分为卧式和立式两种模式,卧式模具占用场地,需要压光的面积较大,构件需多次翻转。而立式楼梯模具重点为楼梯踏步的处理,由于踏步成波浪形,钢板需折弯后拼接,拼缝的位置宜放在既不影响构件效果又便于操作的位置,拼缝的处理可采用焊接或冷拼接工艺。都需要特别注意拼缝处的密封性,严禁出现漏浆现象。养护期间立式模具不能进养护窑,需采用自然养护,而卧式模具在养护期间可以进养护窑进行养护,以快速达到脱模,采用卧式还是立式,要综合考虑。

图 3.17　楼梯模具

3.4.5　阳台板/空调板模具设计要点

为了体现建筑立面效果,一般住宅建筑的阳台板设计为异性构件。构件的四周都设计了反边,导致不能利用大底模生产。可设计为独立式的模具,根据构件数量,选择模具材料。首先考虑构件脱模的问题,在不影响构件功能的前提下,可适当留出脱模斜度(1/10 左右)。当构件高度较大时,应重点考虑侧模的定位和刚度问题。

图 3.18　阳台板/ 空调板模具

3.4.6　底模设计要点

面板根据楼层高度和构件长度,宜选用整块的钢板。每个大底模上布置不宜超过 3 块构件,据此选择底模长度,宽度有建筑层高决定。对于板面要求不严格的,可采用拼接钢板的形式,但需注意拼缝的处理方式。大底模支撑结构可选用工字钢或槽钢,为了防止焊接变形,大底模最好设计成单向板的形式,面板一般选用 10mm 钢板。大底模使用时,需固定在平整的基础上,定位后的操作高度不宜超过 500mm。

3.4.7　综合管廊模具设计要点

综合管廊模具,属于模具技术领域,具体涉及一种综合管廊模具。包括内模和外模,所述外模的下端与内模之间设置底托,外模侧壁上固定连接底托压紧装置;所述外模的上端与内模之间设置插口盘，内模上固定连接至少四个汽缸，各汽缸的活塞杆上设置压板，各压板设置在插口盘的上端。本实用新型相对于现有的人工捣制或现场预制生产综合管廊，生产效率高、成本低、生产出的综合管廊质量好。

图 3.19　综合管廊模具

3.5　辅助材料

（1）保温材料　夹心外墙板宜采用 EPS 板或 XPS 板等作为保温材料，保温材料除应符合设计要求，还应符合现行国家和地方标准的要求。

（2）预制夹心保温墙体用连接件　预制夹心保温墙板中的 连接件宜采用拉挤玻璃纤维（FRP）连接件和不锈钢连接件，供应商应提供明确的材料性能和连接性能技术指标要求。当有 可靠依据时，也可采用其他类型连接件。

（3）预制混凝土构件预埋件及门窗框　预埋件的材料、品种应按照预制构件制作图的要求进行制作，并准确定位。预埋件的设置及检测应满足设计及施工要求。预埋件应按照不同材料、不同品种、不同规格分类存放并标识。

（4）外装饰材料　当采用石材饰面时应进行防返碱处理，厚度 25mm 以上的石材宜使用卡件连接。

3.6　施工材料

吊装机械的选择：（1）起吊能力和覆盖区域的满足。通常构件的质量在 1.5 ~ 5 吨，过大的构件建议拆解在这个范围。在选择塔式起重机前，对构件的最大质量和最远的吊装距离进行分析。按照现有 PC 工地的考察了解，选择额定起重力矩在 160kN · m 和 2 500kN · m，对应的塔吊类型有 QTZ160、ZJ6516 和 QTZ250、ZJ7030，分别最大幅度为 65m 起吊 1.6 吨，最大幅度 70m 起吊 3.0 吨。高层超过 40 米高时，选择附着式塔机。在必要时，调用履带吊来满足现场的需要。（2）起吊及回转速度的满足。QTZ160、ZJ6516 塔机，4 倍率起升，起吊速度为 50m/min，按照计算，80m 高楼，需要时间 1. 6min，可以满足现场需要；回转速度

0.6r/min，回转一半，不到1min，也可以满足现场需要。

吊装极大依赖起重机械，是装配式混凝土结构施工中的主要风险源之一。应遵守《塔式起重机安全规程》GB5144—2006。上文所提到的塔机，需按照塔机型号做基础施工，安装完好专项验收，通过后使用。

塔机严格按照操作规定。每日检查：安全、防护装置，吊钩、吊钩螺母及防松装置，钢丝绳磨损情况，起升链条的磨损情况，吊索具情况，音响、照明情况，有无影响运行的障碍物等。每周检查：电缆等电气情况，螺栓有无松动，电器绝缘，油压系统，减速系统等。定期维修保养。（每半年一次）

吊装机具设备必须完好符合要求。采用专用PC吊装梁吊装，特殊构件需要使用框架式吊装梁起吊。吊索的安全系数取6～8。不合格绳索及时淘汰。

装配式建筑中钢筋加工用装配式钢筋加工台，包括至少两个支撑架，支撑架包括两个立柱和设置在两个立柱上端的横梁，相邻的两个支撑架之间通过上下两对平行的上梁和底梁连接，上梁和底梁均通过十字钢管连接件分别设置在立柱的上端和下端。优点是结构简单，牢固，方便组装拆卸，便于周转使用。

套筒灌浆使用的主要设备、器具有滚筒式搅拌机、空气压缩机、电子台秤、灌浆筒、钢丝软管、橡胶塞等。

思考题

1. 配式混凝土建筑施工材料可以分为哪几类？
2. 连接材料包含什么？
3. 什么是脱模剂？简述其作用。
4. 水泥基材料有哪些并说明其特点。

第 4 章　预制构件制作与储运

4.1 概 述

预制构件加工单位应具备相应的资质等级管理要求,并建立起一套完善的预制构件加工质量管理体系,具有预制构件生产加工经验和必备试验检测手段。预制构件加工制作前应审核预制构件深化设计加工图,具体内容包括预制构件模板图、配筋图、预埋吊件及其埋件的细部构造图等。预制构件脱模、翻转过程中混凝土强度、构件承载力、构件变形以及吊具、预埋吊件承载力验算等。预制构件加工前应编制生产加工方案,具体内容包括生产计划及生产工艺、模板方案及模板计划、技术质量控制措施、成品保护等。

4.2 预制构件设计

4.2.1 设计的整体思路

投资者希望有较大的投资回报,因此在建厂前需要根据木地市场对各种构件的实际需要,考虑好生产规模(生产能力)、产品纲领(产品的品种、规格及数量)和厂址的选择,它们决定了工厂的性质、自动化程度和产品成木。工艺设计在构件厂设计中起着主导作用,决定了生产场地布置及设备安装等,因此在场地选择和布置之前,首先需明确预制工艺的各项细节问题,根据预制构件的不同,需采取不同的预制工艺。装配式结构的主要预制构件有叠合梁、预制楼梯、预制空调板等。一般而言,预制构件的生产工艺包括钢筋加工冷加工、绑扎、焊接、模具拼装、混凝土拌和、混凝土浇筑、密实成型(振动密实、离心脱水、真空脱水、压制密实等、饰面材料铺设、养护(常温养护、加热养护)、成品检验等。

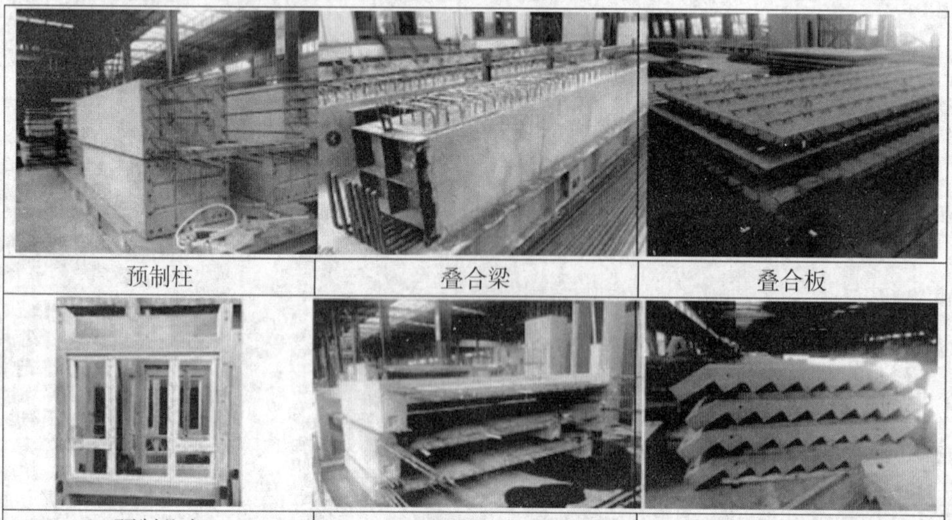

图 4.1 装配式结构主要预制构件

评价构件厂工艺设计的优劣要从产品生产品质、生产效率、安全、工人劳动强度、生产环境等几个方面综合考虑。生产效率的评价：当生产工人人数达到设计定员时，生产的构件数量是否达到设计值。也可以从人均生产数量（米/人）和每小时生产构件数量（m^3/h）两方面来考虑。按照成型的班组来计算，即从混凝土搅拌喂料到装、拆模工艺的人员（不计钢筋加工），在完全按照工艺条件前提下生产，管桩厂人均数一般可达到 4m；管片厂人均数一般可达到 3m；而装配式建筑构件厂目前人均数在 0.7～2.5m^3；每生产构件数量要看是否达到设计值。生产效率可以衡量生产工艺和投入与产出是否合理。

4.2.1　三种生产工艺的特点

预制混凝土构件的生产工艺可以概括为三大类，即机组流水法、流水传送法、台座法，每种工艺都有自已的特点和适用范围。

机组流水法工艺是构件在一组设备上，顺序的进行生产构件的各道工序；在每个设备上模板所停留的时间根据工序操作要求而不同；构件在设备之间的运移要依靠起重运输设备等进行。简而言之，就是生产设备不动，但是生产的混凝土构件（含模具）一步步走过去，例如 PHC 管桩、枕轨生产机组流水法的特点在于模具在生产线上循环流动，能够快速高效的生产各类外形规格简单的产品，同时也能制作耗时而更复杂的产品。而且，不同生产工序之间互不影响，生产效率明显。适合生产的构件有叠合梁、预制柱、预制叠合剪力墙板、叠合楼板、预制外墙挂板、预制阳台、预制空调板等。

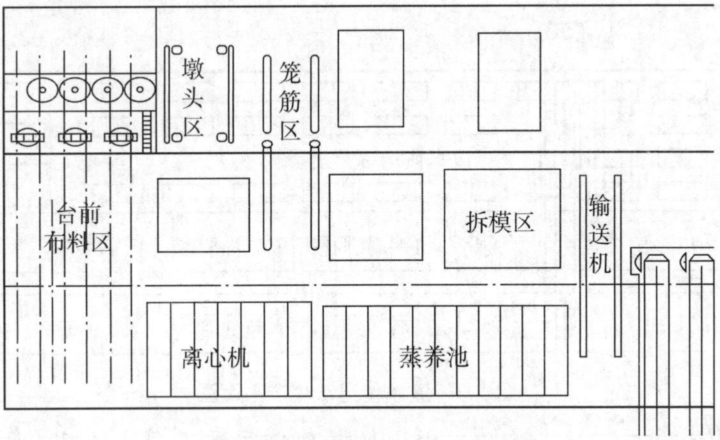

图 4.2　机组流水法生产平面图

由于机组流水法以自由节拍流水生产，要保证整个生产线的生产能力，保持均衡的流水生产，必须通过工艺计算使得成型、养护、起重运输设备等主要因素的生产能力互相适应。先按生产线的设计生产能力计算成型设备的数量，再计算养护设备（坑、窑）的容积和数量，最后验算起重运输设备的能力等。

成型设备的台班产量 Q_b（m^3）可按下式计算

$$Q_b = V_H \frac{60}{t_0} T_B K_1 K_2$$

$$t_0 = t_a t_b$$

式中 Q_b 为成型设备的台班产量，m^3/台班；V_H 为每次成型的混凝土数量；t_0 为成型周期；t_a 为净成型时间；t_b 为辅助操作时间；T_B 为每班生产时间；K_1 为时间利用系数，取 0.9；K_2 为设备利用系数，取 0.85。

成型设备的需要量 M(台)

$$M = \frac{P}{Q_j}$$

式中 P 为构件的设计台班产品。

间歇作用养护设备的数量 N(个)

$$N = \frac{q_s T}{n} + B$$

式中 q_s 为流水线小时生产率；T 为构件养护周期；n 为养护设备内可容纳的构件数量；B 为备用养护设备数量，一般取 1 ~2。

对起重机或码垛机等运输设备的运输能力进行验算，以确定运输设备的数量。

流水传送法工艺是将前述的基木工艺分成一系列的工序后，将这些工序组织在一个封闭的生产流水线上。生产时，构件是按照规定的节拍在传送带上顺工序向前移动，由一个台位移到另一个台位，并在该固定的台位完成相应的作业。这种生产方式机械化、自动化程度较高；适宜三班制连续作业，达到较高生产率。基于安全等方面而的综合考虑，移动模台的行走速度为 0.4 ~0.5m/s。适合生产的构件为叠合梁、预制柱、预制叠合剪力墙板、叠合楼板、预制外墙挂板、预制空调板等体型较为规整的构件。

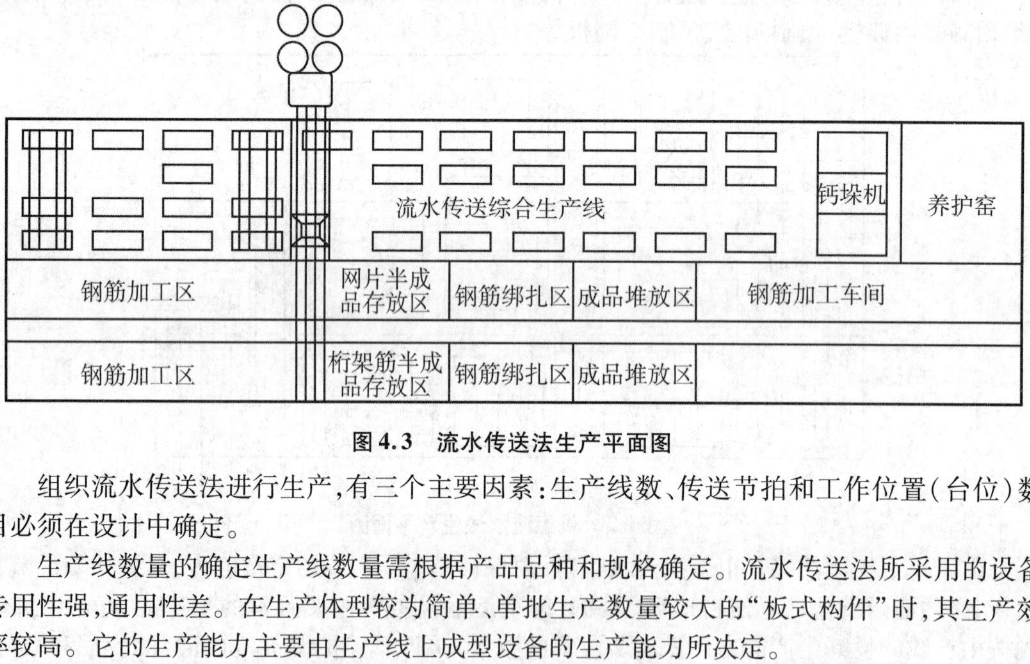

图 4.3　流水传送法生产平面图

组织流水传送法进行生产，有三个主要因素：生产线数、传送节拍和工作位置（台位）数目必须在设计中确定。

生产线数量的确定生产线数量需根据产品品种和规格确定。流水传送法所采用的设备专用性强，通用性差。在生产体型较为简单、单批生产数量较大的“板式构件”时，其生产效率较高。它的生产能力主要由生产线上成型设备的生产能力所决定。

流水节拍的确定可按产量计算出每个台位上所允许的最长作业时间，即为传动节拍，其计算公式为

$$T = \frac{60n}{Q} K_1 K_2$$

式中 T 为每个台位上所允许的最长作业时间；Q 为每班构件的产量；K_1 为时间利用系数，取 0.9；K_2 为设备利用系数，取 0.85；n 为生产作制，取 2 或 3。

工作台位数主要根据工序组合后必须的台位数确定。工作台位数与传送节拍有关，设

计时，应尽量使生产线的传送节拍恰当，减少工作台位。传送节拍过短，需增多工作台位，增加设备数量，拉长生产线；传动节拍过长，延长了生产时间降低了生产效率。整个台位数应留有备用台位，每条生产线一般增设 2～3 个。

台座法生产是构件在一个固定的台位上完成全部工作，通常是在特制的台座上进行生产，构件制成后，由起重运输设备将构件运移至成品堆场堆放。简而言之，就是在台座上一片一片或一块一块生产的混凝土构件，典型的像生产预应力混凝土桥梁（港珠澳大桥的混凝土构件大多属台座法）。台座法的特点是加工对象位置相对固定而操作人员按不同工种一次在各工位上操作。它对产品适应性强，加工工艺灵活，但生产效率低。对于生产数量少，产品规格较多且外形复杂的预制构件而言，一般采用台座法。适合生产的构件有叠合梁、预制柱、预制外墙挂板、预制阳台、预制楼梯等。台座法工艺计算主要是计算满足产量要求所必须的台座面积，生产场地而积和起重运输设备需要量。

4.2.3　工艺设计存在的问题分析

生产工艺的选择有一定的盲目性。有人认为流水传送法工艺自动化程度较高，就是最好的，可以用这一种工艺“包打天下”，不考虑市场需求，不考虑场地的实际情况，工厂全部用流水传送法进行工艺布置。其实不然种生产工艺各有特点，应根据市场情况，针对不同体型、特性的构件，采用有针对性的生产工艺。或者以一种工艺为主，另一种工艺为辅，采用两种生产工艺相结合的方式进行车间布置。例如江苏某厂，其车间选用流水传送法工艺，三条生产线，生产的异型构件和体型较为规整的构件比例相当，每日的产量为 80m；生产效率约为 0.8～1.2m/人，仅为设计产能的 40%，投入产出比很低，造成了巨大的资金浪费。广东某构件厂，使用台座法生产，构件产品以凸窗、阳台、楼梯为主，生产效率约为 2.0～2.5m^3/人，目前这样的生产效率是比较高的。

成品堆放场地过小。很多构件厂的成品堆放场地较小，经常会因为堆场无法堆放构件而导致车间生产滞后、甚至间歇性停产。从目前市场销售的特点及结构吊装的进度来看，一般需要厂内能够堆放一定数量的构件，因此设计时应根据构件的日产量、存储大数以及不同构件的堆存占地而积来设计堆场的而积。同时考虑到堆场间隙，根据构件尺寸扩大堆场而积。预留运输设备通道的，要根据不同的运输设备的通道系数，堆场实际而积要扩大 1.3～1.7 倍。这样便于销售和生产管理。

工艺设计对生产组织考虑不周。部分工厂进行工艺设计时，对工艺的自动化程度认识不清，生产工人定员考虑不足，常出现生产工人定员偏多或偏少的情况。同时劳动力分工不合理，只是简单的把施工工地的生产搬到工厂。构件被从结构中拆分出来，但生产操作没有被拆分。无论采用哪种生产工艺，统统按台座进行作业区划分，几个工人完成从拆模、清模到合模、浇筑混凝土等多个工序。这样的生产组织方式专业化程度低、生产效率低，工厂的产能不能充分发挥。需要在工艺设计时采取一定的措施使各设计工序的延续时间基木相等或为流水节拍的整数倍。主要措施有合理的选择、布置和使用设备；减少手工操作、提高自动化程度；将某些工序合并、分解或者采用几个平行的工作位置等。例如模具的安装、脱模剂的涂抹和安放钢筋，必要时可合并为一个设计工序。

4.3 预制构件制作

4.3.1 一般规定

1. 预制构件制作厂家应具备相应的资质等级,建立完善的预制构件制作质量管理体系,并具有预制构件制作经验和必备试验检测手段。

2. 应配备相应的技术、质量、材料、安全和生产管理人员,满足技术质量、工期和成本管理要求。

3. 操作人员上岗之前应进行岗位培训,关键和特殊岗位必须取得相应的岗位资格证书。

4. 应做好模具、钢筋、水泥、外加剂、掺合料和骨料等主要原材料的采购、供应计划和质量控制措施。

5. 预制构件生产前,应对各种生产机械设施设备进行安装调试、工况检验和安全检查,确认其符合生产要求。

6. 预制构 件制作前应准备好施工组织设计或技术方案,并经审查批准。

7. 预制构件加工制作前应绘制并审核预制构件深化设计加工图,具体内容包括预制构件模具图、配筋图、预埋吊件及预埋件的细部构造图等。

8. 预制构件制作可划分为模具安装、钢筋笼预扎、混凝土浇筑、脱模、预制构件洗水、修补和养护及预制构件成品存放和成品检测等。

9. 质量验收的内容

(1)对原材料和预埋件等产品进场复检,应按进场的批次和产品的抽样检验方案执行;对混凝土强度、模具、钢筋成品和构件结构性能等,应按设计要求或本标。准规定的抽样检验方案执行。

(2)资料检查包括原材料、预埋件等产品合格证(质量合格证明文件、规格、型号及性能检测报告等)及进场复验报告、重要工序的自检及交接检记录、抽样检验报告、见证检测报告和隐蔽工程验收记录等。

4.3.2 模具安装

模具安装前,应对进厂的模具进行扭曲、尺寸、角度以及平整度的检查,确保各使用的模具符合国家相关规范要求。模具安装前应对试验、检测仪器设备进行校验,计量设备应经计量检定,确保各仪器、设备满足要求。模具安装前应对施 工人员进行技术交底。根据工程进度计划制定构件生产计划。根据构件吊装索引图,确定构件编号、模具编号。

主要材料包括脱模剂、水平缓凝剂、垂直缓凝剂、胶水、PVC 管、灯箱、线耳、轮式塑料垫块、玻璃胶等。主要机具包括大刀铲、小刀铲、小锤、拉勒驳、两用扳手、撬棍、灰桶、高压水枪、磨机(钢丝球、砂轮片)、砂纸、干扫把、干拖把、毛刷、卷尺、弹簧剪刀、螺丝刀、弹簧、玻璃胶枪等。

预制场地的设计和建设应根据不同的工艺、质量、安全和环保等要求进行,并符合国家和深圳市的相关标准或要求。模具拼装前须清洗,对钢模应去除模具表面铁锈、水泥残渣、污渍等。模具安装前,确保模具表面光滑干爽,且衬板没有分层的情况。

预制构件模具安装的要求:

(1)模具安装前必须进行清理,清理后的模具内表面的任何部位不得有残留杂物。

(2)模具安装应按模具安装方案要求的顺序进行。

(3)固定在模具上的预埋件、预留孔应位置准确、安装牢固,不得遗漏。

(4)模具安装就位后,接缝及连接部位应有接缝密封措施,不得漏浆。

(5)模具安装后相关人员应进行质量验收。

(6)模具验收合格后模具面均匀涂刷脱模剂,模具夹角处不得漏涂,钢筋、预埋件不得沾有脱模剂。

(7)脱模剂应选用质量稳定、适于喷涂、脱模效果好的水性脱模剂,并应具有改善混凝土构件表观质量效果的功能。

工程质量控制标准:

(1)预制构件模具尺寸的允许偏差应符合现行行业标准《装配式混凝土结构技术规程》JGJ 1 的规定。当设计有要求时,模具尺寸的允许偏差应按设计要求确定。

(2)固定在模具上的预埋件、预留孔洞中心位置的允许偏差应符合现行行业标准《装配式混凝:土结构技术规程》JGJ-1 的规定。

质量保证措施:

(1)模具安装质量应满足国家及地方相关标准的要求。

(2)模具内表面应干净光滑,无砼残渣等任何杂物,钢筋出孔位及所有活动块拼缝处应无累积混凝土,无黏模白灰。模具外表面(窗盖、中墙板等)、洗水面板应无累积混凝土。

(3)模具内表面打油均匀,无积油;窗盖、底座及中墙板等外表面无积油,缓凝剂涂刷均匀无遗漏。

(4)模具拼缝处无漏光,产品无漏浆及拼缝接口处无明显纱线状。

(5)模具的平整度需每周循环检查一次。

4.3.3 钢筋安装

钢筋笼绑扎工艺:制作钢筋开料表→钢筋开料、弯钢筋→按照项目图纸分料→绑扎组件→组装钢筋笼→固定附加钢筋、预埋钢筋→安装支架筋→钢筋笼检查→标记钢筋牌,标明钢筋预扎的型号、楼层位置、生产日期等基本信息。

钢筋骨架制作的规定:钢筋的品种、级别、规格、长度和数量必须符合设计要求;钢筋骨架制作宜在符合要求的胎模上进行;钢筋骨架制作应进行试生产,检验合格后方可批量制作;钢筋连接应符合现行国家标准《混凝土结构工程施工质量验收规范》GB50204 的规定;当骨架采用绑扎连接时应选用不锈钢丝并绑扎牢固,并采取可靠措施避免扎丝在混凝土浇筑成型后外露。

钢筋骨架安装的要求:钢筋骨架应选用正确,表面无浮锈和污染物;钢筋锚固长度得到保证;悬挑部分的钢筋位置正确;使用适当材质和合适数量的垫块,确保钢筋保护层厚度符合要求。

预制构件钢筋的加工及安装偏差应符合现行行业标准《装配式混凝土结构技术规程》

JGJ1 及深圳市标准《预制装配整体式钢筋混凝土结构技术规范》SJG18 的有关规定。

质量保证措施：预制构件所用钢筋须检验合格；钢筋骨架整体尺寸准确；绑扎钢筋位置须有清晰准确的记号；绑扎钢筋扎丝的扎点应牢固无松动，扎丝头不可伸入保护层；钢筋笼不可直接摆放于地上，应用木枋承托或存放于架上；在钢筋网上装轮式塑料垫块、墩式塑料垫块，需要合理使用数量，不能用错型号，轮式塑料垫块开口一定不能朝向模具方向，垫块在钢筋网 上要稳固，特殊位置要用扎丝固定；所有钢筋交接位置及驳口位必须稳固扎妥；预留孔位须加上足够的洞口钢筋；钢筋应没有铁锈剥落及污染物；钢筋笼牌应标明钢筋笼的型号、楼层位置、生产日期。

4.3.4 混凝土浇筑

混凝土塌落度、温度、强度测试应符合下列要求：每车混凝土应按设计塌落度做塌落度试验和试块，混凝土塌落度、温度严格按照相关标准测试合格，混凝土的强度等级必须符合设计要求。用于检查混凝土预制构件混凝土强度的试块应在混凝土的浇筑地点随机抽取，取样与试块留置应符合现行国家标准《混凝土结构工程施工质量验收规范》GB50204 的规定。

混凝土浇筑、振捣应符合下列要求：按规范要求的程序浇筑混凝土，每层混凝土不可超过 450 mm；振捣时快插慢拔，先大面后小面；振点间距不超过 300mm，且不得靠近洗水面模具；卸混凝土时，不可利用振机把混凝土移到要落的地方。混凝土应用振机振捣密实；振捣混凝土时限应以混凝土内无气泡冒出为准；不可用力振混凝土，以免混凝土分层离析，如混凝土内已无气泡冒出，应立即停振该位置的混凝土；振捣混凝土时，应避免钢筋、板模等振松。

粗略整平、刷缓凝剂的要求：混凝土浇筑完后，用木抹子把露出表面的混凝土压平或把高出的混凝土铲平。表面粗平后，将需洗水处用毛刷醮取缓凝剂，均匀涂刷在混凝土表面上，涂刷时用钢筋或木条遮挡不需洗水部位，使缓凝剂不随意流动；混凝土表面粗平完成后半小时，且混凝土表面的水渍变成浓浆状后，先用铝合金方通边赶边压平，然后用钢抹刀反复抹压两三次，将部分浓浆压入下表层。用灰刀取一些多余浓浆填入低凹处达到砼表面平整，厚度一致，且无泛砂及表面无气孔、无明显刀痕；在细平一个模表面后半小时且表面的浓浆用手能捏成稀团状时，开始用钢抹刀抹压砼表面一两次，并不产生刀痕，表面泛光一一致。在混凝土表面收光完后，在需要扫花的地方用钢丝耙进行初次的处理。在浇 完混凝土 3 小时后（初凝后），再次用钢丝耙进行混凝土表面的扫花。最后在混凝土初凝后，在产品的底部盖上钢印，标明日期。

质量标准：

（1）每车混凝土要按设计塌落度做塌落度试验和试块，混凝土塌落度、温度测试合格。

（2）混凝土都不能私自外加水。

（3）混凝土应在初凝前，将其浇筑完成。

（4）按规范要求的程序浇筑混凝土，每层混凝土不可超过 450 mm 。

（5）插棒时快插慢拔，先大面后小面；振点间距不超过 300mm，且不得靠近洗水面模具。

（6）振捣混凝土时，不可过分振混凝土，以免混凝土分层离析，应以将混凝土内气泡尽量驱走为准。

(8)振捣混凝土时,尽量避免把钢筋、板模或其他配备振松。

(8)料斗及吊机清洁干净无混凝土残渣。

(9)外露钢筋清洁干净,窗盖、底座等无混凝土残渣。

4.3.5　脱模

模板拆除时混凝土强度的要求:当设计无要求时,应符合现行国家标准《混凝土结构工程施工质量验收规范》GB50204 的要求。对后张预应力构件,侧模应在预应力张拉前拆除;底模如需拆除,则应在完成张拉或初张拉后拆除。脱模时,应能保证混凝土预制构件表面及棱角不受损伤。模板吊离模位时,模板和混凝土结构之间的连接应全部拆除,移动模板时不得碰撞构件。模板的拆除顺序应按模板设计施工方案进行。模板拆除后,应及时清理板面,并涂刷脱模剂;对变形部位,应及时修复。

质量标准:预制构件脱模起吊时混凝土强度应符合设计要求;当设计无要求时,应符合现行行业标准《装配式混凝土结构技术规程》JGJ 1 及深圳市标准《预制装配整体式钢筋混凝土结构技术规范》SJG18 的有关规定。

质量保证措施:模具螺丝无漏拆,不宜早拆;拆模时严禁敲打模具,铝窗拆模时无损伤,活动块及旁板等模具配件整齐的放在指定位置;每颗线耳必须攻丝,清洗线耳内杂物,内部上黄油后用海棉堵住线耳入口;)吊运时吊臂上的吊点均匀受力,短链条与吊臂要垂直,吊扣要扣牢固,吊臂上要加帆布带(保险带);起吊时混凝土强度应大于 $15N/mm^2$,放置产品时应平稳,稳妥;编号在产品上的位置、日期、字体顺序正确。整个编号无倾斜,标志内容包括:公司名称缩写、预制件类型、预制件编号、模具编号、工程编号、预制件的质量;墨线清晰、粗细均匀、大小控制在 1mm 内,尺寸角度控制在 2mm 内。

4.3.6　文明施工与环境保护

预制构件的洗水的规定:洗水不均匀深浅不一 致,小面积露出石子的地方应用凿子凿出石子,石子露出平面三分之一;产品外观整洁干净无色差、棱角分明,无气孔水眼;转角预制件 90°直角误差不大于 3mm,平整度误差不超过 3mm;顶梁洗水面与光面交界处成直线;铝窗边的混凝土需平整光滑,大于 3mm 的气孔严禁抹干灰,磨机打过磨的位置需用沙纸擦掉粗的磨痕;铝窗清洁干净且无损伤。

预制构件的修补的规定:剪口(凸出或凹入预制件表面超过 2mm)将预制件上铁模接缝处凸出的混凝土用磨机磨平,凹陷处用修补料补平。蜂窝(预制件上不密实混凝土的范围或深度超过 4mm)(1)将预制件上蜂窝处的不密实混凝土凿去,并形成凹凸相差 5mm 以上的粗糙面。(2)用钢丝刷将露铁表面的水泥浆磨去。(3)用水将蜂窝冲洗干净,不可存有杂物。(4)用已批准使用的修补料按照厂家指示加水搅拌均匀,形成不收缩的修补水泥浆。(5)将修补水泥砂浆填蜂窝,然后将表面扫平至满足要求。水眼(预制件上不密实混凝土或孔洞的范围不超过 4mm。)(1)将水眼表面的水泥浆凿去,露出整个水眼。(2)用水将水眼冲洗干净。(3)用修补料将水眼塞满,表面扫平即可。崩角(预制件的边角混凝土崩裂,脱落)(1)将崩角处已松动的混凝土凿去。(2)用水将崩角冲洗干净。(3)用修补料将崩角处填补好。(4)若崩角的厚度超过 40mm 时,要加种钢筋,分两次修补至混凝土面满足要求。(5)水泥凝结后 4 天要淋水做养护;轻微裂缝(裂缝宽度不超过 0.3mm)用修补料将裂缝遮盖即可。大裂缝(超过0.3mm 则为大裂缝)(1)将裂缝处凿成"V"形凹口。(2)用已批准使用的修补料按照厂家指示加水搅拌均匀,形成不收缩的修补用料。

混凝土浇筑后应及时进行保湿养护,保湿养护可采用淋水、覆盖、喷涂养护剂等方式。选择养护方式应考虑现场条件、环境温湿度、构件特点、技术要求、施工操作等因素。

质量标准:

(1)成品脱模起吊时混凝土强度需满足设计要求及相关规范的规定。

(2)预制件的表面混凝土要保持湿润至少4天。

(3)检查开始养护的预制件是否全部浇湿。

(4)白天7:00～19:00每两小时检查一次,晚上19:00至第二天7:00每四小时检查一次。

(5)若预制件表面干燥,要立即补做淋水养护。

4.3.7 洗水、修补及养护

严格执行操作规程、遵守安全文明生产纪律,进入施工现场应按劳保规定着装和使用安全防护用品,禁止违章作业。

临时设施搭建应严格按预制场平面图的布置,本着"需要、实用、统一、美观"的原则,严禁乱搭乱建。

水、电管线、通信设施、施工照明应布置合理,标识清晰。

施工机械应按施工平面管理,定点停放,机容车貌整洁,消防器材齐备。进场材料应置放在指定场所,不随意乱堆乱放。

模具配件应摆放整齐,成品按图摆放,要横平竖直,严禁横七竖八乱摆放。

生产、生活区及施工临时工程应做好排水及污水处理;废水要经过3级沉淀,若水质能够达到拌和标准则排入清水池;若水质达不到拌和用水标准,则采用洒水车运至便道作道路洒水用。

应严格控制施工过程中的噪声、粉尘和有害气体,施工场地经常洒水除尘保持清洁,车辆来往井然有序,避免车辆乱鸣笛、抢道等,保障职工的劳动卫生条件和身体健康。

4.4 预制构件的运输与存放

预制构件的运输由构件厂自行组织或委托物流公司进行构件运输;预制构件出厂前应完成相关的质量验收,验收合格的预制构件才可运输。

运输前应确定构件出厂日的混凝土强度。在起吊、移动过程中混凝土强度不得不低于15MPa;在设计无明确要求时,柱、梁、板类构件强度应不低于设计强度75%才能运输;构件运输前,构件厂应与施工单位负责人沟通,制定构件运输方案,包括配送构件的结构特点及质量、构件装卸索引图、选定装卸机械及运输车辆、确定搁置方法。构件运输方案得到双方签字确认后才能运输。

根据施工现场的吊装计划,提前将现场所需型号和规格的预制构件发运至施工现场。

在运输前应按清单仔细核对预制构件的型号、规格、数量及是否配套；装卸场地应进行硬地化处理，能承受构件堆放荷载和机械行驶、停放要求；装卸场地应满足机械停置、操作时的作业面及回车道路要求，且空中和地面不得有障碍物。

场(厂)内运输道路应有足够宽的路面和坚实的路基，弯道的最小半径应满足运输车辆的拐弯半径要求；超宽、超高、超长的构件，需公路运输时，应事先到有关单位办理准运手续，并应错过车辆流动高峰期；构件运输过程中，应有可靠的固定构件的措施，不得使构件变形、损坏；运输途中应严格遵守相关交通法规，服从交通管理人员的指挥。

4.4.1　构件的装卸

根据施工总包单位需求计划，安排构件的装车计划，编制构件的装车计划；根据构件的质量和外形尺寸，设计并制作好运输支架，以通用型为主；应编制构件装卸方案，包括构件装车时起吊点及起吊方法、构件最不利截面的抗裂计算等；质检员应确定构件的质量、工程名称、构件名称、生产日期及合格的标记等构件信息，并确定装车日期；构件装车前应对装车人员进行技术交底，并由交底双方签字确认。

厂地内机具：行车(龙门吊)、叉车、汽车起重机；安全防护机具：运输支架、抗弯拉索、捆绳、葫芦架、花篮螺丝、收紧器等。

装车操作基本要求：

1. 凡需现场拼装的构件应尽量将构件成套装车或按安装顺序装车运至安装现场。

2. 构件起吊时应拆除与相邻构件的连接，并将相邻构件支撑牢固。

3. 对大型构件，宜采用龙门吊或行车吊运，如外墙板。对于带阳台或飘窗造型构件，宜采用“C”形卡平衡吊梁。

4. 对小型预制构件，宜采用叉车、汽车起重机转运。

5. 当构件采用龙门吊装车时，起吊前应检查吊钩是否挂好，构件中螺丝是否拆除等避免影响到构件起吊安全。

6. 构件从成品堆放区吊出前，应根据设计要求或强度验算结果，在运输车辆上支设好运输架。

7. 外墙板宜采用竖直立放方式运输，应使用专用支架运输，支架应与车身连接牢固，墙板饰面层应朝外，构件与支架应连接牢固。

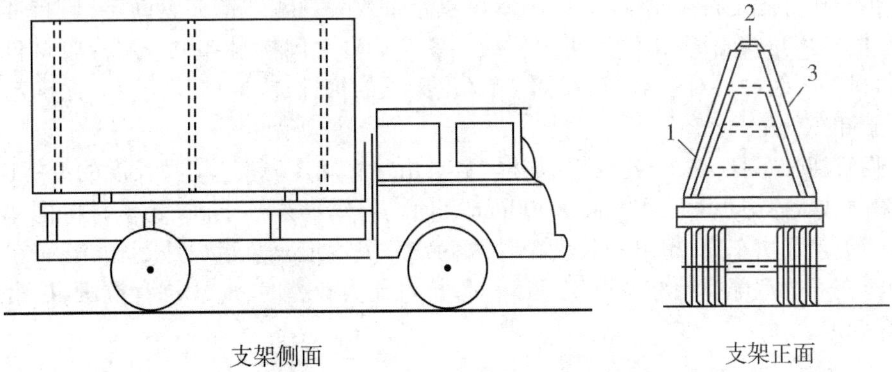

图 4.4　构件直立运输支架

1—墙板；2—花篮螺丝；3—运输架

8. 根据构件形状及构件重心位置分布，合理设定预制构件吊点位置。预埋吊具宜选用预埋吊钩（环）或可拆卸的埋置式接驳器。

9. 楼梯、阳台、预制楼板、短柱、预制梁等小型构件宜采用平运方式，装车时支点搁置要正确，位置和数量应按设计要求进行。

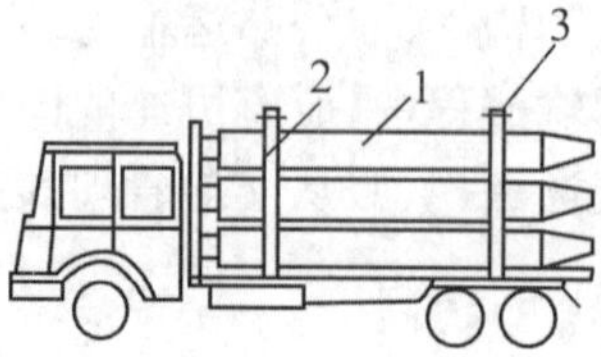

图 4.5　载重汽车运框架柱

1—框架柱；2—运架立柱；3—捆绑钢丝绳及捯链

10. 构件装车时吊点和起吊方法，不论上车运输或卸车堆放，都应按设计要求和施工方案确定。吊点的位置的规定：①两点起吊的构件，吊点位置应高于构件的重心或起吊千斤顶与构件的上端锁定点高于构件的重心。②细长的和薄型的构件起吊，可采用多吊点或特制起吊工具，吊点和起吊方法按设计要求进行，必要时由施工技术人员计算确定。③变截面的构件起吊时，应做到平起平放，否则截面面积小的一端应先起升。

11. 运输构件的搁置点：一般等截面构件在长度 1/5 处，板的搁置点在距端部 200 ~ 300mm 处。其他构件视受力情况确定，搁置点宜靠近节点处。

12. 构件起吊时应保持水平，慢速起吊并注意观察。下落时平缓，落架时应防止摇摆碰撞，损伤货品棱角或表面瓷砖。

13. 构件装车时应轻起轻落、左右对称放置车上，保持车上荷载分布均匀；卸车时按后装的先卸的顺序进行，使车身和构件稳定。构件装车编排应尽量将质量大的构件放在运输车辆前端中央部位，质量小的构件则放在运输车辆的两侧。并降低构件重心，使运输车辆平稳，行驶安全。

14. 采用平运叠放方式运输时，叠放在车上的构件之间，应采用垫木，并在同一条垂直线上，且厚度相等。有吊环的构件叠放时，垫木的厚度应高于吊环的高度，且支点垫木上下对齐，并应与车身绑扎牢固。构件与车身、构件与构件之间应设有板条、草袋等隔离体，避免运输时构件滑动、碰撞。

15. 预制构件固定在装车架后，应用专用帆布带或夹具或斜撑夹紧固定，帆布带压在货品的棱角前应用角铁隔离，构件边角位置或角铁与构件之间接触部位应用橡胶材料或其他柔性材料衬垫等缓冲。对于不容易调头和又重又长的构件，应根据其安装方向确定装车方向，以利于卸车就位。

16. 临时加长车身，在车身上排列数根（数量由计算确定）超过车身长度的型钢（如工字钢、槽钢等）或大木方（截面 200mm × 300mm），使之与车身连接牢固；装车时将构件支点置于其上，使支点超出车身，超出的长度由计算确定。采用拖车装运方法运输，若需在公路行驶时，须经交通管理部门批准方可实施。构件抗弯能力较差时，应设抗弯拉索，拉索和捆扎点应计算确定。

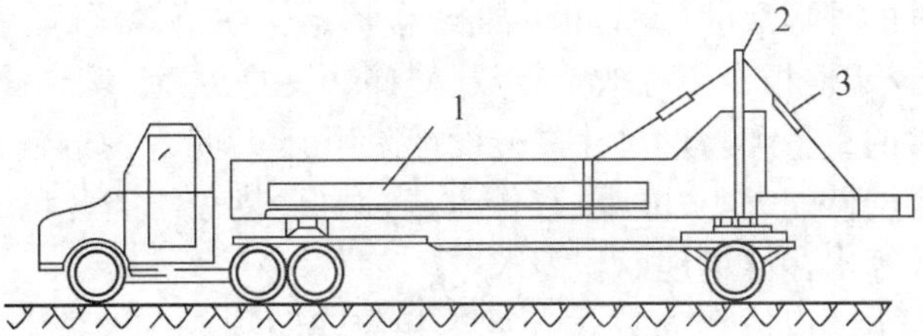

图4.6　设抗弯拉索的运输方法

1—构件;2—支架;3—抗弯拉索

4.4.2　构件的运输

运载机具:载重汽车、平板拖车。运输车辆应车况良好,刹车装置性能可靠;使用拖挂车或两平板车连接运输超长构件时,前车上应设转向装置,后车上设纵向活动装置,且有同步刹车装置。运输道路畅通,无交通事故或事故不影响通行。混凝土预制构件装车完成后,应再次检查装车后构件质量,对于在装车过程中造成构件碰损部位,立即安排专业人员修补处理,保证装车的预制构件合格。

运输的基本要求 :

1. 场内运输道路必须平整坚实,经常维修,并有足够的路面宽度和转弯半径。载重汽车的单行道宽度不得小于3.5m,拖车的单行道宽度不得小于4m,双行道宽度不得小于6m;采用单行道时,要有适当的会车点。载重汽车的转弯半径不得小于10m,半拖式拖车的转弯半径不宜小于15m,全拖式拖车的转弯半径不宜小于20m。

2. 构件在运输时应固定牢靠,以防在运输中途倾倒,或在道路转弯时车速过高被甩出。根据路面情况掌握行车速度。道路拐弯必须降低车速。采用公路运输时,若通过桥涵或隧道,则装载高度,对二级以上公路不应超过5m;对三四级公路不应超过4.5m.

3. 装有构件的车辆在行驶时,应根据构件的类别、行车路况控制车辆的行车速度,保持车身平稳,注意行车动向,严禁急刹车,避免事故发生。

4. 构件宜集中运输,避免边吊边运评估装车后车辆安全运行状况,通知司机试运行一小段距离确保安全后,签署货物放行条及随车产品品质质量控制资料及产品合格证,顺利送抵安装现场。构件的行车速度应不大于下表规定的数值。

表4.1　行车速度参考表

单位:km/h

构件分类	运输车辆	人车稀少道路平坦视线清晰	道路较平坦	道路高低不平坑坑洼洼.
一般构件	汽车	50	35	15
长重构件	汽车	40	30	15
	平板(拖)车	35	25	10

4.4.3　构件的储存

构件的存储方案主要包括确定预制构件的存储方式、设定制作存储货架、计算构件的存储场地和相应辅助物料需求。

1. 根据预制构件的外形尺寸(叠合板、墙板、楼梯、梁、柱、飘窗、阳台等)可以把预制构件的存储方式分成叠合板、墙板专用存放架存放、楼梯、梁、柱、飘窗、阳台叠放几种储放。

2. 根据预制构件的重量和外形尺寸进行设计制作,且尽量考虑运输架的通用性。

3. 根据项目包含构件的大小、方量、存储方式、调板、装车便捷及场地的扩容性情况,划定构件存储场地和计算出存储场地面积需求。

4. 根据构件的大小、方量、存储方式计算出相应辅助物料需求(存放架、木方、槽钢等)数量。

表 4.2　构件一般储放工装、治具介绍

序号	工装/治具	工作内容
1	龙门吊	构件起吊、装卸、调板
2	外雇汽车吊	构件起吊、装卸、调板
3	叉车	构件装卸
4	吊具	叠合楼板构件起吊、装卸、调板
5	钢丝绳	构件(除叠合板)起吊、装卸、调板
6	存放架	墙板专用存储
7	转运车	构件从车间向堆场转运
8	专用运输架	墙板转运专用
9	木方(100mm×100mm×250mm)	构件存储支撑
10	工字钢(110mm×110mm×3000mm)	叠合板存储支撑

预制构件主要储放方式介绍。

1. 叠合楼板的放置

叠合板存储应放在指定的存放区域,存放区域地面应保证水平。叠合板需分型号码放、水并放置。第一层叠合楼板应放置在“H”型钢(型钢长度根据通用性一般为 3 000mm)上,保证桁架金与型钢垂直,型钢距构件边 500～800mm。层间用 4 块 100mm×100mm×250mm 的木方隔开,四角的 4 个木方位平行于型钢放置(图 4.6),存放层数不超过 8 层,高度不超过1.5m。

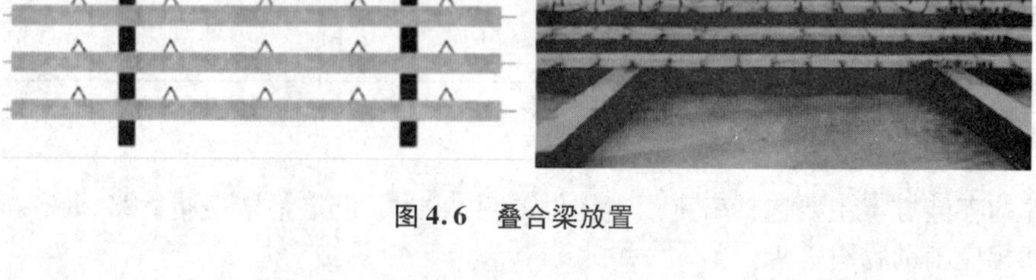

图 4.6　叠合梁放置

2. 墙板立方专用存放架存储

墙板采用立方专用存放架存储,墙板宽度小于4m时墙板下部垫2块100mm×100mm×250mm木方,两端距墙边30mm处各一块木方。墙板宽度大于4m或带门口洞时墙板下部垫3块100mm×100mm×250mm木方,两端距墙边300mm处各一块木方,墙体重心位置处一块。

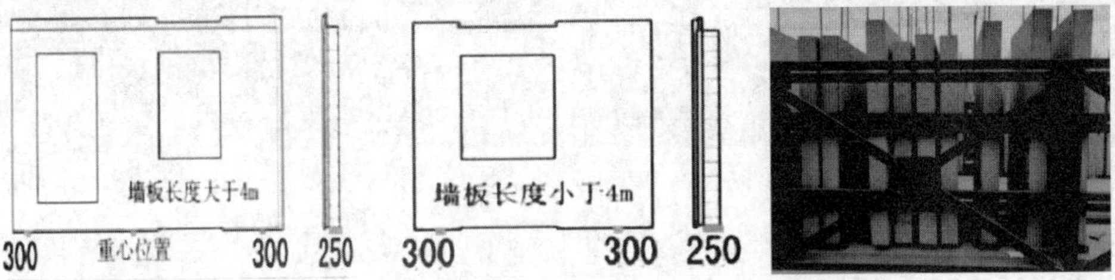

图4.7 墙板储存

3. 楼梯的储存

楼梯的储存应放在指定的储存区域,存放区域地面应保证水平。楼梯应分型号码放。折跑梯左右两端第二个、第三个踏步位置应垫4块100mm×100mm×500mm木方,距离前后两侧为250mm,保证各层间木方水平投影重合,存放层数不超过6层。

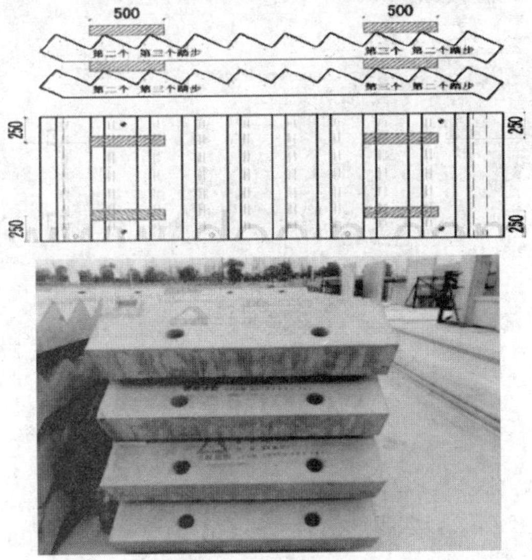

图4.8 楼梯储存

4. 梁的储存

梁存储应放在指定的存放区域,存放区域地面应保证水平,需分型号码放、水并放置。第一层梁应放置在"H"型钢(型钢长度根据通用性一般为3 000mm)上,保证长度方向与型钢垂直,型钢距构件边500~800mm,长度过长时应在中间间距4m放置一个"H"型钢,根据构件长度和重量最高叠放2层。层间用块100mm×100mm×500mm的木方隔开,保证各层间木方水平投影重合于"H"型钢。

图 4.9　梁的储存

5. 柱的储存

柱存储应放在指定的存放区域，存放区域地面应保证水平。柱需分型号码放、水并放置。第一层柱应放置在“H”型钢（型钢长度根据通用性一般为 3 000mm）上，保证长度方向与型钢垂直，型钢距构件边 500 ~ 800mm，长度过长时应在中间间距 4m 放置一个“H”型钢，根据构件长度和重量最高叠放 3 层。层间用块 100mm × 100mm × 500mm 的木方隔开，保证各层间木方水平投影重合于“H”型钢。

图 4.10　柱的储存

6. 飘窗的储存

飘窗采用立方专用存放架存储，飘窗下部垫 3 块 100mm × 100mm × 250mm 木方，两端距墙边 300mm 处各一块木方，墙体重心位置处一块。

图 4.11　飘窗的储存

7. 异形构件的储存

对于一些异形构件的储存我们要根据其重量和外形尺寸的实际情况合理划分储存区域及储存形式，避免损伤和变形造成构件质量缺陷。

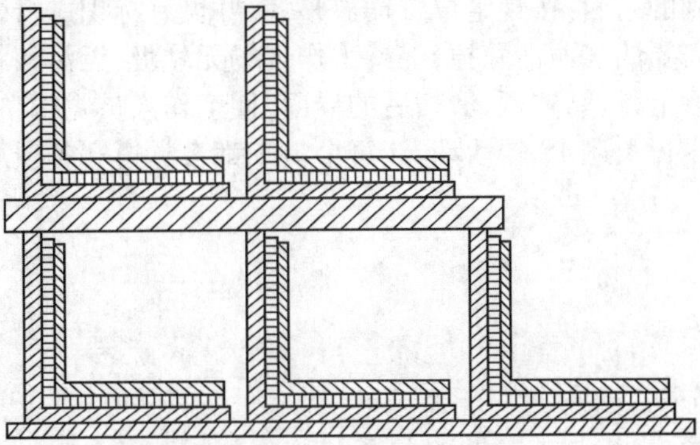

图 4.12　异形构件的储存

4.4.4　预制构件的存储管理

成品预制构件出入库流程如图 4.13 所示。

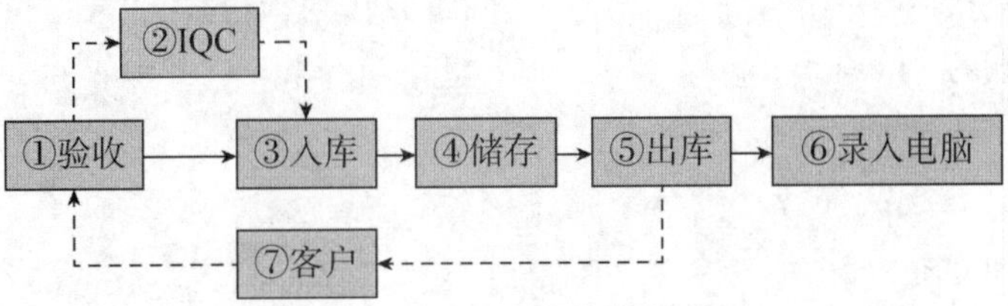

图 4.13　预制构件出入库流程图

表 4.3　成品仓库区域规划表

序号	规划区域	区　域　说　明
1	装车区域	构件备货、物流装车区域
2	不合格区域	不合格构件暂存区域
3	库存区域	合格产成品入库储存重点区域，区内根据项目或产成品种类进行规划
4	工装夹具放置区	构件转运，装车需要的相关工装放置区

成品预制构件仓库的存储要求：

（1）根据库存区域规划绘制仓库平面图，表明各类产品存放位置，并贴于明显处。

（2）依照产品特征、数量、分库、分区、分类存放，按“定置管理”的要求做到定区、定位、定标识。

（3）库存成品标识包括产品名称、编号、型号、规格、现库存量，由仓管员用“存货标识卡”做出。

（4）库存摆放应做到检点方便、成行成列、堆码整齐距离，货架与货架之间有适当间隔，码放高度不得超过规定层数，以防损坏产品。

（5）应建立健全岗位责任制，坚持做到人各有责，物各有主，事事有人管；库存物资如有损失，贬值、报废、盘盈、盘亏等。库存成品数量要做到账、物一致，出入库构件数量及时录入电脑。

成品仓库区域“5S”管理：

（1）整理　工作现场，区别要与不要的东西，只保留有用的东西，撤除不需要的东西；

（2）整顿　把要用的东西，按规定位置摆放整齐，并做好标识进行管理；

（3）清扫　将不需要的东西清除掉，保持工作现场无垃圾，无污秽状态；

（4）清污　维持以上整理、整顿、清扫后的局面，使工作人员觉得整洁、卫生；

（5）素养　通过进行上述4S的活动，让每个员工都自觉遵守各项规章制度，养成良好的工作习惯。

思考题

1. 预制构件在吊装过程中存在什么问题？
2. 预制构件装卸与运输时应符合哪些规定？
3. 预制构件吊装、运输、存放的安全要点有哪几点？

第 5 章　装配式施工条件

5.1 概　述

传统的建筑施工是将钢筋绑扎、模板拆装、浇筑、养护成型等工序全部在施工现场进行，这一施工方式存在诸多缺点，如工序复杂、施工现场管理难度大、资源劳力投入量大、受气候影响大。相较于传统施工方法，装配式建筑施工将钢筋绑扎、模板拆装、浇筑、养护成型等工序转移到工厂进行，这极大地克服了现浇施工的不足之处。那么装配式施工条件同传统的建筑施工条件也有较大的不同。在装配式建筑施工中在其设计阶段就需要考虑施工阶段的工作。

本章讲述的是在装配式建筑施工管理体系、具有装配式施工管理人员与技术人员配置的配置、吊装运输设备及专用设备。

5.2 装配式施工管理体系

装配式工程施工管理与传统工程施工管理大体相同，同时也具有一定的特殊性。只有健全完善的装配式施工管理体系才能保证装配式施工项目正常有序地进行施工。对于装配式施工企业管理不但要建立传统工程应具备的项目进度管理体系、质量管理体系、安全管理体系、材料采购管理体系以及成本管理体系等，还需针对装配式工程施工的特点，构建起重吊装、构建安装及连接等，补充完善相应管理体系，包括装配式构件的生产、运输、进场存放和安装计划，构建的进场、存放、安装、注浆顺序，构件的现场存放位置及塔式起重机安装位置等。

5.2.1 质量管理网络图

质量管理体系实施三级管理。第一级为具体作业队质量员；第二级是项目工程师，由质量员具体实施，负责对第一级管理人员的外场监督检查和内业资料的收集、整理和汇总，并负责内业资料的归档工作；第三级为项目经理负责，由工程部具体实施，对第二级管理人员监督检查。

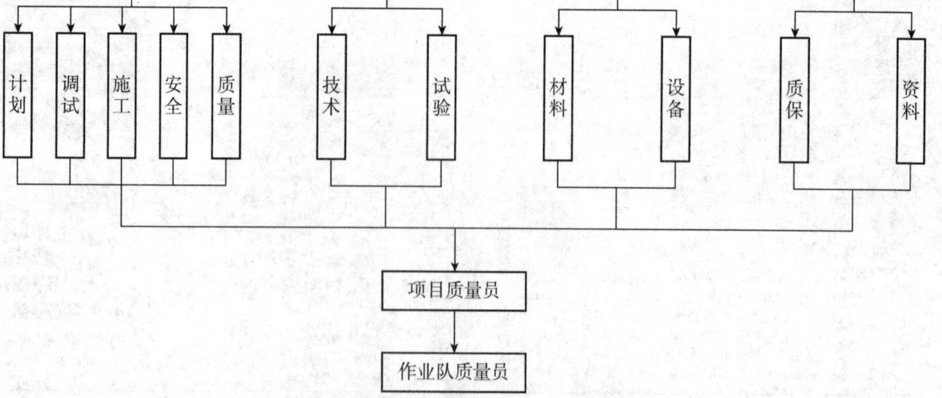

图 5.1　质量管理网络图

5.2.2　施工工序控制流程图

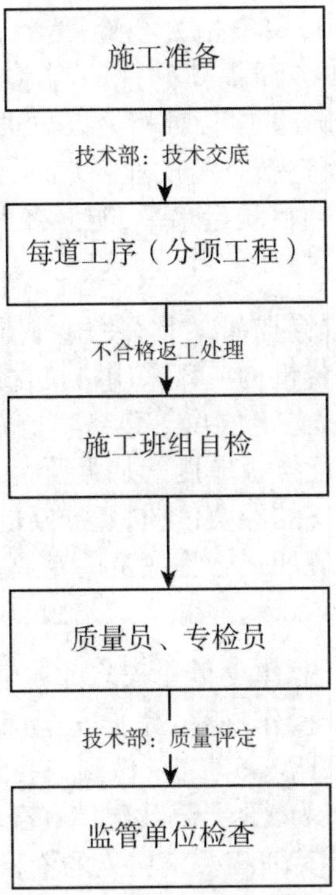

图5.2　施工工序控制流程图

5.2.3　管理方法

1. 优化管理模式

管理模式的优化，是指在原有管理水平的基础上，充分认识工程质量的关键问题，从技术、安全、工序以及制度等多个方面的管理方法进行完善，进一步明确施工人员的责任和目标，从而达到提高质量管理水平，优化管理模式的目的。对于技术质量管理人员来说，必须在实践中不断总结相关经验和教训，加强项目施工中的协调管理，比如电气部分与土建的协调，给排水与建筑结构的协调，建筑的外表、功能与结构的关系，各种预制件、预埋件、装饰与结构的关系、施工的特点、要求；各辅助专业之间的协调等。

2. 落实施工责任制

领导的重视与否是搞好建筑工程质量工作的重要前提。建筑工程主管部门应高度重视建筑工程质量管理工作，以对人民负责和对历史负责的责任心真正把工程质量工作落到实处。全面落实责任制，明确单位领导、项目负责人、工程技术人员和具体工作人员责任，层层落实责任制，并加强监督和检查。按照建筑施工规范和技术要求，出现质量问题，都要追究责任，彻底解决工程当事人不管工程质量如何，出现问题一走了之的弊端。

3. 全面加强施工队伍素质建设

建筑工程的施工质量，和施工队伍的素质有着直接的关系。加强施工队伍素质建设，必须首先加强项目经理的素质建设。因为一个好的项目经理，能够更为高效地带领施工队伍进行施工质量的控制。项目经理必须从三个方面进行强有力的素质建设——政治、核心技术以及项目管理。在不断的实践中，积累相关经验，然后将所学以及所积累的经验，运用到实践中去。然而项目经理单方面的素质提高，仍然不能将质量管理水平提高到极致，必须加强全体施工队伍的素质建设。在施工前期，对相关人员进行培训，在施工过程中，可对全体人员从安全、质量、技术等多个方面进行反复的业务培训，加强多个方面的指导。实践证明，施工队伍素质高，能充分提高工程项目质量水平，能强有力保证项目工程的整体质量。

4. 改进监督手段，提高监管效率

有科技含量的质量监督才能提高监管效率，使用科技含量高的检测设备发现和处理问题已经成了一种趋势，工程质量监督机构应该采用科技含量高的设备来进行检测，比如说构钢筋扫描仪、便携式桩基动测仪、激光定位仪等设备。监督时重点对混凝土的强度、受力钢筋的数量、位置及混凝土保护层厚度楼板厚度等加强监督，增加抽查次数。改变以前重收费轻管理，用收费代替管理的自收自支的经费体质，建立新的经费体质。同时还要注重监督队伍的素质和形象，定时的举办培训班加强管理人员的专业技能。

5. 重视安全文明生产

监督人员应检查和督促施工企业建立健全安全生产责任制和安全生产教育培训制度，制定安全生产规章制度和安全生产操作规程，完善安全保障体系，对制度不健全，体系不完善，责任不明确的施工企业，要求限期落实整改，做到"有章可循，违章必究"。

对建设各方单位违规及不良行为，给予记载建档和公布，并在有关单位资质审查、市场准入、招投标资格审查、项目经理及其他相关资格人的资格审核等方面，依法进行行政处罚，确保规范行为的良性循环、良性发展。

行政主管部门应制定本地建筑业重大生产安全事故应急救援预案，增强本地建筑业安全生产事故的抢险救援能力。施工企业和项目施工现场建立应急救援组织或设置应急救援人员、配备、设备、器材，确保防止事故发生以及事故发生后，能做到及时，科学有效，把灾害损失降到最低限度。

装配式建筑施工管理，必须不断的加强自身资金及技术力量的积累，培养高素质管理人才，提高科技创新能力，从技术、安全、工序等多方位出发，才能有效提升管理水平。务必做到以下几点。

(1)将企业和项目的质量方针和质量目标始终贯穿到质量管理工作中，横向展开到各个有关部门，纵向分解到每个作业点，做到纵向衔接，横向协调。

(2)实现质量管理业务标准化，管理流程程序化。明确规定出项目各个部门，各个环节的质量管理职能、职责、权限，并把各单位工作体系之间的关系在整个项目部范围中联接起来。

(3)建立一套灵敏、高效的质量信息管理系统，规定质量信息反馈、传递、处理的程序和方式，保证整个项目部的信息全面、及时、准确。

(4)由资深质量员担任专职质量员，建立综合的质量管理小组，以组织、计划、协调综合各部门的质量管理活动。同时要健全和完善相应的质量检查工作体系。通过项目上的质量管理活动来带动其他方面的管理工作，从而提高整个项目部的管理水平。

(5)加强全员质量教育，提高操作人员质量意识，开展群众性的质量管理小组活动，进行自检、互检，使质量保证体系建立在牢固的群众基础之上，确保物料、工程各细小环节均无漏洞。

5.3 装配式混凝土施工管理人员与技术人员配置

施工单位应建立健全可靠的技术质量保证体系。配备相应的质量管理人员,认真贯彻落实各项质量管理制度、法规和相关规范。一个完整的装配式项目应配备项目经理、技术总工、吊装指挥、质量总监,下辖起重工、信号工、技术工人、塔式起重机操作员、测量工、安装工、临时支护工、灌浆料制备工、灌浆工、修补人员。

图5.3 施工现场图

5.3.1 施工管理人员

1. 项目经理

项目经理从职业角度是指企业建立以项目经理责任制为核心,对项目实行质量、安全、进度、成本管理的责任保证体系和全面提高项目管理水平设立的重要管理岗位。它要负责处理所有事务性质的工作。项目经理是为项目的成功策划和执行负总责的人。项目经理是项目团队的领导者,项目经理首要职责是在预算范围内按时优质地领导项目小组完成全部项目工作内容,并使客户满意。为此项目经理必须在一系列的项目计划、组织和控制活动中做好领导工作,从而实现项目目标。

在装配式施工中,项目经理必须还要详细了解:

(1)件生产及运输策划要点;

(2)装配式施工质量控制要点;

(3)配式施工安全施工技术;

(4)配式施工中一些典型问题:蓝图问题;构件深化设计专业能力不足导致的问题;总包单位预留问题;

(5)项施工方案验算策划;

(6)件吊装管控要点;

项目经理职责包括如下。

(1)全面主持工程部的日常管理工作,按计划组织实施项目的工程建设;对项目的工程建设进行全面管理、过程监督;保证按进度、保质量、控成本完成建设任务。

(2)参加图纸会审、工程施工组织设计及重大施工方案的讨论和审定,审定设计方案、设计图纸和设计文件,主持技术会议,参与和审定主要材料及设备的选型,审核重大设计和工程施工合同,对项目设计方案和工程建设的重大技术问题进行审核把关,并提出合理的建议。

(3)在总工程师的指导下,对项目的工程技术和施工情况进行质量控制、成本控制、进度控制及目标管理;负责对公司所开发项目的建设工期、工程质量、施工安全、各方协调、工程成本等进行全面的控制、管理、监督。

(4)组织编制月度、季度、年度工作计划和组织实施,并向公司领导及上级主管部门报告计划的实施情况,组织编制年度工作总结。

(5)协助公司处理和解决设计、施工、质量、验收等环节出现的技术难题,从技术上提出降低工程造价和成本费用的建议和措施,积极研究和采用新技术、新材料,并在建设过程中严格控制把关,降低建设成本,争取最大的投资效益。

(6)参加对重大质量事故,重大安全事故的调查处理和审查施工单位编制的事故整改方案。组织对重要分项工程、隐蔽工程、样板和样板房、结构试验的验收并进行审核,参加对重大施工技术问题的攻关和解决。

(7)严格执行国家、当地的法律、法规、政策和公司规定,根据公司标准工作程序,结合工程所在地的实际,主持制订、修订工程部职责范围、管理制度和有关规定。

(8)负责对部门内各项工作的布置、检查和落实,检查和考核本部门员工的工作,客观评价其表现,并对员工的教育、培训提出奖惩、使用建议。参与公司项目发展计划的制定,协助经营部、财务部做好工程成本控制等工作。

2. 技术总工

技术总工在产品项目制运作的组织机构中是一种行政职务,在职能部门制运作的组织机构中是一种专业技术职务,但不是技术职称。在技术上,总工程师必须具备工程系列的专业技术职称,在行政上,他(她)是整个单位或项目的工程技术负责人。往往由技术水平过硬的资深技术人员担任,但也有例外的情况。副总工程师协助总工程师承担分管工作的管理职责,在总工程师不在时,可行使其全部或部分职权。

总工程师的职责:

(1)负责总工程师项目工程建设的总体控制、质量、进度、工程造价控制和技术管理等建设管理工作;

(2)负责项目缺陷责任期的工程缺陷修复管理;

(3)负责项目建设中的技术管理工作。主持设计、监理、施工单位进行设计图纸会审、技术交底、设计完善和优化等;负责审查施工组织计划,组织对重要工艺进行审查和验证;主持设计变更方案的论证;负责新技术、工艺和材料应用;组织实施技术攻关,解决施工中的重大技术问题;

(4)负责对施工合同履行的监督和动态管理,检查施工单位在前期准备、工程质量、进度、安全生产、现场管理等方面履行合同的情况,监控各项管理指令闭合;监控质量保证体系保持良好的动态运行;监督施工单位严格按照设计图纸、批准的施工组织设计、技术规范进行施工;对照下达的实施计划对施工进度进行监控,并针对具体问题分析原因和采取措施;监督施工单位在安全生产、现场管理方面的措施和管理是否到位;同时,对施工单位合同违约和施工管理人员的违规进行记录与处理,对发现的监理单位违约与监理人员的违规行为进行处理,并交办有关科室进行记录和跟踪落实。

3. 吊装指挥

吊装作业的指挥人员,熟悉装配式混凝土施工施工工艺和质量要点,有着较强的组织、协调、沟通能力;对现场的各种情况,能有较强的应变处理能力。

4. 质量总监

负责编制质量方案和操作规程,组织各个环节的质量检查等。负责整个工程施工过程中质量检查、监督、控制,参与验收检验批、分部、分项工程的质量验收,做到每道工序、每个部位的全过程、全方位检查,过程发现并解决质量问题。对自行施工的分包和业主指定分包实体质量中存在的问题进行下达整改,督促工长落实并最后检查落实情况。

5.3.2 专业技术人员

1. 起重工

起重工是具有良好的起重吊装运输,物料搬运的专业技术和相关知识,从事设备及货物的吊装搬运移位的工作人员。主要工作任务是负责吊具准备工作、起吊作业时挂钩、脱钩等作业,必须熟悉掌握吊具的操作方法和规章、安全操作流程等,须具备较好的现场工作经验。

2. 信号工

信号工也称为吊装指令工,向塔式起重机驾驶员传递吊装信息。熟悉掌握PC构件的安装流程和质量要求,该工种在整个PC施工工中中对安全保证起着极其重要的地位,所以他对信号工的技术水平、质量意识、安全意识和责任心都要求较高。

3. 测量工

主要的工作任务为进行构件的安装三维方向和角度的误差测量与控制。

4. 塔式起重机操作员

主要的工作任务是将套筒或浆锚孔对准钢筋,对安装精度的要求较高,所以该工中要求必须对起重机的操作有着较高的技术水准。

5. 安装工

主要的任务是负责构件就位、调节标高支垫、安装节点固定等工作。能看懂图纸并对图样熟悉和安装技术要求。

6. 临时支护工

主要负责构建安装后的支撑、施工临时设施安装等工作。

7. 灌浆料制备工

主要负责灌浆料的搅拌制备,需具备较强的质量意识和责任心。

8. 灌浆工

主要负责灌浆作业,严格执行灌浆料操作流程及规程,有着较强的质量意识和责任心。

9. 修补人员

对因输运或吊装过程中国构件的损坏进行修补。

5.4 大型吊装运输设备及专用设备

5.4.1 塔式起重机

现浇结构的吊塔主要用于吊钢筋、水泥等散货,单次吊装对起重量的要求较低,而预制装配式结构的吊装主要为钢筋混凝土梁、柱、板等预制构件,其单间质量通常较重。当塔吊尖承受臂架拉绳及平衡臂拉绳传来的上部荷载,并通过回转塔架、转台、承座等的结构部件式直接通过转台传递给塔身结构。自升塔顶有截锥柱式、前倾或后倾截锥柱式、人字架式及斜撑架式。凡是上回转塔机均需设平衡重,其功能是支撑平衡重,用以构成设计上所要求的作用方面与起重力矩方向相反的平衡力矩。除平衡重外，还常在其尾部装设起升机构。起升机构之所以同平衡重一起安放在平衡臂尾端，一则可发挥部分配重作用，二则增大绳卷筒与塔尖导轮间的距离，以利钢丝绳的排绕并避免发生乱绳现象。平衡重的用量与平衡臂的长度成反比关系，而平衡臂长度与起重臂长度之间又存在一定比例关系。平衡质量相当可观，轻型塔机一般至少要 3 ~ 4t，重型的要近 30t。目前民用建筑上预制剪力墙质量最大达到 7t 以上，预制梁则达 5t 左右，预制柱 8t 左右，均远大于现浇法的材料吊装质量，对塔机起重量要求更大。

图 5.4　塔式起重机

装配式建筑塔式起重机对比传统建筑起重机的差异：

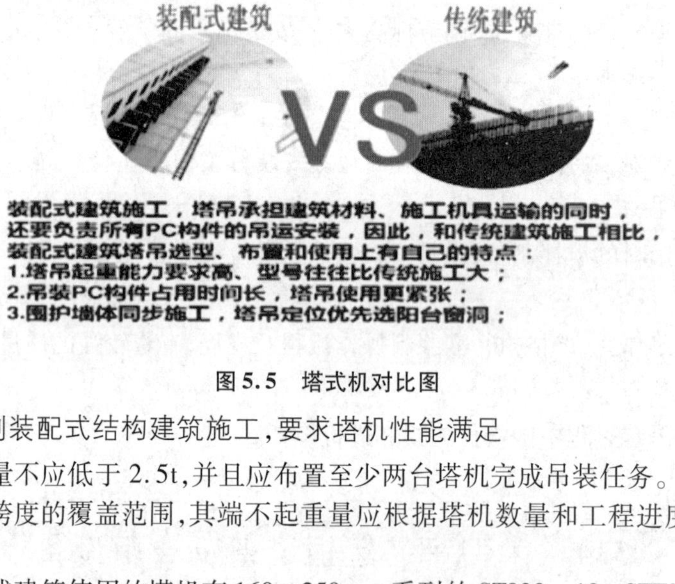

图 5.5　塔式机对比图

一、针对预制装配式结构建筑施工，要求塔机性能满足

1. 塔机起重量不应低于 2.5t，并且应布置至少两台塔机完成吊装任务。

2. 对于更大跨度的覆盖范围，其端不起重量应根据塔机数量和工程进度安排等时机情况进行选择。

3. 针对装配式建筑使用的塔机有 160 ~ 250t，m 系列的 ST030 - 12t、STT293 - 12t 等机型为主。

二、对起升机构的要求

1. 为了提高预制装配式结构的施工效率，要求塔机满足重载高速的要求，需提高起升机构的功率。

2. 为满足 100m 左右高度的要求，预制装配式构件的吊装起重（月 6t 左右），必须使用 4 倍功率或更大，以完成吊装任务。

3. 对起升钢丝绳的要求增加一倍甚至更长，因此必须增加起升机构的容绳量。

三、对设备故障和维修性能的要求

现浇结构的工艺一般是 7 天一层，而与之装配式结构建筑工期一般是 3 ~4 天一层，所以对于塔机的故障在预装装配式结构建筑中对施工进度及功率的影响非常大，装配化效率越高，影响就越大，起重吊装过程逐渐会成为施工中的关键一环，塔机频繁故障会导致误工及施工成本的增加。因此对于塔机的平均无障碍时间、平均维修时间及维护人员素质等等提出了新的要求和挑战。

四、对电器控制的要求

1. 与传统施法施工方式相比，预制装配式结构在拼装形成建筑时，对构件的尺寸及精度要求更高。

2. 原来由现场砌筑工人控制的项目，如墙面距离 角度等改为由现场装配精度来保证。

3. 因施工现场狭小，为保证施工效率及安全，对起重机械的平稳性和操作性能提出了更高的要求，对起重机械控制系统也提升到了厘米及甚至更高级别的要求。

表 5.1　电器控制详情表

施工方式	塔机型号	起升机构型号	倍率	起升速度	起重量	容绳量	点击功率
现浇结构的施工	ST5513 - 6t	24PQC15	4 倍率	0 ~ 4.2m/min	6.0t	400m	24kW
			2 倍率	0 ~ 8.5m/min	3.0t		
预制装配式结构的施工	STT293 - 12t	55LFV30B	4 倍率	0 ~ 22m/min	12.0t	630m	55kW
			2 倍率	0 ~ 44m/min	6.0t		
	STT373 - 16t	70RCS40	4 倍率	0 ~ 16m/min	16.0t	550m	51.5kW
			2 倍率	0 ~ 32m/min	8.0t		

5.4.2　吊装吊车

吊车属于物料搬运机械，常见的吊车有汽车吊、履带吊、轮胎吊。

图 5.6　汽车吊

汽车吊俗称为随车吊，随车吊的概念是把汽车和吊机相结合，可以自行形式不用组装直接可以工作优点是方便灵活、工作效率高、转场快、提高工作效率。缺点是受地形限制、大型设备(1 000 ~2 000kg)不能完成。(随车吊最大吨位 20 吨)

履带吊是履带起重机的简称，是一种下车地盘是履带行走机构，靠履带行走的吊车。优点是起重量大可以吊重行走。具有较强的吊装能力。缺点是拆装麻烦，起重臂不能自由伸缩,局限性太强。适合大型工厂,在厂区内工作。

图 5.7　履带吊

轮胎吊是利用轮胎式底盘行走的动臂旋转起重机。轮胎吊是把起重机构安装在加重型轮胎和轮轴组成的特制底盘上的一种全回转式起重机,其上部构造与履带式起重机基本相同。汽车吊也是轮胎吊的一种。轮胎吊图片优点是车身短,作业移动灵活,工作效率高。缺点是受地形限制,大型设备不能完成。

图 5.8　轮胎吊

5.4.3　灌浆设备

灌浆设备包括灌浆料搅拌设备、灌浆设备。

1. 灌浆料搅拌设备

灌浆料搅拌设备包括砂浆搅拌机、搅拌桶、电子秤、测温计、计量杯等。

2. 灌浆设备

灌浆作业包括灌浆泵、灌浆枪等。

3. 装配式混凝土施工其他常用工具

装配式混凝土施工常用工具包括手拉葫芦、电动葫芦、电动扳手、卡具、吊钩、叉扳手、专用扳手等。

5.4.4 吊具

吊具或吊索具是起重设备或吊物主体与被吊物体之间的连接件的统称,是起重吊运工具和被吊物品之间起柔性多种吊钉形式可选,起 TPA 扁钢吊索具重量范围 2.5 ~ 26 吨,连接作用的工具之一。按行业习惯,一般把用于起重吊运系统适用于厚度较薄的预制构件的吊装,例如薄内作业的刚性取物装置称为吊具,把系结物品的挠性工具称墙板、薄楼板为索具或吊索。吊具种类繁多,主要有金属吊具和合成纤维吊具两大类。

金属专用吊具主要有钢丝绳吊索类、吊钩类、吊(夹)系统 统,适用于吊装质量较轻的预制构件钳类、磁性吊具类等,如图 5.9 所示。

球头吊具系统	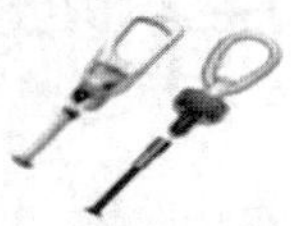	高强度特种钢制造,起重量范围1.3~45吨,适用于各种预制构件,特别是大型的竖向构件吊装,例如预制剪力墙、预制柱、预制梁及其他大跨度构件
TPA扁钢吊索具系统		多种吊钉形式可选,起重量范围2.5~26吨,适用于厚度较薄的预制构件的吊装,例如薄内墙板、薄楼板
内螺纹套筒吊索系统		多种直径的滚丝螺纹套筒,经济型的吊装系统,适用于吊装重量较轻的预制构件

图 5.9 金属吊具

合成纤维吊具主要是以锦纶、丙纶、涤纶、高强高模聚乙烯纤维为材料生产的绳类和带类吊索具,如图 5.10 所示。

纤维缆绳吊索具		适用于海洋工程吊装

图 5.10 合成纤维吊具

思考题

1. 简述装配式施工管理方法。
2. 一个完整的装配式项目应配备哪些管理人员和专业技术人员?
3. 技术总工在装配式项目中发挥着什么作用?
4. 装配式项目施工中需要用到哪些大型设备并简述其作用。

第 6 章　外围护结构施工

6.1　概述

装配式混凝土建筑施工前应熟悉已报审报批的设计图纸及获批的施工方案，对外围护系统的排版图进行认真仔细的研究分析；施工人员应熟练掌握外围护系统的构造形式；测量放线人员应对建筑的空间特征充分了解。

测量放线前应对完工后的建筑主体结构的平面控制网和高程控制网进行复测审核，统一建筑结构、内装系统等专业要求，编制详细的施工组织设计和施工方案，并按规定流程审批通过后方可实施，对于非常规的施工方案、工艺应编制专项施工方案，并组织专家论证。

外围护工程装配前，为分析判断设计效果、检验设计、制作及安装工艺，宜在施工现场主体结构对应部件，选择有代表性的单元进行现场样板施工。

本章主要介绍外围护工程的预制外墙施工、建筑幕墙施工、外门窗施工、屋面及采光顶施工。

6.2　预制外墙施工

6.2.1　外墙简介

外墙墙体是装配式建筑的主要组成部分，直接与外部环境接触，常常要承受多种荷载、收缩变形乃至冻融循环的耦合作用，其不仅要满足一定的强度要求，且还需具有保温隔热、隔声和防水等功能。

外墙板作为建筑重要组成部分之一，不仅要满足围护结构的要求，还应该满足建筑节能的要求。目前，外墙板按墙体组成材料的不同，可分为普通预制墙板和采用复合材料制成的夹芯保温墙板，按功能定位可分为围护板系统和装饰板系统，其中围护板系统按建筑立面特征又划分为整间板体系、横条板体系、竖条板体系。规格一般根据建筑层高度以及分格模数确定，工厂生产一次成型。预制外墙、外窗其技术性能应符合设计要求和国家现行规范规定。

近年来出现了许多新型墙体材料的预制墙板，其多以复合材料为主体，拥有更多样的功能，适用范围更加广泛。我国目前常见的装配式预制墙板主要分为加气混凝土类墙板、石膏类墙板、工业灰渣类轻质墙板，空心隔墙板、农作物秸秆纤维内墙板等不同材料的预制墙板。预制外墙与主体的连接形式主要分为外挂式与侧连式。

预制外墙用材料应符合下列规定：

1. 预制混凝土外墙板用材料应符合现行行业标准《装配式混凝土结构技术规程》JGJ 1 的规定。

①预制构件的混凝土强度等级不宜低于 C30；预应力混凝土预制构件的混凝土强度等级不宜低于 C40，且不应低于 C30；现浇混凝土的强度等级不应低于 C25。

②预制构件的吊环应采用未经冷加工的 HPB300 级钢筋制作。吊装用内埋式螺母或吊

杆的材料应符合国家现行相关标准的规定。

2. 拼装大板用材料包括龙骨、基板、面板、保温材料、密封材料、连接固定材料等，各类的材料应符合国家现行相关标准的规定。

3. 整体预制条板和复合夹心条板应符合国家现行相关标准的规定。

图 6－1 外墙涂料施工

6.2.2 预制外墙操作流程图

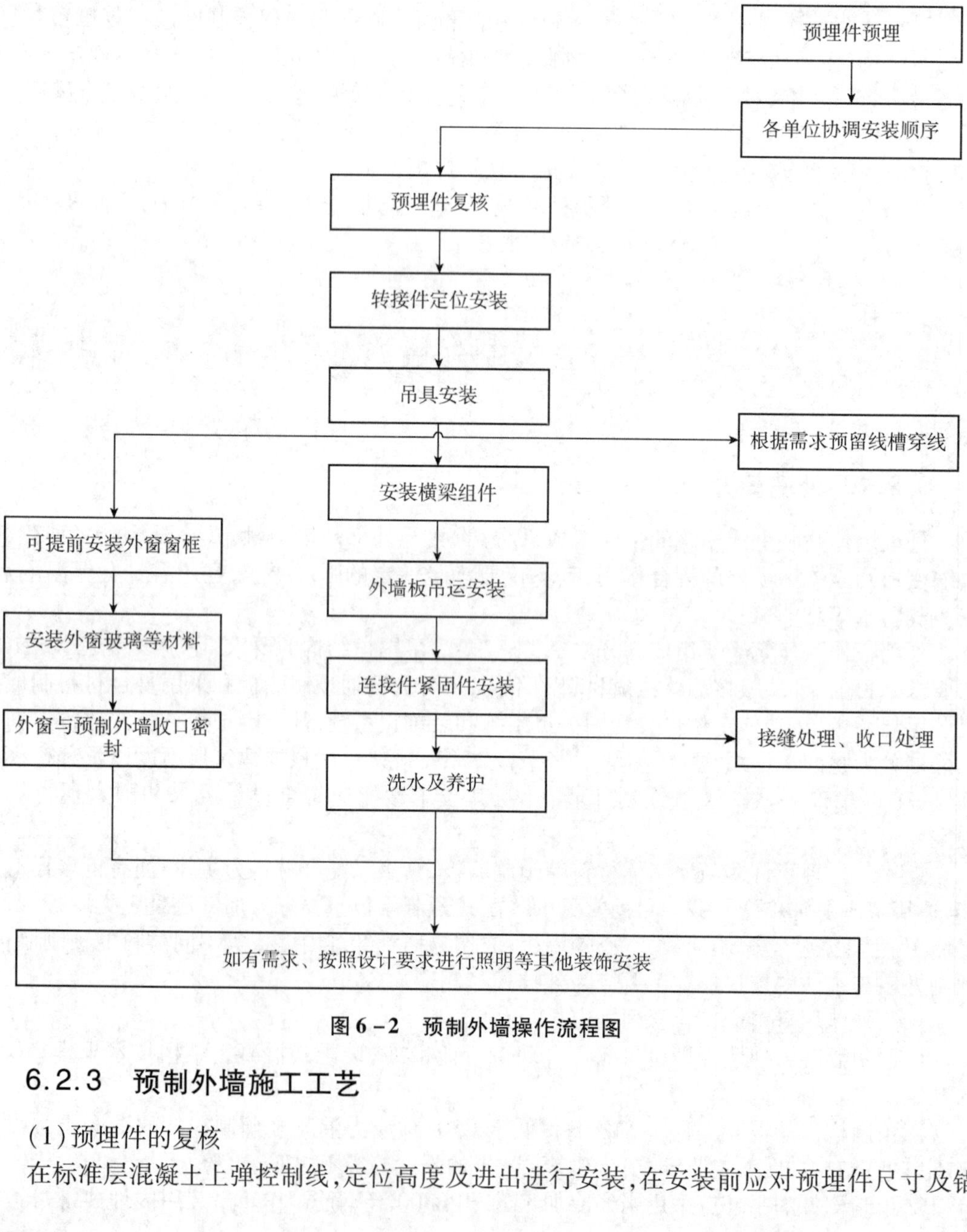

图 6－2 预制外墙操作流程图

6.2.3 预制外墙施工工艺

(1) 预埋件的复核

在标准层混凝土上弹控制线，定位高度及进出进行安装，在安装前应对预埋件尺寸及锚栓规格、数量及间距进行复核;如预埋件位置偏差较大或遗漏,应及时采取补救。

(2)转接件的定位和安装

外墙挂板转接件安装前,根据水平标高做好基础找平;安装时通过转接件外墙完成面的定位确定安装位置,调整转接件的标高及进出,固定螺栓;连接件应采取可靠的防腐蚀措施,满足设计使用年限要求。

(3)吊具的安装

外墙板起吊前,检查预制外墙板上的预埋吊点螺栓是否符合规范,检查吊环绳索,用卡环销紧吊点顶部转接件,调整绳索长度,做好起吊准备。

(4)预制外挂板吊运及就位

预制外墙板起吊时必须在构件的混凝土达到设计强度后方可进行,吊环上的绳索要求等长并对称设置,起吊后保持水平,受力均匀,就位时缓慢落钩。外墙板就位时,应做到外墙面顺直、墙身垂直、缝隙一致、企口缝不得错位。注意保护外墙板的棱角和防水构造。下口由专人定位、对线,并用靠尺板找直。安装首层时需注意质量,使之成为以上各层的基准。

(5)连接件与紧固件安装

连接件与外挂墙板吊具同步安装,利用预制外挂墙板的预埋带丝套筒,通过定位螺栓和抗剪螺栓在施工层内连接;利用预埋在梁板上的预埋件的带丝套筒,通过螺栓将紧固件和梁板连接。

(6)拼缝处理

处理拼缝前应清理缝隙处的浮沉、浮浆,并保持干燥;预制外挂墙板拼缝防水施工时,应先嵌塞填充高分子材料,不得堵塞防水空腔,宽度应大于拼缝宽度,填充应均匀、顺直、饱和、密室,表面光滑,不得有裂缝现象。密封胶自上向下依次注入,密封胶的打胶厚度应满足设计要求。

(7)外墙安装

外窗根据预制外墙板块配合设计,在工厂预先对加工的成品窗进行固定,窗与预制混凝土板块间采用特制铝合金连接件连接,实现上下左右方向调节功能。窗与预制混凝土板块之间的拼缝填充保温岩棉,打胶密封完成,确保保温性能及密封性能。

(8)洗水及养护

各项工作安装完成,清理现场机具与杂物,根据规范要求控制合适的水压。

洗水时,预制外墙外观应干净整洁、无色差、棱角分明、无气孔水眼。如有问题修补之后再进行洗水。洗水完成根据现场条件、湿度、构件特色、技术要求、施工操作等因素选择养护措施。

6.2.4 施工质量控制要点

(1)预制外墙板应符合设计要求和国家现行有关标准的规定,且应具有保温、隔热、防潮、阻燃、耐污染等性能。

(2)构件型号、位置、节点锚固筋必须符合设计要求,且无变形损坏形象。

(3)预制外墙板防水构造做法必须符合设计要求。

(4)基本项目:构件接头,捻缝做法,应符合设计要求和施工规范的规定。焊缝长度符合要求,表面平整,五凹槽、焊瘤、裂纹、气孔、夹渣及咬边。

(5)预制外墙板表面洁净、色泽一致、焊缝均匀、周边顺直无防水构造破损。

(6)预制外墙板安装完成后表面进出平正、洁净、颜色一致、接缝平整。

(7)预制外墙板进场后,应放在插放架内。

(8)运输、吊装操作过程中,应避免损坏外墙板防水构造,如披水台、挡水台、空腔等已有损坏,应及时修补后方可使用。

(9)预制外墙板就位时尽量要准确,保护已抹好的砂浆找平层。安装时防止生拉硬撬。安装外墙板时,不得碰撞已经安装好的楼板。

(10)外墙板防水构造破损:吊装前应做好检查,对已破损的部分应及时修整,安装时避免用撬很撬动易损坏部位。

(11)外墙板板缝应均匀,严重不均会影响空腔防水。

(12)上下层外墙板出现错台:外墙板就位时,一定按线就位,以外边线为主,保证外墙板外立面平顺。

(13)节点钢筋不符合规定:如墙板钢筋套环与内墙钢筋套环不吻合,竖向钢筋插入套环不足三组等,因此钢筋作业时应认真负责,保证节点构造符合规定。

(14)键槽处理不及时:外墙板安装完后,应立即焊接并浇筑混凝土。

6.2.5 预制外墙施工规范

(1)露明的金属支撑件及外墙板内侧与主体结构的调整间隙,应采用燃烧性能等级为 A 级的材料进行封堵,封堵构造的耐火极限不得低于墙体的耐火极限,封堵材料在耐火极限内不得开裂、脱落。

(2)防火性能应按非承重外墙的要求执行,当夹芯保温材料的燃烧性能等级为 B1 级或 B2 级时,内、外叶墙板应采用不燃材料且厚度均不应小于 50mm。

(3)块材饰面应采用耐久性好、不易污染的材料;当采用面砖时,应采用反打工艺在工厂内完成,面砖应选择背面设有粘结后防止脱落措施的材料。

(4)预制外墙接缝的规定

①接缝位置宜与建筑立面分格相对应。

②竖缝宜采用平口或槽口构造,水平缝宜采用企口构造。

③当板缝空腔设置导水管排水时,板缝内侧应增设密封构造。

④宜避免接缝跨越防火分区;当接缝跨越防火分区时,接缝室内侧应采用耐火材料封堵。

(5)蒸压加气混凝土外墙板的性能、连接构造、板缝构造、内外面层做法要求应符合现行行业标准《蒸压加气混凝土建筑应用技术规程》JGJ/T 17 的相关规定,并符合下列规定:

①可采用拼装大板、横条板、竖条板的构造形式;

②当外围护系统需同时满足保温、隔热要求时,板厚应满足保温或隔热要求的较大值;

③可根据技术条件选择钩头螺栓法、滑动螺栓法、内置锚法、摇摆型工法等安装方式;

④外墙室外侧板面及有防潮要求的外墙室内侧板面应有专门防水界面剂进行封闭处理。

6.3　建筑幕墙施工

6.3.1　幕墙简介

1. 幕墙定义及特征

幕墙是建筑的外墙围护,不承重,像幕布一样挂上去,故又称为"帷幕墙",是现代大型和高层建筑常用的带有装饰效果的轻质墙体。由面板和支撑结构体系组成的,可相对主体结构有一定位移能力或自身有一定变形能力、不承担主体结构所作用的建筑外围护结构或装饰性结构(外墙框架式支撑体系也是幕墙体系的一种)。

幕墙有如下特征:

(1)幕墙是一个独立完整的整体结构系统;

(2)幕墙通常用在主体结构的外侧,一般都包覆在主体结构表面之上;

(3)幕墙相对主体结构在平面内有一定的微动能力。

2. 幕墙的分类

幕墙根据用途可以分为建筑幕墙、构件式建筑幕墙、单元式幕墙、玻璃幕墙、石材幕墙、金属板幕墙、全玻幕墙、点支撑玻璃幕墙等。

幕墙根据镶嵌板材质分类:

(1)玻璃幕墙　全玻璃幕墙、吊挂式玻璃幕墙、座地式玻璃幕墙;玻璃砖幕墙、框架式玻璃砖幕墙、填充式玻璃砖幕墙;点接驳式玻璃幕墙、拉杆式玻璃幕墙、拉索式玻璃幕墙、桁架式玻璃幕墙。

(2)金属板幕墙　单片铝板、复合铝板、铝塑板、不锈钢板、钛合金板、彩钢板

(3)非金属板(玻璃除外)幕墙　石材板、蜂巢复合板、千思板、陶瓷板、钙塑板、人造板、预铸造型水泥加工板。

(4)石材幕墙　组合幕墙、钢销式石材幕墙、短槽式石材幕墙、通槽式石材幕墙、背栓式石材幕墙、小单元式石材幕墙、湿贴式石材幕墙、蜂窝石材石材幕墙。

(a) 玻璃幕墙　　　(b) 金属幕墙

图6.3　幕墙类型示例

3. 全玻幕墙

全玻幕墙是一种全透明、全视野的玻璃幕墙，利用玻璃的透明性，追求建筑物内外空间的流通和融合，使人们可以透过玻璃清楚地看到玻璃的整个结构系统，使结构系统由单纯的支撑作用转向表现其可见性，从而表现出建筑装饰的艺术感、层次感和立体感。具有重量轻、选材简单、加工工厂化、施工快捷、维护维修方便、易于清洗等特点。其对于丰富建筑造型立面效果的功效是其他材料无可比拟的，是现代科技在建筑装饰上的体现。

图 6－4　全玻幕墙

目前在建筑中最为常见的幕墙为玻璃幕墙，它的优点如下。

(1)质量轻

在相同面积的比较下，玻璃幕墙的质量约为粉刷砖墙的 1/10～1/12，是大理石、花岗岩饰面湿工法墙的 1/15，是混凝土挂板的 1/5～1/7。一般建筑，内、外墙的质量约为建筑物总质量的 1/4～1/5。采用幕墙可大大的减轻建筑物的质量，从而减少基础工程费用。

(2)设计灵活

艺术效果好，建筑师可以根据自已的需求设计各种造型，可呈现不同颜色，与周围环境协调，配合光照等使建筑物与自然融为一体，让高楼建筑减少压迫感。

(3)抗震能力强

采用柔性设计，抗风抗震能力强，是高建筑的更优选择。

(4)系统化施工

系统化的施工更容易控制好工期，且耗时较短。

(5)现代化

可提高建筑新颖化、科技化，如光伏节能幕墙，双层通风道呼吸幕墙等与智能科技配套的设计。

(6)更新维修方便

由于是在建筑外围结构搭建，方便对其进行维修或者更新。

它的缺点如下。

(1)光污染

生活中，玻璃幕墙反射所产生的噪光，会导致人产生眩晕、暂时性失明，常常发生事故。

(2)防火能力差

玻璃幕墙是不可燃烧的材料,但在烈火面前,它可以融化或软化,在烈火中只用很短的时间就会发生玻璃破碎,因此在建筑设计中要充分考虑建筑的防火要求。

(3)渗水

玻璃幕墙渗水的原因很多,但主要是以施工与密封材料关系较大,因此应挑选技术过硬的施工方,符合国家标准的材料。以最大限度的降低渗水现象。

(4)玻璃坠落

幕墙因长期受自然环境的不利因素,结构胶易老化、失败,造成玻璃幕墙坠落。那么在设计时应尽量采用明框或者半隐框玻璃幕墙,因为即使结构胶失败,由于框架的支撑和约束,也会大大降低玻璃坠落的几率。

4. 单元式幕墙

单元式幕墙,是符合当今世界潮流的高档建筑外维护系统。其以工厂化的组装生产,高标准化的技术,大量节约施工时间等综合优势,成为建筑幕墙领域最具普及价值和发展优势的幕墙形式。

单元式幕墙主要特点:

工业化生产,组装精度高,有效控制工程施工周期,经济效益和社会效益明显。

单元之间采用结构密封,适应主体结构位移能力强,适用于超高层建筑和钢结构高层建筑。

不需要在现场填注密封胶,不受天气对打胶的影响。

具有优良的气密性、水密性、风压变形及平面变形能力,可达到较高的环保节能要求。

图6.5　单元式幕墙

5. 点支式幕墙

点支式幕墙主要特点:

支撑结构形式多样,可满足不同建筑师及工程业主对建筑结构与外立面效果的需求。

结构稳固美观,构件精巧实用,可实现金属结构与玻璃的通透性能融为一体,建筑内外空间和谐统一。

玻璃与驳接爪件采用球铰连接,具有较强的吸收变形能力。

图 6.6　点支式幕墙

6.3.2　单元式幕墙施工流程图

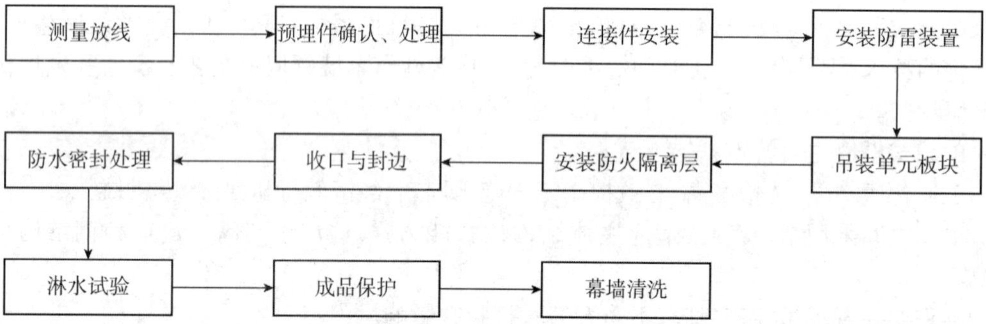

图 6.7　单元式幕墙施工流程图

6.3.3　单元式幕墙施工操作工艺

1. 测量放线

(1)建筑玻璃幕墙测量之前应根据设计文件及建筑特点编制测量专项方案,经审批合格后实施。

(2)主体结构施工单位应进行平面和垂直控制网的移交,幕墙施工单位应对移交的控制网进行复制,建立幕墙施工所需的控制体系。

(3)施工安装阶段平面测量的规定

①施工安装前应对主体结构首层平层控制网进行复核。

②幕墙控制点宜分段投测和控制。

③根据施工层测控点,测设楼层平面控制网,确定楼层平面内控线。

(4)施工安装阶段高程测量的规定

①施工安装前应对主体结构高程控制网进行复核。

②楼层标高宜用钢尺沿结构边柱或井道预留洞等,竖向向上测量,校核引测电。

③高程测控的传递层应与平面测控传递层一致。

(5)放线应在结构沉降、变形趋于稳定后进行;放线时,作业面应清理干净,保持视线良好,且风力应小于4 级。

(6)室外控制网应建立在相对稳定的建筑物或标识上,外控线宜离幕墙结构距离较近,外控线精度必须符合测量放线精度要求。

2. 预埋件处理

(1)结构的检查

首先检查埋件下方混凝土是否填充饱满密实，如有空洞现象，对埋件进行拉力、剪力、弯矩的测试，对不符合测试标准的预埋件必须按有关规定采取其他可靠的连接措施；其次对预埋件所在结构偏差进行检查，如果结构偏差较大，已超出施工图范围或垂直度不符合现行国家及地方标准，则应制定方案报批审后组织施工。

(2)预埋件位置的检查

在测量放线过程中，预埋件位置的检查与结构检查的工作相继展开，进行预埋件位置的检查，并记录检测结果。对照预埋件的编号图，依次逐个进行检查，记录每一编号处的结果偏差与埋件的偏差值，提交反馈设计进行分析，对超出设计允许范围的埋件需进行纠偏。

(3)转接件安装

对埋件及建筑结构进行全面测量后，确定预埋件和连接件安装位置，可进行转接件的安装。弹出水平线，控制水平高低及进深尺寸，以保证连接件的安装准确无误。对初步固定的连接件按层次逐个检查施工质量，主要控制三维空间误差。根据转接件设计特点，槽式埋件有侧埋及面埋两种形式。

连接件位置确定后，用螺栓完全固定。连接件应安装牢固，与混凝土接触部位应进行防腐处理。

(4)吊装单元板块

单元板块地面转运组根据运输计划完成卸货及转运，单元板块应堆放与坚实平整结构处，且不宜过于集中。吊装前应制定吊装方案。

①工程单元幕墙总体安装顺序

单元幕墙安装顺序，可采用逆时针方向组织现场单元板块安装，原则是按照母口插接子口的安装顺序，即先子口后母口母口额的安装顺序，每一层应横向按次序逐块对插，安装后一层再安装上一层。

②单元板块的吊装

应根据单元板块的尺寸、形状、质量及现场条件选择塔吊、施工电梯等运输设备。应根据单元板块的尺寸、形状、质量设置卸料平台。单元板块垂直吊运中应有防脱落、防摆动等措施。

③单元板块的三维调节

单元板块三维调节是通过埋件螺栓、转接件以及单元体挂件实现的，通过三维调整可确保单元板块水平、垂直和高度方向的正确位置。

④单元板块打底横框的安装

用膨胀螺栓组件将打底横框安装在正确位置，打底横框的安装误差要满足设计要求。

⑤单元板块交界处灌注密封胶

两相邻单元板块安装完成后，应在上横框插芯解封及四周部位灌注密封胶。

3. 安装防雷装置

幕墙龙骨安装报验完毕后，开始层间防火封修工作。在防火封修前进行避雷安装。

4. 安装防火隔离层

根据《建筑设计防火规范》有关规定，应在每层楼板处沿处，采用符合防火规范规定的防火措施，幕墙与每层楼板、隔墙处的缝隙应采用防火封堵材料封堵。同一幕墙玻璃不宜跨越建筑物的两个防火分区。

5. 防渗漏试验

没完成一层外墙单元板块的安装都应进行排水槽防漏水测试。

玻璃幕墙宜每三层进行一次现场淋水试验。

6. 幕墙清洗

整体外装工程，在施工完毕后，进行一次室内、室外全面彻底清洗，方可交验交付。

6.3.4　单元式幕墙施工质量控制要点

1. 单元吊装机具

应根据单元板块选择适当的吊装机具，并与主体结构安装牢固；吊装机具使用前，应进行全面质量、安全检验；吊具设计应使其在吊装中与单元板块之间不产生水平方向分力；吊具运行速度应可控制，并有安全保护措施；吊装机具应采取防止单元板块摆动的措施。

2. 单元构件运输

运输前单元板块应顺序编号，并做好成品保护；装卸及运输过程中，应采用有足够承载力和刚度的周转架，衬垫弹性垫，保证板块相互隔开并相对固定，不得相互挤压和串动；超过运输允许尺寸的单元板块，应采取特殊措施；单元板块应按顺序摆放平衡，不应造成板块或型材变形；运输过程中，应采取措施减少颠簸。

3. 场内堆放单元件

宜设置平整清洁的专用堆放场地，并应有安全保护措施；宜存放在周转架上；应按照安装顺序先出后进的原则按编号排列放置；不应直接叠层堆放；不宜频繁装卸。

4. 起吊和就位

吊点和挂点应符合设计要求，吊点不应少于 2 个，必要时可增设吊点加固措施并试吊；起吊单元板块时，应使各吊点均匀受力，起吊过程应保持单元板块平稳；吊装升降和平移应使单元板块不摆动、不撞击其他物体；吊装过程应采取措施保证装饰面不受磨损和挤压；单元板块就位时，应先将其挂到主体结构的挂点上，板块未固定前，吊具不得拆除。

5. 连接件安装

安装允许偏差应符合相关规定要求；节点固定方式应符合设计要求；防腐、防锈应按设计要求；连接件位置应符合设计要求；不同金属接触需设置防腐绝缘垫片；玻璃与梁柱接触，需用柔性垫片垫片二和防松措施。

6. 校正及固定

单元板块就位后，应及时校正；校正后，应及时与连接部件固定，并应进行隐蔽工程验收；单元式幕墙安装固定后的偏差，应符合相关规范个设计要求；单元板块固定后，方可拆除吊具，并应及时清洁单元板块的型材槽口；单元板若暂停安装，应将对插槽口等部位进行保护；安装完成的单元板块应及时进行成品保护。

6.3.5 玻璃幕墙施工流程图

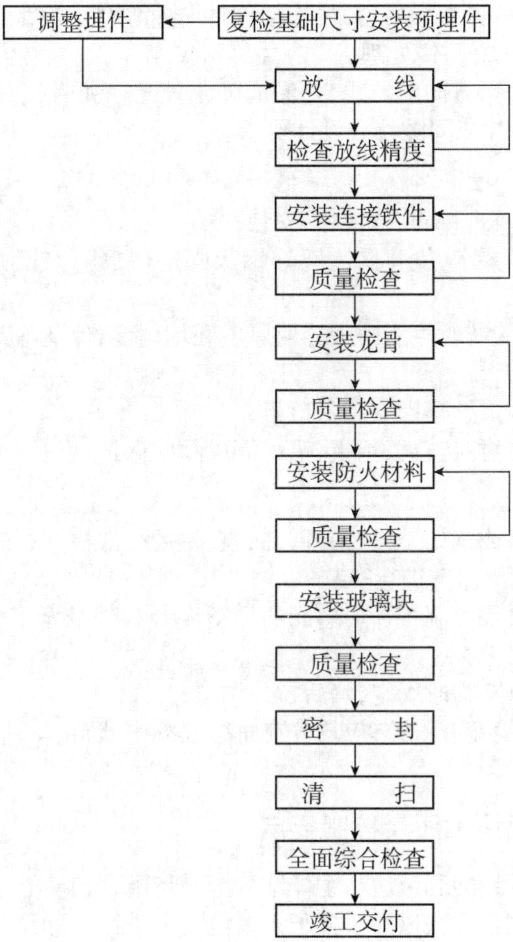

图6.8　玻璃幕墙施工流程图

6.3.6 玻璃幕墙操作工艺

1. 过渡件的焊接

(1)经检查,埋件安装合格后,可进行过渡件的焊接施工;

(2)焊接时,过渡件的位置一定要与墨线对准;

(3)应先将同水平位置两侧的过渡件点焊,并进行检查;

(4)再将中间的各个过渡件点焊上,检查合格后,进行满焊或段焊;

(5)控制重点:水平位置及垂直度。

2. 玻璃幕墙铝龙骨安装

(1)将加工完成的立柱按编号分层次搬运到各部位,临时堆放;堆放时应用木块垫好,防止碰伤表面;

(2)将立柱从上至下或从下至上逐层上墙,安装就位;

(3)根据水平钢丝,将每根立柱的水平标高位置调整好,稍紧连接件螺栓;

(4)再调整进出、左右位置,检查是否符合设计分格尺寸及进出位置,如有偏差应及时调整,不能让偏差集中在某一个点上。经检查合格后,拧紧螺帽;

(5)当调整完毕,整体检查合格后,将连接铁件与过渡件、螺帽与垫片间均采用段焊、点焊焊接,及时消除焊渣,做好防锈处理;

(6)安装横龙骨时水平方向应拉线,并保证竖龙骨与横龙骨接口处的平整,连接不能有松动,横梁和立柱之间垫片或间隙符合设计要求。

3. 防火材料安装

(1)龙骨安装完毕,可进行防火材料的安装;

(2)安装时应按图纸要求,先将防火镀锌钢板固定(用螺丝或射钉),要求牢固可靠,并注意板的接口;

(3)然后铺防火棉,安装时注意防火棉的厚度和均匀度,保证与龙骨料接口处的饱满,且不能挤压,以免影响面材;

(4)最后进行顶部封口处理即安装封口板;

(5)安装过程中要注意对玻璃、铝板、铝材等成品的保护,以及内装饰的保护。

4. 玻璃安装

(1)安装前应将铁件或钢架、立柱、避雷、保温、防锈全部检查一遍,合格后再将相应规格的面材搬入就位,然后自上而下进行安装;

(2)安装过程中用拉线控制相邻玻璃面的平整度和板缝的水平、垂直度,用木板模块控制缝的宽度;

(3)安装时,应先就位,临时固定,然后拉线调整;

(4)安装过程中,如缝宽有误差,应均分在每条胶缝中,防止误差积累在某一条缝中或某一块面材上。

6.3.7 玻璃幕墙施工质量控制要点

(1)玻璃幕墙分格轴线的测量应与主体结构的测量配合,其误差应及时调整,不得积累。

(2)对高层建筑的测量应在风力不大于4级情况下进行,每天应定时对玻璃幕墙的垂直及立柱位置进行校核。

(3)应先将立柱与连接件连接,然后连接件再与主体预埋件连接,并进行调整和固定,立柱安装标高偏差不应大于3mm。轴线前后偏差不应大于2mm,左右偏差不应大于3mm。

(4)相邻两根立柱安装标高偏差不应大于3mm,同层立柱的最大标高偏差不应大于5mm;相邻两根立柱的距离偏差不应大于2mm。

(5)可将横梁两端的连接件及弹性橡胶垫安装在立柱的预定位置加以连接,并应安装牢固,其接缝应严密。也可采用端部留出1mm孔隙,注入密封胶。

(6)相邻两根横梁水平标高偏差不应大于1mm。同层标高偏差:当一幅幕墙宽度小于或等于35m时,不应大于5mm;当一幅幕墙宽度大于或等于35m时,不应大于7mm。

(7)同一层横梁安装应由下向上进行。当安装完一层高度时,应进行检查、调整、校正、固定,使其符合质量要求。

(8)有热工要求的幕墙,保温部分从内向外安装,当采用内衬板时,四周应套装弹性橡胶密封条,内衬板与构件接缝应严密;内衬板就位后,应进行密封处理。

(9)固定防火保温材料应锚钉牢固,防火保温层应平整,拼接处不应留缝隙。

(10)冷凝水排出管及附件应与水平构件预留孔连接严密,与内衬板出水孔连接处应设橡胶密封条。

(11)其他通气留槽孔及雨水排出口等应按设计施工,不得遗漏。

(12)玻璃幕墙立柱安装就位、调整后应及时紧固。玻璃幕墙安装的临时螺栓等在构成件安装就位、调整、紧固后应及时拆除。

(13)现场焊接或高强螺栓紧固的构件固定后,应及时进行防锈处理。玻璃幕墙中与铝合金接触的螺栓及金属配件应采用不锈钢或轻金属制品。

(14)除不锈钢外,不同金属的接触面应采用垫片作隔离处理。

(15)玻璃安装前应将表面尘土和污物擦拭干净。热反射玻璃安装应将镀膜面朝向室内,非镀膜面朝向室外。

(16)玻璃与构件不准直接接触,玻璃四周与构件凹槽底应保持一定空隙,每块玻璃下部应设不少于二块弹性定位垫块;垫块的宽与槽口宽度相同,长度不应小于 100mm;玻璃两边嵌入量及空隙应符合设计要求。

(17)玻璃四周橡胶条应按规定型号选用,镶嵌应平整,橡胶条长度成预定的设计角度,并用黏结剂粘牢固后嵌入槽内。

(18)玻璃幕墙四周与主体之间的间隙,应采用防火的保温材料填塞,内外表面应采用密封胶连续封闭,接缝应严密不漏水。

(19)幕墙的竖向和横向板材安装的允许偏差应符合表 6.1 的规定。

表 6.1　幕墙安装允许偏差

项　目		允许偏差	检查方法
竖缝及墙面垂直度	幕墙高度 H/m	≤10	激光经纬仪或经纬仪
	H≤30		
	60＞H≤30	≤15	
	90＞H≤60	≤20	
	H＞90	≤25	
幕墙平面度		≤2.5	2m 靠尺、钢板尺
竖缝直线度		≤2.5	2m 靠尺、钢板尺
横缝直线度		≤2.5	2m 靠尺、钢板尺
缝宽度(与设计值比较)		±2	卡尺
两相邻面板之间接缝高低差		≤1.0	深度尺

表 6.2　单元幕墙安装允许偏差

单位:mm

项　目		允许偏差	检查方法
同层单元组件标高	宽度小于或等于 35m	≤3.0	激光经纬仪或经纬仪
相邻两组件面板表面高低差		≤1.0	深度尺
两组件对插件接缝搭接长度(与设计值比)		±1	卡尺
两组件对插件距槽底距离(与设计值比)		±1	卡尺

(20)单元幕墙安装允许偏差应除应符合本标准表 6.1 的规定外,尚应符合表 6.2 规定。

(21)铝合金装饰压板应符合设计要求,表面应平整,色彩应一致,不得有肉眼可见的变形、波纹和凹凸不平,接缝应均匀严密。

(22)玻璃幕墙的施工过程中应分层进行防水渗漏性能检查。

(23)有框幕墙耐候硅酮密封胶的施工厚度应大于3.5mm;施工宽度不应小于施工厚度的两倍;较深的密封槽口底部应采用聚乙烯发泡材料填塞。

(24)耐候硅酮密封胶在接缝内应形成相对两面黏结。

6.3.8 幕墙施工规范

(1)装配式混凝土建筑应根据建筑物的使用要求、建筑造型、合理选择幕墙形式,宜采用单元式幕墙系统。根据《建筑幕墙》GB/T 21086 的有关规定:

在抗风压性能指标值作用下,幕墙的支撑体系和面板的相对挠度和绝对挠度不应大于表6.3的要求。

表6.3 幕墙支撑结构、面板相对挠度度和绝对挠度要求

支撑结构类型		相对挠度(L跨度)	绝对挠度/mm
构件式玻璃幕墙 单元式幕墙	铝合金	L/180	20(30)[a]
	钢型材	L/250	20(30)[a]
	玻璃面板	短边距/60	—
点支撑玻璃幕墙	钢结构	L/250	—
	索杆结构	L200	—
	玻璃面板	长边孔距/60	—
全玻幕墙	玻璃肋	L/200	—
	玻璃面板	跨距/60	—

注:括号内数据适用于跨距超过4 500mm 的建筑幕墙产品。

(2)幕墙应根据面板材料的不同,选择相应的幕墙结构、配套材料和构造方式等。

(3)幕墙与主题结构的连接设计的规定

①应具有适应主体结构层间变形的能力。

②主体结构中连接幕墙的预埋件、锚固件应能承受幕墙传递的荷载和作用,连接件与主体结构的锚固承载力设计值应大于连接件本身的承载力设计值。

(4)玻璃幕墙的设计应符合现行行业标准《玻璃幕墙工程技术规范》JGJ 102 的相关规定。

(5)金属与石材幕墙的设计应符合现行行业标准《金属与石材幕墙工程技术规范》JGJ 133 的相关规定。

人造板材幕墙的设计应符合现行行业标准《人造板材幕墙工程技术规范》JGJ 336 的相关规定。

6.4　外门窗施工

6.4.1　外门窗施工流程图

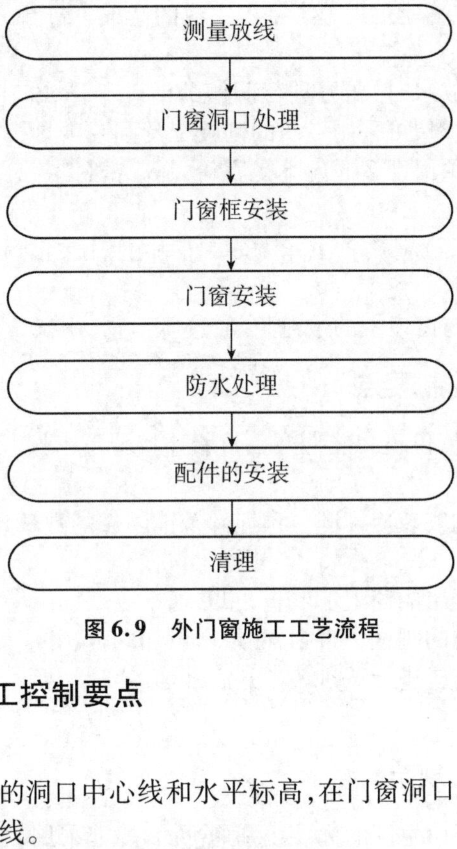

图 6.9　外门窗施工工艺流程

6.4.2　外门窗施工控制要点

(1)测量放线

根据图纸和土建提供的洞口中心线和水平标高,在门窗洞口墙体上弹出安装副框所需的水平线、窗中线、进出位线。

(2)门窗洞口处理

检查洞口的尺寸、位置和标高,洞口尺寸应符合标准《民用建筑外窗工程技术规范》中建筑外窗安装要求。若洞口不符合要求,应进行剔凿和修补。

(3)门窗框安装

①检查副框规格、尺寸、窗号是否符合符合要求,检查副框焊接点、表面处理、安装铁件是否满足安装条件。

②副框在外墙保温及室内抹灰施工前进行,安装点采用螺栓安装。安装过程中注意副框的横平、竖直,注意副框面不能出现凹凸现象。

③副框安装无误后,副框与墙体之间的间隙采用水泥砂浆封堵,保证连续、密实、无遗漏。

(4)门窗安装

①系统门窗进场后,整齐有序的堆放在指定存放处。装卸和搬运过程中应轻拿轻放,防

止摔伤、划伤。对异型窗或需现场组装的窗需特别保护存放以免变形、丢失、损坏。

②门窗洞口内外具备门窗安装条件方可进行门窗安装。

③门窗水平校正调整、定位无误后,用螺丝将门窗与副框固定,螺丝固定中要求拧紧不得漏装。在主副框之间空隙四周打聚氨酯发泡剂填充密封,发泡剂发泡完成凝固后,用壁纸刀按照要求切割干净后进行室外注胶施工。

④安装门窗固定玻璃、扣上压条、填塞密封胶条和注胶。密封胶条(注胶)应平整、光滑、无松动、密实。

⑤门窗扇的安装,应在土建工程施工基本完成的情况下进行,以保持门窗完好无损。

(5)防水处理

在处理框体与墙体的放水时,要先进行凹槽的清理工作,在注胶时,要求直线段尽可能一次定型,表面要求圆润光滑,可采用专门的刮胶工具刮胶工具按在密封胶未完全凝结前处理表面并压密实。注胶后须保证 24h 内不受震动,确保密封牢固。

(6)配件安装

五金配件(执手、锁扣等)应齐全、配套,安装牢固,使用灵活,位置正确,端正美观。

(7)清理

将玷污在框、扇、玻璃与窗口上的水泥浆、胶迹等污物,用拭布轻擦干净。

6.4.3 施工质量控制要点

(1)外门窗及附件质量、位置、开启方向、与墙连接位置、数量必须符合设计要求和有关标准规定。

(2)外门窗框和副框的安装应牢固。预埋件及锚固件的数量、位置、埋设方式、与框的连接方式必须符合设计要求。

(3)外门窗应保证各楼层的窗上下顺直,左右通平。

(4)外门窗必须有可靠的刚性。否则,必须增设加固件,并应做好防腐、防锈处理。

(5)组合外门窗安装前应进行试拼装。开启部位的安装,要确保按工艺要求安装止水胶条,杜绝渗水现象。

6.4.4 外门窗施工规范

(1)外门窗应采用在工厂生产的标准化系列部品,并应采用带有批水板等的外门窗配套系列部品。采用在工厂生产的外门窗配套系列部品可以有效避免施工误差,提高安装的精度,保证外围护系统具有良好的气密性能和水密性能。

(2)外门窗应可靠连接,门窗洞口与外门窗框接缝处的气密性能、水密性能和保温性能不应低于外门窗的有关性能。

门窗洞口与外门窗框接缝是节能及防渗漏的薄弱环节,接缝处的气密性能、水密性能和保温性能直接影响到外围护系统的性能要求,明确此部位的性能是为了提高外围护系统的功能性指标。

(3)预制外窗中外门窗宜采用企口或预埋件等方法固定,外门窗可采用预装或后装法设计,并满足下列要求:

①采用预装法时,外门窗框应在工厂与预制外墙整体成型。

②采用后装法时,预制外墙的门窗洞口应设置预埋件。

(4)铝合金门窗的设计应符合现行行业标准《铝合金门窗工程技术规范》JGJ 214 的相

关规定。根据《铝合金门窗工程技术规范》JGJ 214 的有关规定：

①铝合金门窗主型材的壁厚应经计算或试验确定，除压条、扣板等需要弹性装配的型材外，门用主型材主要受力部位基材截面最小实测壁厚不应小于 2.0mm，窗用主型材主要受力部位基材截面最小实测壁厚不应小于 1.4mm。

②人员流动性大的公共场所，易于受到人员和物体碰撞的铝合金门窗应采用安全玻璃。

③建筑物中下列部位的铝合金门窗应使用安全玻璃。

a. 七层及七层以上建筑物外开窗。

b. 面积大于 1.5m^2 的窗玻璃或玻璃底边离最终装修面小于 500mm 的落地扇。

c. 倾斜安装的铝合金扇。

④铝合金推拉门、推拉窗的扇应有防止从室外侧拆卸的装置。推拉窗用于外墙时，应设置防止窗扇向室外脱落的装置。

(5)塑料门窗的设计应符合现行行业标准《塑料门窗工程技术规程》JGJ 103 的相关规定。根据《塑料门窗工程技术规程》JGJ 103 的有关规定：

①门窗工程有下列情况之一时，必须使用安全玻璃。

a. 面积大于 1.5m^2 的窗玻璃。

b. 距离可踏高度 900mm 以下的窗玻璃。

c. 与水平面夹角大于 75°的倾斜窗，包括天窗、采光顶等在内的顶棚。

d. 7 层及 7 层以上建筑外开窗。

②玻璃承重垫块应选用邵氏硬度为 70 ~ 90(A)的硬橡胶或塑料，不得使用硫化再生橡胶、小片或其他吸水性材料。垫块长度宜为 80 ~ 100mm，宽度应大于玻璃厚度 2mm 以上，厚度应按框、扇(梃)与玻璃的间隙确定，并不宜小于 3mm。定位垫块应能系数温度变化产生的变形。

6.5　屋面施工

6.5.1　屋面简介

(1)屋面工程有多种形式，金属屋面通常采用装配式施工工艺，其他屋面工程参照相应的国家和行业标准。屋面面板、所有结构部分的钢材、焊接材料的技术性能应符合设计要求和国家现行标准规定。

(2)金属屋面系统按系统主要分为边咬合系统、直立锁边系统、古典式扣盖系统、平锁扣式系统、平面板条系统、压型板系统、单元板块式系统。

(3)安装前应复核压型金属板的支撑结构施工安装精度并应有复核记录。应根据压型金属板系统构造，确定各个构造层的安装工序。

6.5.2 屋面施工工艺流程

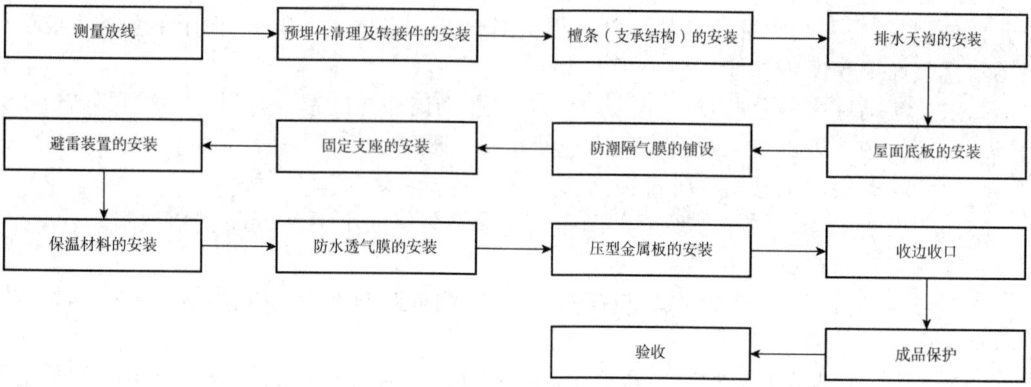

图 6.10 屋面施工工艺流程

6.5.3 施工工艺要点

1. 屋面板水平运输

(1)抬运方法 屋面板水平运输方法采用人力抬运,根据屋面板延米单重,施工人员从两侧抬运,间距约 3 米,用圆胶喉承托放于指定位置。因长度关系应控制一定长度内之工人进退。为保护施工人员的手不受划伤,施工人员通过胶梆从板底抬运。屋面板运输共分 10 组人,每组视屋面板长度安排 2 ~4 人,由 1 人控制,由生产面板组放下之面板,运输前进至指定位置,板的存放方向需同现场的铺板方向相协调,以免施工过程中需掉转板向。

(2)指挥 参与抬板的施工人员较多,必须由专人指挥协调,保持一致,才能保护施工人员不受伤害和板的质量。

(3)屋面系统安装次序

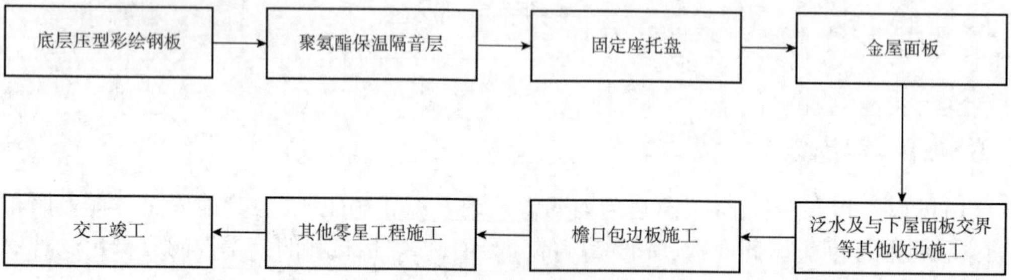

图 6.11 屋面系统安装次序图

(4)屋面放线定位 测量是施工中非常重要的环节,即按照设计图纸,在主体结构上进行水平分格,为屋面系统安装提供必须的数据和定位点。

(5)压型钢底板的安装 钢底板安装的平整度直接影响到室内的观感效果。要求钢底板安装严格垂直次檩条排列,保持和屋面板同方向。所有镀锌钢底板要求自攻钉整齐排满底板,绝对不可以起拱。

(6)固定支架安装

图6.12 屋面固定座布置示意图

固定支架是将屋面风载传递到檩条的主配件,它的安装质量直接影响到屋面板的抗风性能;固定支架的安装误差还会影响到屋面板的纵向自由伸缩及屋面板的外观,因此将固定支架安装作为本工程的关键工序。施工时关键控制支座的水平位置偏差、倾斜角度、及平面角度。如果支架水平位置偏差超过5毫米(该支架与其他支架纵向不在一条直线上),必然影响板在纵向的自由伸缩,当板受热膨胀时可能会在偏差支座处过大阻力作用下隆起,或板肋在长期的摩擦力作用下破损造成漏水,支座倾角大于1°时,在支座范围(60毫米)内将产生大于1.05毫米的高差,板伸缩时产生摩擦力,长期作用下也会摩坏板肋造成漏水。支座在水平面产生扭转角度是支座安装易产生的通病,其产生的原因主要是在打固定螺钉时,支座没有压紧或标尺间隙过大,支座在扭转力的作用下产生旋转,而施工工人又不负责任,过后未加纠正造成的,该偏差也会使板肋产生摩擦造成漏水。此外,在支座安装时如发现标高有误差,仍须对檩条进行调整,以确保支座达到安装要求,固定支架安装主要有以下几个施工步骤。

①放线 用经纬仪将轴线引测到檩条上,作为固定支架安装的纵向控制线。第一列"固定座位置要多次复核,以后的固定座位置用特殊标尺确定。固定座沿板长方向的位置只要保证在檩条顶面中心,固定座的数量多少决定着屋面板的抗风能力,所以铝合金固定座沿板长方向的排数严格按图纸设计。

②安装固定座 本工程固定座用自攻螺丝固定。将铝合金固定座对准其安装位置,然后打入一颗自攻螺丝,这时铝合金固定座位置会有一点偏移,必须重新校核其定位位置,方可打入另一侧的自攻螺丝(可控制固定座水平转角误差)。用电动螺丝枪打自攻螺丝,要求自攻螺丝松紧适度,不出现歪斜。

③复查固定座位置 用目测的方法检查每一列铝合金固定座是否在一条直线上,如发现有较大偏差的固定座,在屋面板安装前一定要纠正,直至满足板材安装的要求。铝合金固定座如出现较大偏差,屋面板安装咬边后,会影响屋面板的自由伸缩,严重时板肋将在温度反复作用下磨穿。

2. 金属屋面板的安装

为使整个屋面安装顺利进行,在安装之前应对屋面放几条控制线与主钢结构相平行,在安装时依据控制线来安装整个屋面板的位置。

(1)安装屋面板 屋面板生产出来后,用人工将板抬到安装位置,就位时先对准板端控制线,然后将搭接边(大肋)用力压入前一块板的搭接边(小肋)。检查搭接边是否能够紧密接合,如不能应找出问题,及早处理。安装时共分四至六组,每组派出专人安装定位点,"固定点"位置见设计图纸。"固定点"通常是指在靠近屋脊的地方,用一颗防水铆钉固定住一端,保证屋面板在热胀冷缩的时向天沟方向滑动。在每一块屋面板上,只允许在端头有一个"固定点"。具体施工的时候,通过板的小卷口和角码的顶端钻一个孔以便安装防水铆钉,铆钉长 11 ~ 12mm,铆钉头则会被下一片板所遮盖。变通:锁边完成后可以用螺栓在角码的位置固定作为"固定点"。如果"固定点"不是位于屋脊位置,那么在施工屋脊盖板时必须允许从"固定点"到屋脊这段板可以自由伸缩。

(2)铝合金屋面板锁边　面板位置调整好后,安装端部面板下的泡沫塑料封条,然后进行锁边。处于安全方面的考虑,欧铝屋面板在铺板后必须立即进行锁边,这样板才可以共同工作,以保证承载能力。开始锁边之前,特别要检查锁边机的状况。当板覆盖有涂层时,必须保证锁边机滚轮的清洁以及没有毛刺。可以通过检查锁边完成后欧铝屋面板卷口的尺寸来判断锁边机是否正常。锁边机前进时,应派员用脚踏上扣接位,令扣接位有良好扣接。据支撑结构平整度,操作人员的照看锁边机可以自动运行而无须操作人员的照看,对于不平整的或弧形的屋面,则必须有操作人员的照看,操作人员必须位于已经锁边固定的板一侧。

(3)在产品生产过程中,欧铝屋面板表面覆有薄薄一层油,潮湿的表面会增加滑倒的危险。在安装过程中,根据以下跨度要求在锁边完成后可以直接在上面行走。

(4)对于更大的跨度或厚度为 0.7 及 0.8 的板,使用至少 3 米长的厚木板作为分布荷载之用。

(5)安装封边泛水　泛水分为两种,一种是压在屋面板下面的,称为底泛水;一种是压在屋面板上面的,称为面泛水。

①底泛水安装　天沟两侧的泛水为底泛水,必须在屋面板安装前安装。底泛水的搭接长度、铆钉数量和位置严格按设计施工。泛水搭接前先用干布擦拭泛水搭接处,目的是除去水和灰尘,保证硅胶的可靠黏结。要求打出的硅胶均匀、连续、厚度合适。

②面泛水安装　屋面四周的收边泛水均为面泛水,其施工方法与底泛水相同,但要在面泛水安装的同时安装泡沫密封条。要求密封条不能歪斜,与屋面板和泛水结合紧密,这样才能防止风将雨水吹进板内。

(6)天沟安装

①天沟挂带安装　安装前检查天沟挂带有无变形,按设计的间距固定天沟挂带,并检查挂带的各个边是否平齐。

②天沟对接、焊接　天沟对接前将切割口打磨干净,对接时要注意对缝间隙不能超过 1mm,先每隔 10cm 点焊,确认满足要求后方可焊接。焊条型号根据母材确定,但直径采用 φ2.5mm。焊缝一遍成形,待冷却后将药皮除去。本工程为曲线天沟,天沟坡度与檐口坡度一致。安装时只能在其设计位置组对焊接,而不能在地面扩大拼装。

③天沟伸缩缝的安装　当天沟安装到 20 米时,需要布置一条天沟伸缩缝。具体采用的办法有两种:

一种是在天沟焊接的时候,在天沟的底部焊接一条褶皱。使天沟依靠褶皱拥有一段伸缩的空间。另一种是使用高分子柔性防水卷材,将卷材的两端于天沟材料焊接或铆接。中间的柔性材料起到伸缩作用。开落水孔:安装好一段天沟后,先要在设计的落水孔位置中部钻几个孔,避免天沟存水,对施工造成影响。天沟对应部位的板安装好后,必须及时开落水孔。正式落水孔用空心钻开孔。

6.6　采光顶施工

6.6.1　采光顶简介

玻璃采光顶它最早是以房屋采光为目的，主要是为了解决室内的采光，后来逐渐发展成为现在的以装饰和采光为目的的一种新的建筑形式。玻璃采光顶的设计形式也愈来愈新颖，如宾馆、车站的网架式玻璃雨蓬，建筑物大堂不同形式的采光顶，游泳池的玻璃采光项等。

图6.13　采光顶

6.6.2　玻璃采光顶工艺流程

拆除原有旧建筑→测量放线→安置预埋件→主竖框安装与调整→检验→主横框安装与调整→检验→钢构表面喷漆处理→检验→防雷系统安装→检验→玻璃安装与调整→检验→安装扣件与扣盖→检验→打密封胶→检验→竣工验收

6.6.3　施工工艺要点

玻璃采光顶的施工因其对材料、结构及施工质量要求的特殊性，对施工的环境和施工顺序要认真研究安排，安装质量的好坏，是直接影响玻璃采光顶安装后能否满足玻璃采光顶的建筑物理性能及其他性能要求的关键，应合理安排，科学组织，采取可靠的保护措施，方可进行施工。

(1)首先检查到场材料是否符合设计要求及材质证明文件的准确性，构件应平直、规方，不得有变形和表面挂痕。

(2)测量放线及结构检查

按总包方提供的基准轴线，标高线进行复核，确定无误后，定出安装基准线。根据基准线拉设位置钢线，以此作为钢结构安装的基准。从而保证骨架安装符合设计及规范要求。

(3)立柱安装

将立柱与连接件连接，然后连接件再与主体预埋件连接，并进行调整和固定，保证安装的尺寸误差和连接件的牢固程度，立柱一般是竖向构件，立柱安装的准确和质量，影响整个采光顶的安装质量，是采光顶安装施工的关键之一。

(4)横梁安装

横梁一般为水平构件，是分段在立柱中嵌入连接，连接处没有弹性橡胶垫，以适应和消除横向温度变形，连接件及弹性橡胶垫安装在立柱的预定位置，并应安装牢固，其接缝严密。

(5)隔热保温材料安装

安装时处理好采光顶框架与土建结构的防水收口。

(6)玻璃板块的安装

玻璃安装顺序为先安装斜向顶上两块玻璃，再安装竖向玻璃，最后安装斜向底下玻璃，玻璃安装是由一个方向一个分格进行安装。

玻璃板块在加工厂已粘好副框，每块玻璃都有标号，按分格图上相应的标号位置将玻璃通过软性接触，放在指定的位置框上，调整玻璃的左右位置，使玻璃的左右中心线与分格的中心线保持一致，用压块和预留螺栓将玻璃固定在框架上。

玻璃安装顺序为先安装斜向顶上两块玻璃，再安装竖向玻璃，最后安装斜向底下玻璃，玻璃安装是由一个方向一个分格进行安装。

(7)打胶

玻璃安装完成后的打胶工作的质量，是保证采光顶密封性的重要步骤，要切实际保证玻璃采光顶接口处密封胶的施工质量。

(8)收口处理

做好采光顶与上部女儿墙、下部窗台，左右与主体结构等处的连接处理，保证连接的牢固、密封、防水等的要求。

(9)验收

施工安装完成后，应进行清理，最后进行报验。

思考题

1. 预制外墙的分类。
2. 简述预制外墙的施工质量控制要点。
3. 幕墙的分类有哪些？简述每种幕墙的优点。
4. 绘画出外门窗施工流程图。
5. 简述屋面施工施工工艺要点。

第 7 章　室内装饰系统施工

7.1 概 述

随着建筑工程行业预制装配式建筑的探索与发展,特别是国家在保障性住房方面的大力推动,室内装饰工程装配式施工已经进入一个亟待发展的阶段。国内大部分室内装饰工程处于分散的手工作坊式施工的阶段,然而装饰项目按照现场已有条件“量身裁衣”,虽然部分内容实现了工厂化加工,但现场仍利用小型加工机具进行加工安装,主要依靠体力及手工进行施工,是典型的劳动密集型产业,这种施工方式遏制了劳动生产率和质量标准提高的可能。装饰施工工程质量难以大幅度提高,装饰施工的手工作坊式作业方式决定了装饰工程的施工质量大部分取决于工人的手工水平,施工质量难以得到保证。装饰施工作业工人手工水平不断下降,加上施工现场环境条件的影响,导致目前大部分装饰工程施工质量难以大幅度提高。装饰施工材料浪费严重,由于需要考虑到现场的种种不确定素,施工单位总是会考虑一定的节余材料,加上各种材料的加工余料,造成装饰材料的大量浪费,一般项目的装饰材料浪费能达到5% ~10%。此外,装饰施工现场环境恶劣,现场加工、现场安装的方式使得装饰施工现场管理较为混乱,特别是工期较紧的项目更是如此,现场到处均是各种加工余料及水泥、砂等辅助安装材料,造成装饰施工垃圾众多,施工现场文明施工及环境保护无法得到充分保证。由于装饰施工行业技术含量不高,行业门槛低,装饰施工队伍素参差不齐、流动性较大,施工人员鱼龙混杂,装饰施工现场人员混乱。

与传统室内装饰工程施工相比,装配式室内装饰施工技术体现出了明显优势。

1. 大幅度提高建筑装饰加工质量水平,生产高精度产品,满足人们日益增长的装饰要求。

2. 大幅度提高建筑装饰施工效率,告别手工作业,减少现场作业。

3. 大幅度减少建筑装饰施工现场的环境污染,提高对噪音、废气、废液的控制和回收,以及边角料回收利用。

4. 大幅度减少建筑装饰施工成本,降低工程造价。

从社会及行业发展趋势来看,装饰工程装配式施工已成必然,然而从现阶段各方面的条件来看,装饰工程装配式施工的实施和推广还需要多方面的条件支持。政府和行业应对装饰工程装配式施工加大支持和引导。政府和行业领军企业应加大装饰工程装配式施工课题的投入,举办相关活动和交流。设计和施工企业应确立装饰工程装配施工发展目标,并坚定不移地进行推进,加大相关技术人员的引进和培养,大力发展装饰工程装配式施工技术。项目技术管理将由施工现场转向施工深化设计和加工订货。装饰工程装配式施工方式中,施工深化设计成为项目技术管理中的核心问题。它的成功与否决定着施工方法、加工方法、安装方法的简易程度,决定着施工成本的高低。传统施工方式要求技术人员熟悉现有施工方法和施工工艺,以监督为主。装饰工程装配施工方式要求技术人员不仅熟悉以前的预制装配式方法,更要针对现场不同的具体情况,以现场测量、收集数据、根据数据进行施工深化设计为主,熟悉和了解相关机电专业的知识,将复杂的现场情况转化为可加工的工厂标准。通过他们对装饰工程预留、机电洞口预留、安装偏差调节等设计,将构配件加工尺寸相对统一,便于各种装饰工程批量加工和现场安装。由于装饰零部件工厂化生产,必然导致加工设备的大转变。设备重点是由现场的小型机具转变为工厂内大型数控加工机械,施工现场使用到的设备将极少。而现场设备将发展为新型、简便、快速、精确的3D空间测量仪器,为深化设计和产品的加工订货提供准确的数据资料。通过提高现场测量设备及工厂加工设备的精度和功能,提高装饰工程装配式施工的速度和质量。现阶段不同材料之间的连接方式较少,多为黏结或打钉等一次性固定连接方式,且各种连接方式的牢固度及耐久性不够。对于较重的材料一般均采用焊接及螺栓连接的方式。现阶段需要发展更为合理的连接节点或处理方式,如三维挂件、可拆卸部件、可更换系统等等。BIM建筑信息模型(Building Information Modeling)是以建筑工程项目的各项相关信息数据作为模型的基础,进行建筑模型的建立,通过数字信息仿真模拟建筑物所具有的真实信息。它具有可视化、协调性、模拟性、优化性和可出图性五大特点。BIM建筑信息模型的建立,是建筑领域的一次革命,将成为项目管理强有力的工具,也为装饰工程装配式施工的实现提供了支持。

随着人们对更高品质住宅的需求及施工劳动力成本的不断增加,装饰工程装配式施工的发展成为必然,装配式装修施工将会给全国建筑装饰行业乃至整个社会的生产力方式带来巨大的变革。同时,预制装配式住宅的发展已经取得一定的成果,包括节点控制、预制构件质量、施工工艺、抗震性能已有很大改善,并且编制了相关的标准规范,为装饰工程装配式施工的发展提供了基础。

7.2 地面施工

楼地面系统宜选用集成化部品系统,并符合下列规定:

(1)楼地面系统的承载力应满足房间使用要求;

(2)架空地板系统宜设置减振构造;

(3)架空地板系统的架空高度应根据管径尺寸、敷设路劲、设置坡度等确定,并应设置检修口。

7.2.1 施工流程图

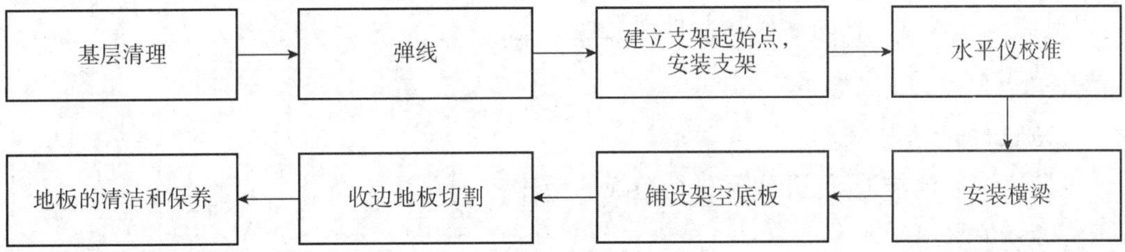

图7.1 地面施工流程图

7.2.2 施工工艺

1.施工准备

(1)材料与工具准备

防静电地板、支架、横梁等施工材料的准备及施工的机械工具的准备,应分类放置并保持洁净。

(2)技术准备

针对本工程的特点,应对施工人员进行强化培训,并让他们了解本工程的技术要求,编制各种专项方案及进行技术交底。

(3)清洁楼面

进入施工现场,将地面的垃圾及灰尘等杂物清理干净,若地面出现凹凸物,必须填平或铲除。

(4)弹线

在地面弹好 600 × 600 的地板铺设基准线,以便于地板的铺设。

2. 施工过程

(1)建立支架起始点,安装地板支架,根据所弹的地板铺设基准线放置支架。

(2)用激光水平仪校准地板支架用水平仪校准,确保在 3 米之内其完成水平误差不得超过 0.5mm, 且整层楼面不得超过 2mm 。

(3)安装横梁

从基准地板开始,将横梁装在支架上,用螺丝固定。

(4)铺设架空地板

沿着基准线铺设地板,用水平仪再一次确认地板板面的平整度。若不水平,必须调整号,否则会影响到后面地板的铺设,将导致后面地板的不平整,故刚开始地板出现任何不平整,必须调校。

(5)切割收边地板

铺设地板时,可用专门收边支架支撑周边切割的收边地板,收边地板宽度不得少于 15cm。每一种收边地板在地板与墙布、柱子或其他墙面处切割都视为正常状态,地板必须先测量好,使得切割号的地板能符合且紧密接合在墙面之外廓线。墙面和切割好的地板之间的间隙必须在 ±1.5mm,切割地板不可太紧,以至于用力安装;切割地板必须与其他地板一致,且有相近的公差,铺设时也不必用力;地板需不规则切割以配合柱子、圆管、圆弧强面收边时,必须精确测量且必须切至外观可接受为止,确认所有的切割地板都是以支架适当固定(用有需要可多用额外的支架)且保持水平、平整和排列整齐。确认地板切割处无锐角或毛刺,以避免施工人员工作时碰到切割处而受伤。

3. 施工后

4. 地板的清洁与保养

安装完毕后清洁地面,并经常进行地板的保养。

5. 质量标准

(1)地板及配件的品种、质量必须符合设计要求。

(2)地板铺设完毕后应符合国家有关的标准。

(3)允许偏差

①表面平整度　在 2 米范围内,其安装完成之后的水平误差不得超过 1.5mm ,检查方法为用 2m 靠尺和楔形塞尺检查。

②缝格平直　允许误差不得超过 2mm ,检查方法为拉 5m 线和用钢尺检查。

③接缝高低差　允许误差不得超过 0.3mm ,检查方法为用钢尺和楔形塞尺检查。

④板的间隙宽度　不得超过 0.2mm,检查方法为用钢尺检查。

6. 施工注意事项

(1)支架应平稳放置于地面上,支架与横梁须用罗丝拧紧。

(2)为防止火灾的发生,施工人员在工地施工时严禁吸烟;地板铺设时应轻拿轻放,防止砸到手脚;清扫地时,不得从窗口、阳台等一切洞口向下抛卸水泥杂物,防止砸到下面的人;在黑暗处或者夜间施工时,应使用 36V 低电压行为照明,地下室照明用电不超过 12V。

(3)运输材料时不要碰坏墙柱、门框、墙面及栏杆等;工时,地板应放置好,防止板面被刮毛或压变形。

7.3　隔墙施工

隔墙是分隔建筑物内部空间的墙。隔墙不承重,一般要求轻、薄,有良好的隔声性能。

不承重的内墙叫隔墙(死隔断)。对隔墙的基本要求是自身质量小,以便减少对地板和楼板层的荷载,厚度薄,以增加建筑的使用面积;并根据具体环境要求隔声、耐水、耐火等。考虑到房间的分隔随着使用要求的变化而变更,因此隔墙应尽量便于拆装。

7.3.1　隔墙的种类

1. 砌块式隔墙

用各种轻质墙体砌块砌筑而成的非承重隔墙,这种隔墙材料多运用于毛坯房的内部计划缔造。其特征是稳固、隔声、保温,但一旦砌筑成墙体,不可拆开调整。

2. 玻璃隔墙

这种玻璃隔墙是用木材、金属型材等做布局,在布局内镶装玻璃制作而成。玻璃隔墙具有通光性好、色彩艳丽、装修作用好等特征。

3. 骨架隔墙板

这类隔墙首要是由龙骨作为受力骨架固定于建筑主体计划上。当时运用最多的轻钢龙骨石膏距离便是最典型的骨架隔墙。这种隔墙在缔造时先用木材、金属型材等设置龙骨,在隔墙龙骨两头用各种木质板、防火板、塑料板、纸面石膏等板材做罩面板,如对保温、隔音等有特别需要,还可在龙骨骨架中填充保温、隔声材料,结尾构成隔墙。

4. 板材隔墙

板材隔墙在商场上新兴起的有轻质隔墙板,这种隔墙材料首要以其质轻、环保、高强度、隔热、抗震、隔音、耐潮等性能好占有了隔墙材料的首要商场。这种距离多是由各类墙板缔造而成,且以轻质墙板为主。缔造时不需象石膏板一样设置隔墙龙骨,而是由隔墙板自身承重,将预制的隔墙板材直接固定于建筑主体计划上的隔段墙。墙板架设好后,再在墙身中布设管线。通常分为复合墙板、单一材料板材、空心板材等类型。与传统石膏板距离比拟,具有稳固,耐潮、保温、隔音等利益。商场上常见的商品有增强水泥聚苯板(GRC 板)、复合夹芯板、钢丝网水泥板、石膏空心板、泰柏板、水泥陶粒板等。

5. 活动隔墙

活动隔墙通常是指推拉式活动隔墙、可拆装的活动隔墙等。这种隔墙在大面积的房间中运用较多。其利益是可以随意开关、调整,活络地运用室内空间,改动空间大小和功用。

6. 加气混凝土块隔墙

质轻:孔隙达70%~85%,体积密度一般为500~900kg/m³,为普通混凝土的1/5,黏土砖的1/4,空心砖的1/3,与木质差不多,能浮于水。可减轻建筑物自重,大幅度降低建筑物的综合造价。

7. GRC轻质隔墙板

材料用特种水泥等多种无机材料及外加剂,配合成浆料,经向混合体中加入空气,引成无数单孔微孔,而成蜂窝状。原材料和产品均为无机物,绝不燃烧。实验证明,9cm厚墙体的防火能力可达3小时以上。可广泛用作防火墙。根据墙体厚度和表面处理方式不同,墙体可隔音40~50分贝。同时它也是一种良好的吸音材料。由于加入空气,大大提高了产品的隔音效果。

7.3.2 隔墙板施工安装工艺流程

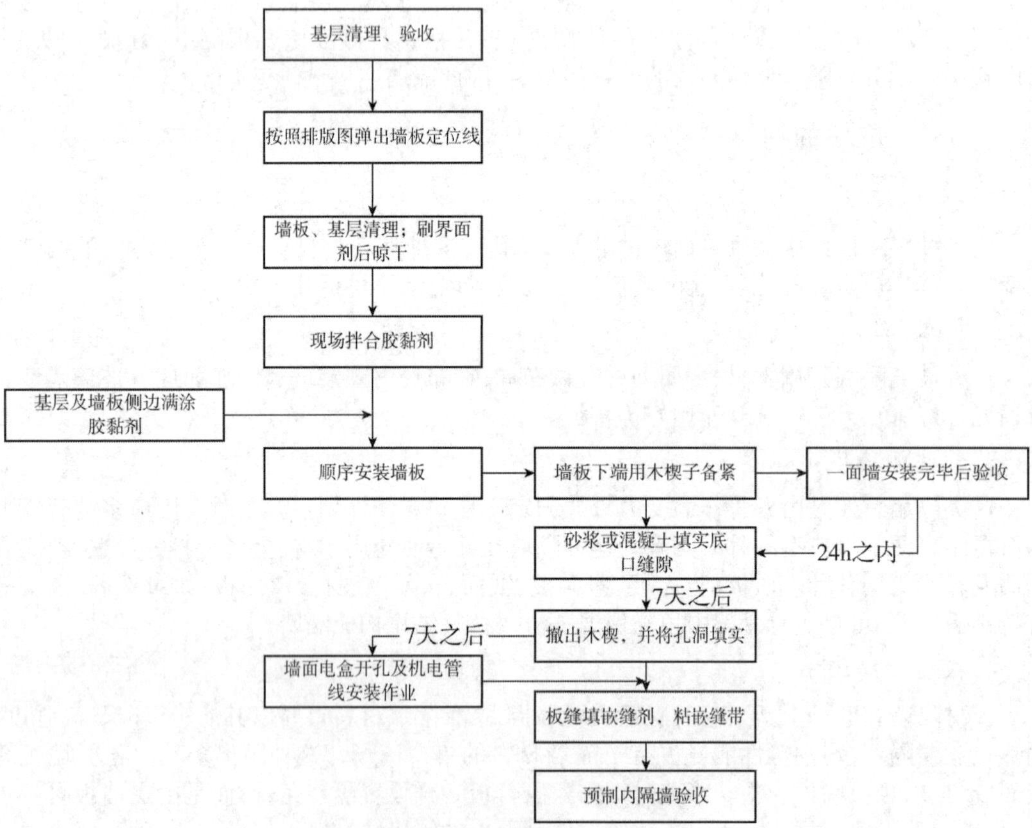

图7.2 隔墙板安装工艺流程图

7.3.3 隔墙施工工序技术要求

1. 定位放线

根据已经审核确定的墙板安装施工面图,依照控制线把楼面上的墙线弹好、并标号门窗的位置，镜检查无误，进行下道工序。

2. 结构基层清理

墙板安装前30分钟，用十部清洁结构墙面，顶板面相应部位，并涂刷专用界面剂至晾干。

3. 墙板侧边清理

墙板安装前，对每块墙板侧边进行清洁擦拭后，涂刷专用界面剂晾干备用。

4. 安装第一版墙板

(1)安装　基层及墙板侧边涂抹黏结剂、墙板顶部满涂黏结剂，并成倒"V"字形，将墙板对准定位线后立板，安装时注意保证墙板的榫头与榫槽相互连接；

(2)调校　墙板就位后，使用2m靠尺和撬棍调校墙面的垂直直度及平整度；

(3)固定　下部用木楔备紧，起到临时固定的作用，再次检查墙板垂直度及平整度且合格后，用射钉在墙板上部及梁(板)上安装"L"形或"U"形钢卡件，紧固墙板，并将挤出墙缝的黏结剂及时压进板缝内。

5. 依次安装墙板

按照第一块板的安装方法依次安装后续墙板。在墙板安装完毕后24小时之内，用1 ∶ 2干硬性水泥砂浆填实底口，7天后撤出木楔，并灌实孔洞。

6. 质量检查

一面墙安装后，及时检查墙面平整度、垂直度；已安装的墙板，应稳定、牢固、不得撬动。

7. 墙面电盒开孔及机电管线安装作业

墙板安装完成7天后，方可在隔墙板上进行电盒开孔和机电管线安装。完成安装后应采用1 ∶ 3水泥砂浆对孔线口进行填补。

8. 板缝处理

墙板安装完成7天后，方可在墙板接缝处黏结嵌缝带。

9. 预制内隔墙验收

完成板缝处理后，组织业主、监理、总包及施工班组队内隔墙进行验收。验收不合格，应对不合格位置进行整改处理。

10. 移交

移交精装修前应及时检查板缝的质量，如有裂缝出现，应进行修补。修补完成后方可移交下道工序。

7.4　内墙施工

装配式内墙板，相对于传统砌筑墙体优势多多，可实现免抹灰，减少了空鼓、开裂等质量通病问题，而且建造速度快，受气候条件制约小，节约劳动力并可提高建筑质量，因此预制内墙板已被行业广泛接受并应用。按照施工材料不同分类，装配式内墙包括石材、陶瓷类墙面、木制品类墙面、金属制品类墙面等。

7.4.1 装配式内墙施工流程

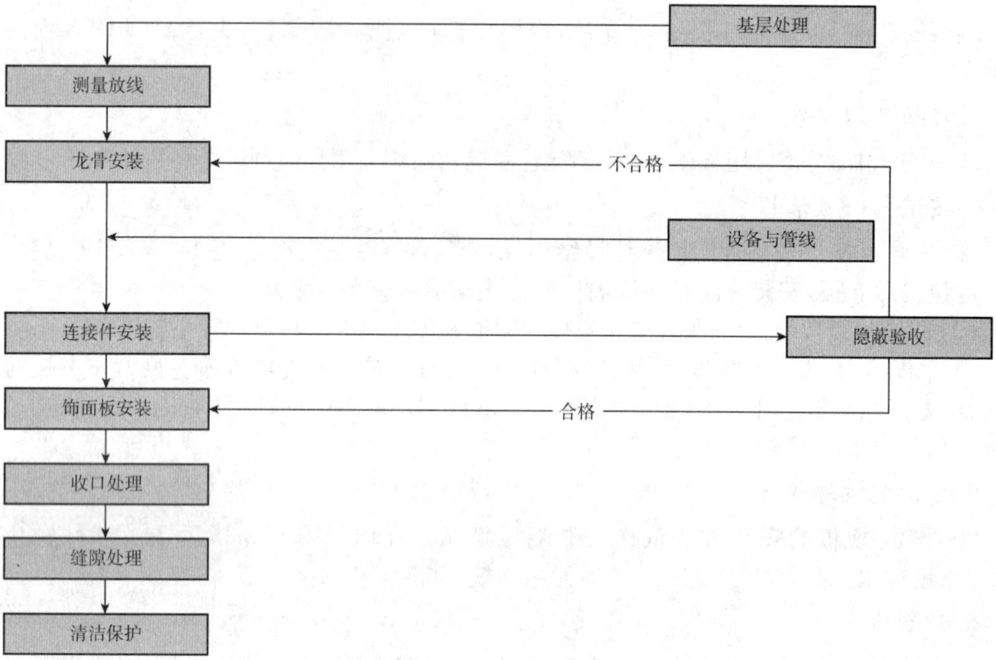

图 7.3 工艺流程图

7.4.2 施工工艺

1. 测量放线

基层及构造层的强度、密实度应符合设计要求。基层表面应平整,对局部影响安装的凸出部分应剔凿干净。

将面板立面尺寸分割点标注在所对应的地面完成面上,用红外线放线仪将分割点位置弹至立面墙体上,弹出水平分割线及墙面造型线。根据墙面板控制线弹出龙骨定位线及连接件安装定位点。特殊设备或工程需求的其他需配合专业管线弹至对应部位。

根据标准化标准要求,在墙、地面造型线以及装饰水平垂直控制线上,用字体字样模具将相应线的名称喷在相应部位。

2. 预排板

按面板及挂件的位置确定龙骨间距。面板挂件连接采用不锈钢背栓固定,将装有挂件的面板按照编号要求对应安装,安装时应注意板与板之间的留缝间距。

3. 龙骨安装

根据板材高度确定龙骨水平间距,竖向间距通常为600mm。钢龙骨应垂直安装,每根钢龙骨与预埋钢材之间用角钢焊牢,与竖向骨架上焊水平角钢,其间距应与石材水平缝位置相对应,焊渣等应敲掉,并在焊缝处涂刷防锈漆。角钢准确对应板材尺寸、挂件预先打好孔,孔径宜大于固定挂件螺栓的1~2mm,左右方向宜打成椭圆形,以便挂件调整,每行角钢角钢上的孔应在一条直线上,严禁角钢焊接完成后再打孔。

墙体暗装管线和线盒时，必须采用手电钻对骨架进行打孔，严禁随意施工破坏已施工完毕的骨架。应按装饰骨架安装要求，将管线和线盒固定牢固。

4. 连接件安装

面板安装背栓：背栓与板材进行预埋安装后再与挂件连接。

龙骨安装挂件：根据施工排板图纸对龙骨进行放线定位，并在钢架上安装挂件，位置应准确。

5. 饰面板安装

挂件与石材横向龙骨挂装，背栓与挂件的螺丝紧固安装必须垂直到位、紧贴、牢靠，并采用云石胶临时固定，AB 胶永久固定。挂板平整度误差不应超过 1mm，挂板时注意不占用其他材料的连接位置。

6. 收口处理

饰面板之间的连接处应做密拼拼接、安装收款收口条或调整板间缝隙尺寸进行留缝处理。缝隙应整齐、平整度高，正常视线范围内不应看到板后龙骨及预埋件等。应对石材板面的断面及外露边缘做抛光处理。墙面的孔洞、槽、盒应位置正确、套割吻合、边缘整齐。

7. 缝隙处理

饰面板之间的缝隙处采用粉状勾缝剂、胶状美缝剂、膏状云石胶等填缝。

8. 清洁及成品保护

施工完成后应及时清理面层并做成品保护，阳角处应采取硬质防护措施。

7.4.3　施工质量控制要点

1. 内墙板安装质量要点

(1) 材料　集中堆放、集中切割、下垫上盖；

(2) 复线　100% 结构尺寸复核；

(3) 切割　统一切割，弹线切割；

(4) 辅材安装　立板前先安装 PE 棒、抗振胶垫；

(5) 墙板安装　竖缝、顶缝挤浆安装，勾缝处理，严禁空缝、假缝；

(6) 墙板测量　随装、随测、随调整，严禁安装后扰动；

(7) 灌缝　底部灌缝前必须用水冲洗干净，灌缝必须密实、分二次灌缝；

(8) 木楔　木楔必须间隔 7 天后才允许取出，禁止提前扰动。

2. 水电安装工艺要点

(1) 划线验收　防止大面积开槽造成墙板破损；

(2) 切割剔凿　禁止野蛮暴力施工；

(3) 砂浆修补　回填密实、修补平整。

3. 成品保护要点

(1) 安装 7 天内禁止任何碰撞；

(2) 走道墙板防止撞击破损；

(3) 墙面泥浆、粉尘防止污染。

4. 内墙防开裂措施

(1)主体结构与墙板连接处设置切开;

(2)设计上排版合理、尽量减少切割板(长墙构造柱定位由墙板厂家确认);

(3)消除异形墙体构造连接;

(4)墙板干燥收缩值达标

(5)专用砂浆抗压强度≥C15,黏结强度≥0.7MPa,柔韧性≥1.0mm

(6)防水反坎强度(C20)进行墙板施工;

(7)墙板竖缝拼缝挤浆安装,保证满浆满缝 ;

(8)墙板底缝清洗地面后灌浆,保证砂浆连接稳定;

(9)各道工序技术间歇符合安装要求,禁止提前扰动;

(10)水电精确定位,防止大面积开槽造成墙板破损;

(11)墙板开槽必须采用专用工具,严禁野蛮暴力凿打。

5. 饰面板施工要求

(1)饰面板安装工程的预埋件(或后置埋件)、龙骨、连接件的材质、数量、规格、位置、连接方式和防腐处理必须符合设计要求。饰面板安装应牢固。

(2)饰面板的品种、规格、颜色和性能应符合设计要求及国家现行标准的有关规定。木龙骨、木饰面板的燃烧性能等级应符合设计要求。

(3)饰面板表面应平整、洁净、色泽一致,无裂痕和缺损,石板表面应无泛碱等污染。

(4)饰面板填缝应密实、平直,宽度和深度应符合设计要求,填缝材料色泽应一致。

(5)饰面板上的孔、槽、盒应位置正确、套割吻合、边缘整齐,且必须在加工车间一次完成。

7.5 吊顶施工

吊顶是指房屋居住环境的顶部装修。吊顶具有保温、隔热、隔声、吸声的作用,也是电气、通风空调、通信和防火、报警管线设备等工程的隐蔽层。

7.5.1 吊顶的五大类型

吊顶一般有平板吊顶、异型吊顶、局部吊顶、格栅式吊顶、藻井式吊顶等五大类型。

(1)平板吊顶

一般是以 PVC 板、石膏板、矿棉吸音板、玻璃纤维板、玻璃等材料,照明灯卧于顶部平面之内或吸于顶上,由于房间顶一般安排在卫生间、厨房、阳台和玄关等部位。

(2)异型吊顶

异型吊顶是局部吊顶的一种,主要适用用于卧室、书房等房间,在楼层比较低的房间,客厅也可以采用异型吊顶。方法是用平板吊顶的形式,把顶部的管线遮挡在吊顶内,顶面可嵌入筒灯或内藏日光灯,使装修后的顶面形成两个层次,不会产生压抑感。异型吊顶采用的云型波浪线或不规则弧线,一般不超过整体顶面面积的三分之一,超过或小于这个比例,就难以达到好的效果。

(3)局部吊顶

局部吊顶是为了避免居室的顶部有水、暖、气管道,而且房间的高度又不允许进行全部吊顶的情况下,采用的一种局部吊顶的方式。这种方式的最好模式是,这些水、电、气管道靠近边墙附近,装修出来的效果与异型吊顶相似。

(4)格栅式吊项

先用木材作成框架,镶嵌上透光或磨沙玻璃,光源在玻璃上面。这也属于平板吊顶的一种,但是造型要比平板吊顶生动和活泼,装饰的效果比较好。一般适用于居室的餐厅、门厅。它的优点是光线柔和,轻松和自然。

(5)藻井式吊顶

这类吊顶的前提是,你的房间必须有一定的高度(高于2.85m),且房间较大。它的式样是在房间的四周进行局部吊顶,可设计成一层或两层,装修后的效果有增加空间高度的感觉,还可以改变室内的灯光照明效果。

随着装修的时尚,吊顶装修的热潮很快过去了。由于城市的住房普遍较低,吊顶后,感到压抑和沉闷,因此顶面不加修饰的装修,开始流行起来。无吊顶装修的方法是,顶面做简单的平面造型处理,采用现代的灯饰灯具,配以精致的角线,也给人一种轻松自然的怡人风格。

7.5.2 施工技术

家庭装修吊顶工程施工规范本篇文章适合于明龙骨和暗龙骨吊顶工程的施工,当然吊顶施工前吊顶工程的木吊杆、木龙骨必须进行防火处理,并应符合有关设计防火规范的规定。下面是家庭装修吊顶工程施工规范以及吊顶工程验收事项。

1. 吊顶施工一般规定

(1)吊杆、龙骨的安装间距、连接方式应符合设计要求。后置埋件、金属吊杆、龙骨应进行防腐处理。木吊杆、木龙骨、造型木板和木饰面板应进行防腐、防火、防蛀处理。

(2)吊顶材料在运输、搬运、安装、存放时应采取相应措施,防止受潮、变形及损坏板材的表面和边角。

(3)重型灯具、电扇及其他重型设备严禁安装在吊顶龙骨上。

(4)吊顶内填充的吸音、保温材料的品种和铺设厚度应符合设计要求,并应有防散落措施。

(5)饰面板上的灯具、烟感器、喷淋头、风口蓖子等设备的位置应合理、美观,与饰面板交接处应严密。

(6)吊顶与墙面、窗帘盒的交接应符合设计要求。

(7)搁置式轻质饰面板,应按设计要求设置压卡装置。

(8)胶黏剂的类型应按所用饰面板的品种配套选用。

2. 主材质量要求

(1)吊顶工程所用材料的品种、规格和颜色应符合设计要求。饰面板,金属龙骨应有产品合格证书。木吊杆、木龙骨的含水率应符合国家现行标准的有关规定。

(2)饰面板表面应平整,边缘应整齐、颜色应一致。穿孔板的孔距应排列整齐;胶合板、木质纤维板、大芯板不应脱胶、变色。

(3)防火涂料应有产品合格证书及使用说明书。

3. 施工要点

(1)龙骨的安装的要求

①应根据吊顶的设计标高在四周墙上弹线。弹线应清晰、位置应准确。

②主龙骨吊点间距、起拱高度应符合设计要求。当设计无要求时,吊点间距应小于1.2m,应按房间短向跨度的1% ~3%起拱。主龙骨安装后应及时校正其位置标高。

③吊杆应通直,距主龙骨端部距离不得超过300mm。当吊杆与设备相遇时,应调整吊点构造或增设吊杆。

④次龙骨应紧贴主龙骨安装。固定板材的次龙骨间距不得大于600mm,在潮湿地区和场所,间距宜为300 ~ 400mm。用沉头自攻钉安装饰面板时,接缝处次龙骨宽度不得小于40mm。

⑤暗龙骨系列横撑龙骨应用连接件将其两端连接在通长次龙骨上。明龙骨系列的横撑龙骨与通长龙骨搭接处的间隙不得大于1mm。

⑥边龙骨应按设计要求弹线,固定在四周墙上。

⑦全面校正主、次龙的位置及平整度,连接件应错位安装。

(2)安装饰面板前应完成吊顶内管道和设备的调试和验收。

(3)饰面板安装前应按规格、颜色等进行分类选配。

(4)暗龙骨饰面板(包括纸面石膏板、纤维水泥加压板、胶合板、金属方块板、金属条形板、塑料条形板、石膏板、钙塑板、矿棉板和格栅等)的安装的规定:

①以轻钢龙骨、铝合金龙骨为骨架,采用钉固法安装时应使用沉头自攻钉固定。

②以木龙骨为骨架,采用钉固法安装时应使用木螺钉固定,胶合板可用铁钉固定。

③金属饰面板采用吊挂连接件、插接件固定时应按产品说明书的规定放置。

④采用复合粘贴法安装时,胶黏剂未完全固化前板材不得有强烈振动。

(5)纸面石膏板和纤维水泥加压板安装的规定

①板材应在自由状态下进行安装,固定时应从板的中间向板的四周固定。

②纸面石膏板螺钉与板边距离:纸包边宜为10 ~ 15mm,切割边宜为15 ~ 20mm;水泥加压板螺钉与板边距离宜为8 ~ 15mm。

③板周边钉距宜为150 ~ 170mm,板中钉距不得大于200mm。

④安装双层石膏板时,上下层板的接缝应错开,不得在同一根龙骨上接缝。

⑤螺钉头宜略埋入板面,并不得使纸面破损。钉眼应做防锈处理并用腻子抹平。

⑥石膏板的接缝应按设计要求进行板缝处理。

(6)石膏板、钙塑板的安装的规定

①当采用钉固法安装时,螺钉与板边距离不得小于15mm,螺钉间距宜为150 ~ 170mm,均匀布置,并应与板面垂直,钉帽应进行防锈处理,并应用与板面颜色相同涂料涂饰或用石膏腻子抹平。

②当采用黏结法安装时,胶黏剂应涂抹均匀,不得漏涂。

(7)矿棉装饰吸声板安装的规定

①房间内湿度过大时不宜安装。

②安装前应预先排板,保证花样、图案的整体性。

③安装时,吸声板上不得放置其他材料,防止板材受压变形。

(8)明龙骨饰面板的安装应符合以下规定

①饰面板安装应确保企口的相互咬接及图案花纹的吻合。

②饰面板与龙骨嵌装时应防止相互挤压过紧或脱挂。

③采用搁置法安装时应留有板材安装缝,每边缝隙不宜大于1mm。

④玻璃吊顶龙骨上留置的玻璃搭接宽度应符合设计要求,并应采用软连接。

⑤装饰吸声板的安装如采用搁置法安装,应有定位措施。

7.5.3 吊顶施工注意事项

1. 现在室内装修吊顶工程中,大多采用的是悬挂式吊顶,首先要注意材料的选择,再者就要严格按照施工规范操作,安装时,必须位置正确,连接牢固。用于吊顶、墙面、地面的装饰材料应是不燃或难燃的材料,木质材料属易燃型,因此要做防火处理。吊顶里面一般都要敷设照明、空调等电气管线,应严格按规范作业,以避免产生火灾隐患。

2. 厨房、卫生间吊顶宜采用金属、塑料等材质。卫生间是沐浴洗漱的地方,厨房要烧饭炒菜,尽管安装了抽油烟机和排风扇,仍然无法把蒸汽全部排掉,易吸潮的饰面板或涂料就会出现变形和脱皮。因此要选用不吸潮的材料,一般宜采用金属或塑料扣板,如采用其他材料吊顶应采用防潮措施,如刷油漆等。

3. 暗架吊顶要设检修孔。在家庭装饰中吊顶一般不设置检修孔,觉得影响美观,孰不知一旦吊顶内管线设备出了故障就无法检查确定是什么部位、什么原因,更无法修复,因此对于敷设管线的吊顶还是设置检修孔为好,可选择在比较隐蔽易检查的部位,并对检修孔进行艺术处理,比如与灯具或装饰物相结合设置。

4. 玻璃或灯箱吊顶要使用安全玻璃。用色彩丰富的彩花玻璃、磨砂玻璃做吊顶很有特色,在家居装饰中应用也越来越多,但是如果用料不妥,就容易发生安全事故。为了使用安全,在吊顶和其他易被撞击的部位应使用安全玻璃,目前我国规定钢化玻璃和夹胶玻璃为安全玻璃。

7.5.4 吊顶验收注意事项

安装吊顶、隔断和墙面龙骨的基体质量,应符合有关现行国家标准的规定。吊顶应表面平整,板面起拱准确、无翘曲、碰伤、无明显色差。接口、阴阳角压边严密,接缝顺直严密。设备口、灯具位置的设置必须按板块分析后,确保美观、套割准确、不漏缝、布局合理、宽窄一致。条形板接口位置排列有序,异形板排列合理美观。

1. 主龙骨吊点间距起拱高度应符合设计要求,当设计无要求时,吊点间距应小于1.2m。

2. 吊顶应通直,距主龙骨端部距离不超过300mm,当吊杆与设备相遇时,应调整吊点构造或增设吊杆。

3. 次龙骨应紧贴主龙骨安装,固定板材的次龙骨间距不得大于400mm(国家规范400~600mm),主龙骨不得大于800mm(国家规范800~1 200mm)。

4. 吊顶高度低于120mm时,边龙骨及顶龙骨内衬大芯板条用钢钉固定,吊顶用次龙骨代替接铆钉固定,副龙骨间距400mm,反光灯槽处外贴大芯板。

5. 异形吊顶轻钢龙骨、木龙骨结合使用,轻钢龙骨与木龙骨接触处采用自攻丝固定。木龙骨应使用3×4cm,至少三面刨光,满刷防火涂料。吊顶拼装主次龙骨方格间距不大于400mm,用膨胀螺柱固定,吊顶石膏板如遇与梁吊平的情况下,石膏板应将梁封在吊顶内。

6. 采用木龙骨吊顶,要求木龙骨必须规格尺寸一致,安装牢固可靠,符合承载标准,且顺直干燥,无污染、无腐朽。木龙骨吊顶必须做防火处理,易潮湿、易虫蛀处必须做合适的防腐或防虫蛀处理。

7. 轻钢龙骨沿顶、沿地龙骨应位置正确，相对垂直，竖向龙骨应分挡准确、定位正直，无变形，按规定留有伸缩量，钉固间距应符合要求。

8. 建筑装修应妥善处理装修效果和使用安全的矛盾，积极采用不燃和难燃性材料，尽量避免采用燃烧时产生大量浓烟或有毒气体的材料，做到安全使用，技术先进，经济合理；装修材料燃烧性能等级分四种：A 不燃性；B1 难燃性；B2 可燃性；B3 易燃性。顶面应尽量采用 A 级，使用 B1 级时必须做必要的防火处理；B1 级可用做墙面，B2 级用做墙面时，必须做必要的防火处理；B2 可用于饰物和地面；B3 坚决不能使用。

7.6 内门窗施工

内门窗包括木门窗、金属门窗、塑料门窗等。门窗部品收口部位宜采用工厂化门窗套。

7.6.1 工艺流程

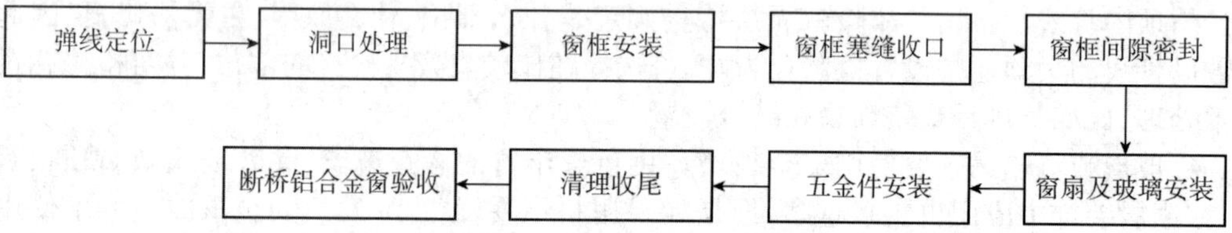

图 7.4 内门窗工艺流程图

7.6.2 施工要点

1. 弹线定位

(1) 根据设计图纸中窗户安装位置、尺寸和标高，依据户内建筑 1 米水平控制线引测到窗户洞口边，以顶层窗户边线为准，用线坠或经纬仪将窗户边线下引，并在各层窗口处划线标记，对个别不直的口边进行处理。

(2) 窗户的水平位置应以室内建筑 1 米水平控制线为准向下返，量出窗下皮标高，弹线找直。同一排窗户应保持窗下皮一致。同时每一层也应保持下皮标高一致。

(3) 窗户安装位置应按设计要求进行安装。

2. 窗户洞口处理

砖砌块墙体的门洞口应在窗框与墙体的连接部位设置实心砼砌筑。

3. 窗框固定并校正

断桥铝合金窗框运至窗口，根据设计要求及规范要求调整好水平、垂直、左右进出量之后，用木楔临时固定。

4. 窗框间隙密封

(1) 打胶前用毛刷清理灰尘等杂物，以便密封胶黏结牢固。打外墙胶时需注意不能挡住下端排水孔，以保证排水顺畅。

(2)对个别断桥铝合金窗框和墙之间缝隙大于5mm的,在拆除包装后打密封胶之前,用聚氨酯泡沫填缝剂填充缝隙。

(3)待窗框在钢架上固定完成后,窗框与基层之间使用耐候密封胶密封,颜色根据铝框内外颜色确定为外灰内白,密封胶打成三角形,斜面宽度不超过16mm,并保证表面平顺,边缘无锯齿状。

5. 窗扇及玻璃安装

(1)固定玻璃安装时用塑料垫片支撑,调整好左右间距后,扣好玻璃压条。固定玻璃压条扣好后,内侧用胶条固定,并在玻璃外侧打密封胶。玻璃密封胶要求美观、平整、顺直、密实牢固。

(2)当玻璃单块尺寸较小时,可用双手夹住就位,如果单块玻璃尺寸较大,为便于操作,需使用玻璃吸盘。

(3)窗扇玻璃安装时要用玻璃垫片卡紧,打完密封胶后48小时内不允许开启,以防止窗扇变形、下坠。

(4)固定玻璃安装完成并打完固定部位玻璃胶后,开始安装窗扇。窗扇安装时需调整好上下左右搭接量,做到不偏、不坠。

(5)平开门、窗扇安装时应先把合页按照要求为止固定在铝合金门、窗框上,将铝合金门、窗扇临时固定,调整合页后进行固定,保证上下转动轴在同一垂直轴线。

6. 五金件安装调试

(1)窗扇玻璃上的密封胶充分凝固后,调试五金配件及风撑,做到开启灵活,锁止严密,定位准确。

(2)五金配件与门窗连接用镀锌螺钉。安装的五金配件应结实牢固,使用灵活。相同规格尺寸的窗五金件安装位置应一致,误差应该在+2mm以内。五金件螺丝需完整、齐全,保证连接强度。

7. 清理收尾

(1)清理收尾是工程竣工验收前的最后一道工序,虽然安装已完工,但要求完美的装饰面质量,此工序绝不能马虎。

(2)若窗户表面已产生污染,要用中性溶剂清洗后用清水擦洗干净。

(3)玻璃表面的污染物可用刀片轻轻刮净并用中性溶剂洗涤后用清水擦洗干净。

(4)把所有开启部分检查一下是否开启灵活,有无阻滞及反弹现象,然后进行调整,直到达到要求为止。

7.7　电路灯具施工

7.7.1　配线工程

因配线施工中造成的孔、洞、槽局部破损应在安装工程完毕后修补完整,确保安全运行功能和装饰效果。

配线工程中所有非带电金属部分及外露可导电部分的接地要求的规定如下。

1. 配管

(1)装饰电气工程配线一律穿管敷设。

(2)敷设于潮湿场所(卫生间等)的配管均选用金属管材,管口及管子连接处均应密封处理。

(3)所用塑料管(硬质塑料管、半硬质塑料管)、塑料线槽及附件,应采用氧指数为27以上的难燃型制品,并有消防主管部门测试合格报告。

(4)明配管排列整齐,固定点的距离均匀;管卡与终端、转弯终点、电气器具或接线盒边缘的距离为150~500mm。

(5)在电线管路较长或有弯时,必须加装接线盒或分线盒,其位置便于穿线。

(6)钢管的连接的要求

①丝扣连接,管端套丝长度不小于管接头的1/2;在管接头两端焊跨接接地线。

②套管连接宜用于暗配管,套管长度为连接管外径的1.5~3.0倍;连接管的对口处在套管的中心;套口牢固、严密、防腐。

③薄壁钢管的连接必须用丝扣连接。

(7)管子敷设的规定

①连接紧密,管口光滑,护口齐全;配管及其支架平直牢固,明配管横平竖直,排列整齐、美观;管子弯曲处无明显皱褶;金属管子及其金属附件的油漆防腐完整;管内无毛刺、铁屑等杂物;暗配管保护层大于15mm。

②盒(箱)设置正确,牢固可靠,管子进入盒(箱)处顺直,在盒(箱)内露出的长度应<5 mm;用锁紧螺母固定的管口,管子露出锁紧螺母的螺纹为2~4扣。

③配管与设备连接处由相应软管引入,用软管接头或套管黏结法连接,管卡固定,连接牢固,出线口光滑无毛刺;因连接设备而在中间断开的金属管路应设跨接接地线。

④暗配管路的敷设路线合理、畅通、弯曲少。

⑤进入落地式配电箱的电线管路排列整齐,管口应高出基础面≥50 mm。

⑥配管线路最短,管线连接电气性能良好,线路进入电气设备和器具的管口位置正确,弯曲处无皱褶,管子接头合理。

(8)电线保护管弯曲半径、明配管安装允许偏差和检验方案,应符合有关规定。

2. 配线

(1)管(槽)等布线应采用绝缘电线和电缆。

在同一根管或线槽内有几个回路时,所有绝缘电线和电缆都具有与最高标称电压回路绝缘相同的绝缘等级。

(2)导线间和导线对地间的绝缘电阻值必须大于0.5MΩ。

(3)配线工程穿管敷设使用的导线,其最小线芯截面为铜线1.5mm^2,铝线2.5mm^2,铜芯软线1.0mm^2,电讯电视等电缆芯线线径的最小截面符合国标规定。

(4)导线的连接要点

①导线连接的接头处,干线不受来自支线的横向拉力。

②截面为10mm^2,及以下的单股铜芯线、截面为2.5mm^{2}及以下的多股铜芯线的线芯应先拧紧,搪锡后再连接。

③多股铝芯线和截面超过2.5mm^{2}的多股铜芯线的终端,须焊接压接端子后再与电气

器具的端子连接;压接连接铜芯导线的连接管、接线端子、压模的规格与线芯截面相符。

④同一主回路中严禁铜、铝线混接。

(5)管(槽)内穿线连接要点

①穿管(槽)的交流线路必须将同一回路的所有相线和中性线敷设在同线管(槽)内。

②同一路径无防干扰要求的线路可敷设于同一线槽内;同类照明及同一设备照明花灯的几个回路可穿同一管内。

③穿管布线,管内导线的总数不多于8根,导线的总截面积(包括外护层)不超过管子截面的40%;线槽布线,槽内载流导线的总截面积(包括外护层)不超过线槽内截面的20%。

④遇潮湿场所时,不是同一相的导线严禁穿同一管(槽)内敷设。

⑤照明与动力(包括插座等)线路分开穿管(槽)敷设。

(6)管内穿线连接要点

在盒(箱)处导线有适应余量,导线在管子内无接头,不进入盒(箱)的垂直管子的上口穿线密封处理良好,导线连接牢固,包扎紧密,绝缘良好,不伤芯线。盒(箱)内清洁无杂物,导线整齐,护线套(护口、护线套管)齐全,不脱落。

7.7.2 电气照明工程

1. 照明灯具

(1)灯具配件齐全,无机械损伤、变形、油漆剥落、灯罩破裂等现象。

(2)照明灯具使用的导线最小线芯截面必须符合铜线为1.5mm^2。

(3)照明器具的接地(接零)保护措施和其他安全要求须符合规范规定。

(4)灯具安装连接要点

①灯具的灯头线留有余量且不受力,不应贴近灯具外壳;引入灯具处作适当的固定,分支及接线处便于检查。

②灯具位置正确,安装稳固、端正,有木台的安装在木台中心;固定灯具用的螺栓或螺钉不少于两个。

③灯具及其控制开关工作正常,每个照明回路的灯不宜超过15个(不包括花灯回路),且应有15A以下的过电流保护。

④灯具表面及灯用附件等高温总值靠近可燃物时,应采取隔热、散热等防火保护措施。

⑤潮湿场所内吸顶式灯具的木台应刷防腐漆。

(5)照明器具的接地(接零)支线敷设的检验和评定,应按有关规定执行。

(6)成排灯具安装中心线允许偏差为5mm。

2. 插座、开关

(1)插座安装的要求

①插座安装高度须符合施工规范的要求,同一室内安装的插座高度一致。

②落地插座必须有保护盖板。

③同一回路插座数量不超过10个(组)。

(2)开关安装连接要点

①开关安装位置便于操作,距地面高度必须符合施工规范的要求;成排安装的开关高度一致。

②同一场所开关的切断位置一致，且操作灵活，接点接触可靠。

③漏电开关(漏电保护器)接地正确可靠。接地的检验评定参照有关规定。

(3)插座、开关安装连接要点

①器具安装牢固端正，位置正确。

②安装器具的盖板端正，紧贴基底饰面，四周无缝隙；接线盒固定牢固。

③漏电开关测试按钮工作灵敏、通断可靠。

④指示灯应正确显示电气器具的工作状态。

⑤器具表面清洁美观，附件齐全。

(4)导线与插座、开关连接的规定

①导线与插座、开关连接处应牢固紧密，压紧无松动，且不伤芯线。

②开关切断相线；三相插座接线相序排列一致；单相插座的接线，面对插座右极接相线，左极接工作零线；单相三孔、三相五孔插座保护零线接在上方。

③交直流或不同电压等级的插座安装在同一场所时，应在插座面板上刻电压等级，有明显区别；并采用符合该电压等级而又不同类型的产品，使其插头与插座均不能互相插入。

④导线进入器具的绝缘保护良好，在接线盒内的余量适当。

(5)单相三孔及三相四孔插座的接地(接零)线或零接地(接零)的插座和开关的金属外壳，其接地(接零)支线敷设的检查和评定的规定。

(6)插座、开关安装允许偏差和检验方案的规定。

3.配电箱(开关箱、插座箱)、板、盘

(1)配电箱(板)保护措施和其他安全要求必须符合施工规范规定。

(2)配电箱(板)的安装连接要点

①配电箱(板)内有交、直流或不同等级电压，必须有明显的标志或分设在单独的板面上。

②导线在配电箱(板)下底面进出线口处均加绝缘套管，分路成束；且导线束不得承受外力。

③配电箱两侧导线必须使用截面不小于 $1.5mm^2$ 的铜芯绝缘线。

④配电箱(盘、板)安装位置准确，便于操作，与整体环境相协调；安装高度必须符合施工规范规定。

⑤配电箱内不得挂其他临时用电设备。

(3)配电箱(盘、板)安装的规定

位置要正确，部件应该齐全，箱体开孔应合适，切口要整齐；暗式配电箱箱盖合闭时与墙体应该无缝隙；安装端正、牢固，周边与墙面装修直线平行；零线经汇流排连接，线间无绞接现象；箱(盘、板)体油漆完整，内部电气元件位置正确，排列整齐，固定牢固，无歪斜、晃动，导线连接牢固紧密，不伤芯线。箱体内清洁，无杂物；箱盖开闭灵活；箱内结线整齐，横平竖直，绑扎成束，回路编号齐全，正确；管子与箱体连接有专用锁紧螺母；导线进入箱(盘、板)的绝缘保护良好，在箱(盘、板)内的余量适当。

(4)配电箱(盘、板)的金属构架、铁制盘面；箱体和电器的金属外壳，其接地(接零)支线铺设的检验和评定，应符合有关规定。

(5)配电箱(盘、板)安装允许偏差和检验方案应符合有关规定。

7.7.3 施工技术要求

1. 保证项目

(1)插座连接的保护接地线措施及相线与中性线的连接导线位置必须符合施工验收规范有关规定。

(2)插座使用的漏电开关动作应灵敏可靠。

(3)检验方案:观察检查和检查安装记录。

2. 基本项目

(1)开关、插座的安装位置正确。盒子内清洁,无杂物,表面清洁,不变形,盖板紧贴建筑物的表面。

(2)开关切断相线。导线进入器具处绝缘良好,不伤线芯。插座的接地线单独敷设。

检验方案:观察和通电检查

3. 允许偏差项目

(1)插座的高度差允许为0.5mm。

(2)同一场所的高度差为5mm。

(3)面板的垂直允许偏差0.5mm。

4. 成品保护措施

(1)安装开关、插座时不得碰坏墙面,要保持墙面的清洁。

(2)开关、插座安装完毕后,不得再次进行喷浆,以保持面板的清洁。

(3)工种在施工时,不要碰坏和碰歪开关、插座。

5. 应注意的质量问题

(1)插座的面板不平整,与建筑物表面之间有缝隙,应调整面板后再拧紧固定螺丝,使其紧贴建筑物表面。

(2)未断相线,插座的相线、零线及地线压接混乱,按要求进行改正。

(3)房间开关与控制灯具顺序不对应。在接线时应仔细分清各路灯具的导线,依次压接,并保证开关方向一致。

(4)面板的螺丝不统一(有一字和十字螺丝)。

(5)房间的开关、插座的安装高度这差超出允许偏差范围,及时更正。

(6)进盒护口脱落或遗漏。安装开关、插座接线时,注意把护口带好。

(7)插座面板已经上好,但盒子过深(大于2.5cm),未加套盒处理,应及时补上。

(8)插销箱内拱头接线,应改为鸡爪接导线总头,再分支导线接各开关或插座端头。或者采用LC安全型压线帽压接总头后,再分支进行导线连接。

6. 电路改造的施工要点

(1)如果插座在墙的上部,在墙面垂直向上开槽,至墙的顶部安装装饰角线的安装线内。

(2)如果是在墙的下部,垂直向下开槽,至安装踢脚板的底部。

(3)开槽深度应一致,槽线及顶直,应先在墙面弹出控制线后,再用云石机切割墙面,人工开槽。

(4)线路安装时必须加护线套管,套管连接应紧密、平顺,直角拐角处应将角内侧切开,切口一侧切圆弧形接口后,折弯安装。

(5)导线装入套管后,应使用导线固定夹子,先固定在墙内及墙面后,再抹灰隐蔽或用踢脚板、装饰角线隐蔽。

7. 灯具的安装要领

(1)灯具安装最基本的要求是必须牢固。

(2)室内安装壁灯、床头灯、台灯、落地灯、镜前灯等灯具时,高度低于24m及以下的,灯具的金属外壳均应接地可靠,以保证使用安全。

(3)卫生间及厨房装矮脚灯头时,宜采用瓷螺口矮脚灯头。螺口灯头的接线、相线(开关线)应接在中心触点端子上,零线接在螺纹端子上。

(4)台灯等带开关的灯头,为了安全,开头手柄不应有裸露的金属部分。

(5)装饰吊平顶安装各类灯具时,应按灯具安装说明的要求进行安装。灯具重量大于3kg时,应采用预埋吊钩或从屋顶用膨胀螺栓直接固定支吊架安装(不能用吊平顶吊龙骨支架安装灯具)。从灯头箱盒引出的导线应用软管保护至灯位,防止导线裸露在平顶内。

(6)吊顶或护墙板内的暗线必须有阻燃套管保护。

7.8 浴洁具施工

卫浴洁具安装也是装修过程中很重要的一部分,在安装之前施工人员要详细了解洁具安装工程施工工艺。

7.8.1 室内给排水

镀锌钢管应采用螺丝连接,被破坏的镀锌层表面及管螺纹露出部分,应做防腐处理。

铜管接缝处进行氧焊焊接,宜有2‰~5‰的坡度坡向泄水 给水横管宜有2‰~5‰的坡度坡向泄水装置;给水立管和装有3个或3个以上配水点的支管始端,均应安可拆装的连接件。

管道上的阀门:管径小于或等于50mm,宜采用截止阀;管径大于50mm,宜采用闸阀。

饮用水管道在使用前应用每升水中含20~30毫克的游离氯的水灌满管道进行消毒,含氯水在管中应留置24h以上。

排水管的横管与横管、横管与立管的连接,应采用45°角四通和90°角斜三通或90°角斜四通。立管与排出管端部的连接,宜采用两个45°角弯头或弯曲半径不小于4倍管径的90°角弯头。

埋设在地下或地板下的排水管道的检查口,应设在检查井内。井底表在标高应与检查口的法兰相平,井底表面应有5%坡度,坡向检查口的法兰。

排水管道上的吊钩或卡箍应固定在承重结构上。固定件间距:横管不得大于2m,立管不得大于3m。层高小于4m,立管可安1个固定件。立管底部的弯管处应设支墩。

通气管不得与风道或烟道连接。高出屋面不得小于300mm。通向室外的排水管,穿过墙壁或基础必须下返时,应用45°三通和45°弯头连接,并应在垂直管段顶部设清扫口。由室内通向室外检查井的排水管,井内引入管宜高于排出管或两管顶相平,并有不小于90°的水流转角,如跌落差大于300mm可不受角度限制。

暗装或埋地的排水管道,在隐蔽前必须做灌水试验,其灌水高度应不低于底层地面高度。

7.8.2　卫生洁具安装

安装卫生洁具时,不能由于施工而使建筑物的结构强度受到影响,也不应由于卫生设备的使用而使建筑质量下降。

若某些管道必须穿过建筑物的柱、梁、抗震壁等重要构件时,应在土建设计和施工阶段预留穿孔位置。装饰施工时不可随意敲凿结构构件。

在錾凿操作时,禁止使用大锤敲击,以免引起整个结构的振动而造成钢筋和混凝土分离。

1. 洗脸盆安装

有沿洗脸盆的沿口应置于台面上,无沿洗脸盆的沿口应紧靠台面底;台面高度一般均为800mm;洗脸盆由型钢制作的台面构件支托,安装洗脸盆前检测台面构架的洗脸盆支托梁高度,安装洗脸盆时盆底可加橡胶垫片找平,无沿盆应有限位固定;有沿洗脸盆与台面接合处,用密封膏抹缝,沿口四周不得渗漏;洗脸盆给水附件安装。

2. 上配式水龙头安装

(1)长脖水龙头直接拧于给水管内螺纹管件上,普通水龙头可用外螺纹短管和管箍连接。

(2)单冷水的水龙头位于盆中心线墙面,高出盆沿200mm(距地面1 000mm)。

(3)冷、热水龙头中心距150mm。

(4)明管安装时,热水龙头高于冷水龙头100mm(距地面1 100mm)。

(5)暗管安装时,冷、热水龙头平齐,冷水给水横管高为925mm,热水给水横管高为1 075mm。安装上配式水龙头的洗脸盆,水龙头孔应用磁闷盖堵上。

3. 下配式给水角阀的安装

(1)角阀安装高度450mm,冷水横管高350mm,热水横管高525mm对角间安装必须垂直墙面,角阀位置与洗脸盆上水龙头孔位置在一垂直线上。

(2)墙面预留的给水管口位置稍有偏差时,角阀与水龙头间的连接铜管可弯成乙字弯相接,但角阀与墙面管口必须对正。

(3)角阀与墙面管口间的连接管,用镀锌焊接钢管连接的,连接管两端外螺纹,一端安装角阀,另一端拧入墙内内螺纹管件。

(4)用镀铬铜管连接的,镀铬铜管一端已与角阀焊成一体,另一端给水管口平墙面处为内螺纹管箍或内外螺纹接头,铜管上套麻丝箍(或胶圈)和填料压盖,镀铬铜管插入管接头后,推入麻丝箍,拌上压盖,使管隙密封无渗漏。

(5)角阀与水龙头采用金属软管连接,在锁紧螺母内填入胶圈,拧紧锁紧螺母,使接头无渗漏。

(6)暗管连接的墙面接管根部,用装饰罩罩住,装饰罩应紧贴墙面。

4. 下配式明配管安装

(1)冷水横支管安装高度为250mm,热水横支管高度为350mm,对与洗脸盆水龙头连接的支管上,高450mm处安装截止阀。

(2)明配管要求横管水平度好,与水龙头连接的支立管要求垂直度好。

5. 洗脸盆排水附件安装

洗脸盆排水栓下安装存水弯,排水管安装。

①"P"形存水弯出水口高度为400mm,与墙体暗设排水管连接。"S"形存水弯出水口与地面预留排水管口连接,预留的排水管口中心距墙70mm。

②墙、地面预留的排水管口,为DN32外螺纹管口时,高出墙、地面20mm存水弯出水管插入排水管口后(插入深度约40rum),用带胶圈的压盖螺母拧紧在排水管上,外用装饰罩罩住墙、地面。

洗脸盆排水栓下不安装存水弯的洗脸盆,排水管安装。

①排水横管高为450mm,管径不小于DN50,并应有排水管最小坡度。

②排水横管始端应安装三通和丝堵。

③存水弯出水口与墙、地面管口连接根部不用装饰罩。

④普通洗脸盆存水弯与明装排水管连接时,存水弯出水管可直接插入排水管内40~60mm,用麻丝箍或胶圈填嵌管隙,用油灰密封。

6. 坐式大便器安装

(1)坐便器的固定

坐便器排水预留管口位置偏差时,坐便器应以预留排水管口定位。坐便器中心线应垂直墙面。坐便器找正找平后,划好螺孔位置,按说明书规定固定。

坐便器排污口与排水管口的连接里"S"坐便器为地面暗接口,地面预留的排水管口DN100应高出地面10mm(允许偏差-5mm)。排水管口距背墙尺寸,根据不同型号的坐便器定。

对外"S"坐便器为地面明接口,地面预留的排水管口DN100应高出地面10mm(允许偏差上±5mm)。在排水管口上套一橡胶密封囹,外套一个DN120、长60mm的塑料防护套管,坐便器排污口对正排水管口,插入橡胶密封圈,然后在塑料防护套管和橡胶密封圈的间隙填嵌力密封膏。

外"P"坐便器为地上明接口,排水管口应为DN100的承口。坐便器排污口插入排水管承口内,用油麻绳捻口后,用密封膏填塞抹平。排水管口的高度和出墙距离,按不同型号的外"P"坐便器排污口实际尺寸施工。

连体式坐便器的排污口带有连接法兰,预留的排水管口应低于地面20mm(允许偏差上±5mm),将连接法兰对正排水管口找平后,在地面上划好法兰的螺栓孔位置,栽好木针或塑料胀管,然后在排水管口窝一圈油灰,将连接法兰窝埋在油发圈上找平,用沉头木螺钉$\varphi 5\times 40$固定连接法兰于地面。连体式坐便器稳固于连接法兰上,排污口接合处用橡胶垫和两个M10螺栓将坐便器固定于连接法兰上。

(2)坐便器的水箱安装

挂墙低水箱应以坐便器中心线定位,瓷水箱用$\varphi 6\times 75$木螺钉固定于墙面时,应用$20\text{mm}\times 20\text{mm}\times 30\text{mm}$的垫片。

座水箱安装,水箱座于坐便器上,找正冲水口和连接螺孔。水箱靠墙间隙应均匀,不大于20mm。水箱与坐便器间的橡胶垫片应平整,拧紧冲水柱后,盛水试验水箱与坐便器之间的渗漏,若发现渗漏,应用油灰将橡胶势片接触的磁面抹平干燥后重行紧固。冲水栓口紧固后,再将冲水口两侧的两个连接螺栓上好。水箱固定后才可安装箱内附件。

(3)给水附件安装

水箱浮球阀安装时,调控水位高度应略低于浇水管口,升降活动应无阻碍。

溢水管垂直安装,不得倾斜。

泄水阀瓣位置正确,启闭灵活,手把和杠杆使用轻便而无松动现象。

泄水阀瓣的牵拉绳长度合适。

箱内附件与箱壁、箱底的连接处,应严密无渗漏。

挂墙低水箱与坐便器间的冲水管连接,应精确测量水平和高度尺寸,量截好冲水管。拧紧冲水管两端压盖螺母时,冲水管应垂直端正,连接处无渗漏。

(4)水箱给水角阀的安装

预留给水管口应根据水箱的不同型号定位,应在水箱进水口的垂线位置。

角阀应垂直墙面。

若预留给水管口有偏差,角阀与水箱间可用乙字弯连接。角阀与墙体内给水管口的连接有镀锌焊接钢管和镀铬铜管两种。角阀位置尺寸:角阀在箱底进水的,有高250mm距水箱中心偏左130mm、156mm、165mm三种。

助连体式坐便器角阀有高100mm距水箱中心偏左165mm、180mm两种。

(5)自动式冲洗阀安装

给水管明装的,采用直式阀,下带防污器,垂直安装,给水管口应在1 000mm高度向下接冲洗阀连防污器,防污器底高685mm,下接冲洗管。

给水管暗装的,应采用角式冲洗阀,给水管口出墙面高为776mm,冲洗阀下连防污器接冲洗管,冲洗管安装应垂直端正,无渗漏。

7. 挂斗式小便器安装

两侧有带孔的耳朵板,采用膨胀精螺栓固定于墙面。

多个挂斗式小便器成组安装时,高度和间距应一致。

挂斗式小便器用"S"形存水弯,排水口在小便器中心垂线上,排水管口为DN32外螺纹管口,高于地面20mm,管中心距墙面35mm。

若存水弯选用陶瓷瓶式;地面预留管口应为铸铁承插排水管承口,管口中心距墙70mm,管口平面低于地面。

挂斗式小便器存水弯安装

选用镀铬铜件时,存水弯出水管插入地面管后,用带胶圈垫的压盖螺母紧口,外加装饰罩。

存水弯选用塑料件时,存水弯与地面管口的连接,可用带胶圈垫的塑料格令紧口。或在插入管的管隙用麻丝箍和油灰填嵌封口。

存水弯选用陶瓷瓶式的,存水弯出水管插入地面承口后用油麻绳捻口,油灰抹口。

存水弯与小便器排水口的连接,喇叭口与排水口间隙应用油灰膏填充。

8. 地漏安装

在该室地面最低处,箅子顶面低于地面5mm。

为正确控制高程,应在室内地面面砖施工时配合安装地漏。地漏安装后进行封堵,防止建筑垃圾进入排水管。地漏箅子应拆下保管,待交工验收时装上,防止丢失。

思考题

1. 室内装修包括哪些环节?
2. 隔墙的分类有哪些?不同种类之间的施工工艺有什么区别?
3. 目前较为主流的吊顶类型有哪些?在施工过程中需要注意哪些事项?
4. 灯具安装施工前需要做好哪些准备?
5. 安装卫浴洁具时需要注意哪些事项?
6. 什么是 GRC 轻质隔墙板,它有什么优势?
7. 装配式吊顶包括哪些?简述固定吊挂杆件施工工艺。

第 8 章　设备与管线工程施工

8.1 概　述

设备与管线系统是指由给水排水、供暖通风空调、电气和智能化、燃气设备与管线组合而成,满足建筑使用功能的整体。

装配式混凝土建筑设备与管线系统施工和现浇混凝土建筑相比由较大不同,一是由于装配式建筑强调集成,有集成部品的安装连接;二是装配式建筑主要构件在工厂预制,电气管线箱盒不能像现浇建筑那样在现场埋设或敷设;三是装配式建筑轻易不采用后锚固方式(打膨胀螺栓和植筋方式,埋设安装设备管线的预埋件必须在施工图设计阶段就提交给设计;四是装配式建筑提倡管线分离和同层排水,由此会改变一些传统施工方法。

本章主要介绍装配式混凝土建筑设备的给水排水及供暖、通风、空调及燃气、电气和智能化。

8.2 给排水及供暖

8.2.1 施工准备

1. 准备工作

所有安装项目的设计图纸已具备,并且已经过图纸会审和设计交底;施工方案已编制完成并获得批准,方案中应包括对环境因素和危险源的识别评价及控制措施;施工技术人员向班组做了设计和施工技术、安全及环境交底。

2. 人员配置

项目人员应根据工程规模大小选择性配备,具体包括项目管理人员、技术负责人、施工员、安全员、质量员、资料员、材料员等。

3. 材料准备

项目需采用的各种管道及相配套管件;阀门、水表;各类保温材料;各种清洁用工具。

4. 施工机械及设施

(1)机械　套丝机、台钻、手电钻、砂轮切割机、电焊机、等离子切割机、电锯、金钢砂轮、电焊机、电动试压泵、滚槽机、喷枪、空气压缩机、除锈机、墙体切槽机、不锈钢管卡压钳及管材生产厂家配套机械等。

(2)工具　套丝板、圆丝盘、卡压钳、管钳、链钳、台虎钳、割刀、手锤、螺丝板、活动扳手、手压泵、断管器、螺丝刀、气焊工具、刮刀、锉刀、钢丝钳、纱布、砂纸、刷子、棉签、钢剪、布剪及管材生产厂家配套机具等。

(3)计量器具　钢卷尺、钢板尺、角尺、水平尺、磁力线坠、卡尺、焊接检验尺、压力表、坡度测量仪、塞尺、水准仪、激光测距仪、红外线激光水平仪等。

8.2.2　施工工艺

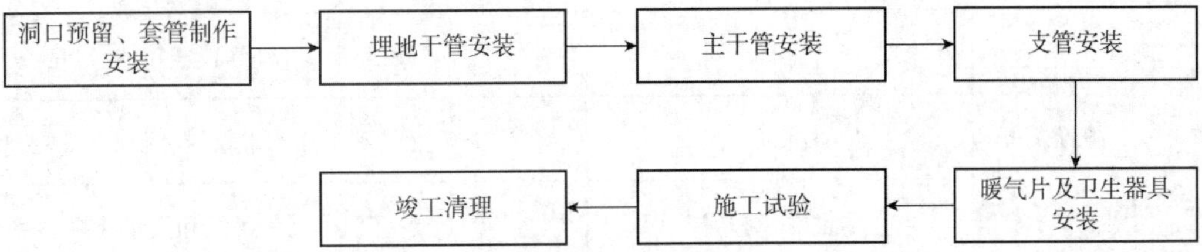

图 8.1　施工顺序图

1. 预留预埋及套管制作安装

预留预埋时应有专人按设计图纸将管道及设备的位置、标高尺寸测定，标号孔洞的部位，将预制好的模盒、预埋件在绑扎钢筋前按标志固定牢，模盒内塞入纸团、木粉等物，在浇筑时有专人看护，以免移位。

2. 套管制作、安装

(1) 穿外墙、水池壁用柔性防水套管预埋。

(2) 室内冷、热水及采暖管道穿楼板、墙体、基础设置套管。

(3) 套管制作

①套管直径应比管径大两号，若管路保温，套管直径 = 管路直径 +2 ×(保温层厚度 + 外缠保护层厚度)。

②穿墙套管长度应等于墙体厚度；穿楼板套管长度应为楼板厚度加 20mm，厨卫间加 50mm。

(4) 套管安装

①安装管路时套入套管。穿楼板时套管上端应高出地面 20mm，厨卫间应高出地面 50mm，穿墙套管与墙面齐平。用钢筋捆绑以铅丝临时固定，待管路安装校正无误后调整位置，随后固定。

②安装防水套管时，将加工好的防水套管在浇筑混凝土前按设计部位固定好，校正合格后一次浇筑，待管道管道男装完毕后填料塞紧、捣实。

(5) 给水管道安装

表 8.1　管道和阀门安装的允许偏差和检验方法

项次	项　　目			允许偏差/mm	检验方法
1	水平管道纵横方向弯曲	钢管	每米全长 25m 以上	1≯25	用水平尺、直尺、拉线和尺量检查
		塑料管复合管	每米全长 25m 以上	1.5≯25	
		铸铁管	每米全长 25m 以上	2≯25	
2	立管垂直度	钢管	每米 5m 以上	3≯8	吊线和尺量检查
		塑料管复合管	每米 5m 以上	2≯8	
		铸铁管	每米 5m 以上	3≯10	
3	成排管段和成排阀门		在同一平面上间距	3	尺量检查

表 8.2　室内给水设备安装的允许偏差和检验方法

<table>
<tr><th>项次</th><th colspan="3">项　　目</th><th>允许偏差/mm</th><th>检验方法</th></tr>
<tr><td rowspan="3">1</td><td rowspan="3">静置设备</td><td colspan="2">坐标</td><td>15</td><td>经纬仪或拉线、尺量</td></tr>
<tr><td colspan="2">标高</td><td>±5</td><td>用水准仪、拉线和尺量检查</td></tr>
<tr><td colspan="2">垂直度(每米)</td><td>0.1</td><td>吊线和尺量检查</td></tr>
<tr><td rowspan="4">2</td><td rowspan="4">离心式水泵</td><td colspan="2">立式泵体垂直度(每米)</td><td>0.1</td><td>水平尺和塞尺检查</td></tr>
<tr><td colspan="2">卧式泵体垂直度(每米)</td><td>0.1</td><td>水平尺和塞尺检查</td></tr>
<tr><td rowspan="2">连轴器同心度</td><td>轴向倾斜(每米)</td><td>0.8</td><td rowspan="2">在联轴器互相垂直的四个位置上用水准仪、百分表或测微螺钉和垂尺检查</td></tr>
<tr><td>径向位移</td><td>0.1</td></tr>
</table>

①管径大于 DN40 的采用内外壁涂环氧钢塑复合管，管径小于等于 DN40 的采用 PPR 管，给水引入管与排水排出管的水平净距不得小于 1m 室内给水与排水管道平行敷设时，两管间的最小水平净距不得小于 0.5m 交叉铺设时，垂直净距不得小于 0.15m 给水管应铺在排水管上面。若给水管必须铺在排水管的下面时，给水管应加管，其长度不得小于排水管管径的 3 倍。

②给水横管宜有 0.002 ~ 0.005 的坡度坡向泄水装置。

③给水立管和装有 3 个或 3 个以上配水点的支管始端，均应安可拆装的连接件。

④管道上的阀门位置的朝向要便于使用的维修，管径 50mm 以下，宜采用截止阀，管径大于 50mm，采用铜球阀。

⑤冷热水管和水龙头并行安装时的规定

a. 上下平行安装，热水管应在冷水管的上面；

b. 垂直安装，热水管应在冷水管面向的左侧；

c. 在卫生器具上安装冷热水龙头，热水龙头应安装在面向的左侧，标志须正确。

(6)排水管道安装

①一般规定

a. 排水管道的横管与横管、横管与立管的连接，应使用 45°三通或 45°四通和 90°三通或 90°四通，应使用 45°弯头或弯曲半径不小于 4 倍管径的 90°弯头。

b. 在生活污水管道上，设置的检查口的清扫口应符合以下规定：在立管上每二层设置 1 个检查口，但在最底层的有卫生器具的最高层必须设置，检查口中心距地面高度为 1 米，允许偏差偏差二位 ±20mm，并高于该层卫生器具边缘 150mm，检查口朝向应便于检修。

c. 在连接 2 个及 2 个以上大便器或 3 个及 3 个以上卫生器具的污水横管上设置清扫口，污水管道起点的清扫口与管道相垂直的墙面距离不得小于 200mm，若污水管道起点设置堵头代表清扫口，堵头与墙面距离不得小于 400mm。

②PVC—U 管连接与安装

外径小于 160mm 的 UPVC 管一般采用黏合剂连接，UPVC 管与钢管或铸铁管之间采用法兰连接和卡箍连接。

a. UPVC 管有关特殊要求

UPVC 管材管件在运输、装卸、堆放过程中应轻拿轻放，对方高度不易超过 1.5m，相邻两层的承口应相互倒置，让出承口部位，避免承口受压变形。同时，应避免阳光暴晒，沟槽底部有不易清除的块石等坚硬物体或地基为岩石、半岩石或砾石，应铲除至设计高下 0.15 ~ 0.20m，然后铺上砂土整平夯实。管道在铺设过程中，可适当弯曲，但曲率半径不得大于管径的 300 倍。UPVC 管道铺设时，承口一般朝来水方向。

b. 管道黏合剂连接

(a)清理干净承口、一插口端工作面，不得有土或其他杂物。

(b)黏合剂连接的管道在施工过程中，若须切断，要根据现场尺寸，用软笔在管道四周画线，用电细齿距(含细齿电锯)沿线切下，保证切割面与管道中心线垂直。

(c)切下的管道插口端，须进行倒角，可采用电刨，中号板锉或专用倒角器进行倒角。加工成的破口长度一般不小于 3mm。坡口厚度一般为管壁厚度的 1/3 ~ 1/2，破口完成后应将惨屑清除干净。

(d)管材或管件在黏结前，应用棉纱或干布将承口内测和插口外侧擦干净，使被黏结面保持清洁，无尘砂和水迹，若表面粘有油污时，须用棉纱丙酮清洁剂擦净。

(e)黏结前应将两管试插一次，使进入深度及配合情况符合要求，并在插入端表面划插出深度的标记，管段插入承口深度不小于表 8.3 数据。

表 8.3 黏结管端插入承口深度表

单位：mm

管径	20	25	32	40	50	75	100	125	150
插入深度	16	19	22	26	31	44	61	69	80

(f)用毛刷将黏结剂迅速涂刷在插口外侧及承口内测结合面上，先涂承口后涂插口，宜轴向涂刷，涂刷均匀适量。

(g)承插口涂刷黏结剂后，应立即找正方向将管道插入承口，挤压，必要时可采用木锤打进，使管端深入深度到所划标记处，并保证承插接口位置正确。为防止接口脱滑。

(h)承插接口连接完毕后，应及时将挤出的黏结剂擦拭干净，黏结后，不得立即对结合部强行加载，静置固化时间如表 8.4。

表 8.4 黏结静置固化时间表

管径/mm	管材表面温度		
	40 ~ 70℃	18 ~ 45℃	5 ~ 18℃
63 以下	12	20	30
63 ~ 110	30	45	60
110 ~ 160	45	60	90
160 ~ 400	60	90	120

③球墨铸铁管道安装

a. 管道安装前,应对待装管道进行拳迷案检查,承口内腔、插口外壁不得有毛刺、矿眼等。检查承、插口的破损情况,承插口的椭圆度。

b. 安装前用棉纱、钢丝刷、弯头起子等工具将承口内腔、插口外壁清理干净,同时应清除管内的杂物。

c. 上胶圈

(a)将胶圈清理干净,然后捏成心脏形或"8"字形,将胶圈放入承口端,方向必须正确。拉起胶圈对称的一面,然后同时挤压将胶圈压倒位。

(b)检查胶圈到位情况,若已倒位,则用毛刷润滑剂(如肥皂水),若不到位,则取下胶圈重新安装。

(ⓐ)调整球墨铸铁管的水平位置,进行校正,移动插口,将插口少许插入承口内,然后用拉链葫芦将管道拉入;在拉进管道过程中应使插入管保持水平,防止插入管另一端翘起或发生左右偏移。

(ⓑ)球墨铸铁管的安装应控制一定的回弹量,插口端一般标有两条标志线,拉入管道时应尽量拉到第一条标志线,回弹到两标志线之间。

(ⓒ)若管道很难拉进,不得强行拉入,应退出检查胶圈工作状况,若胶圈工作状态良好,应承插口尺寸,是否在允许范围内。

(ⓓ)接合完毕后,用塞尺检查橡胶圈是否正常,若不正常,则应将管子分离,再重新安装。

(ⓔ)铺设施工过程中,一天的操作完成后,要将管道末端的管口装上临时端板,防止杂物进入管道。

(ⓕ)切管可采用切割机,氧割机或氧气、乙炔,也可采用电焊条等方式进行。切管后插口端应用粗锉刀或手提砂轮机修磨坡口,一般坡口相对于管道中心轴线成30°。

(ⓖ)对于切管后尺寸略有偏大的管子,应用于提砂轮机或其他修磨工具加工到规定的尺寸,然后进行接合操作。

(ⓗ)切管段插口倒角之后,应用画笔按整根管插口端标志线尺寸画出两条标志线,然后进行接合操作。

(ⓘ)安装完的管道利用木撬棍摆动,调整管道位置达到稳管的目的。

管道沿曲线安装时,球墨铸铁管通过借角来实现,每一个接口允许最大借角量如下:DN80 ~ DN600 允许借 3°;DN700 ~ DN800 允许借 2°;大于 DN900 的球墨铸铁管允许借 1°。

8.3 通风及空调

装配式混凝土建筑的室内通风设计应符合国家现行标准《民用建筑供暖通风与空气调节设计规范》GB 50736 和《建筑通风效果测试与评价标准》JGJ/T 309 的有关规定。

装配式建筑混凝土建筑应采用适宜的节能技术,维持良好的热舒适性,降低建筑能耗,减少环境污染,并充分利用自然通风。

《民用建筑供暖通风与空气调节设计规范》GB 50736 的有关规定:

(1)利用自然通风的建筑在设计时的规定

①利用穿堂风进行自然通风的建筑，其迎风面与夏季最多风向宜成 60°～90°，且不应小于 45°，同时应考虑可利用的春秋季风向以充分利用自然通风。

②建筑群平面布置应重视有利自然通风因素，如优先考虑错列式、斜列式等布置形式。

(2)自然通风应采用阻力系数小、噪声低、易于操作和维护的进排风口或窗扇。严寒寒冷地区的进排风口还应考虑保温措施。

(3)自然通风设计时，宜对建筑进行自然通风潜力分析，依据气候条件确定自然通风策略并优化建筑设计。

8.3.1　工艺流程

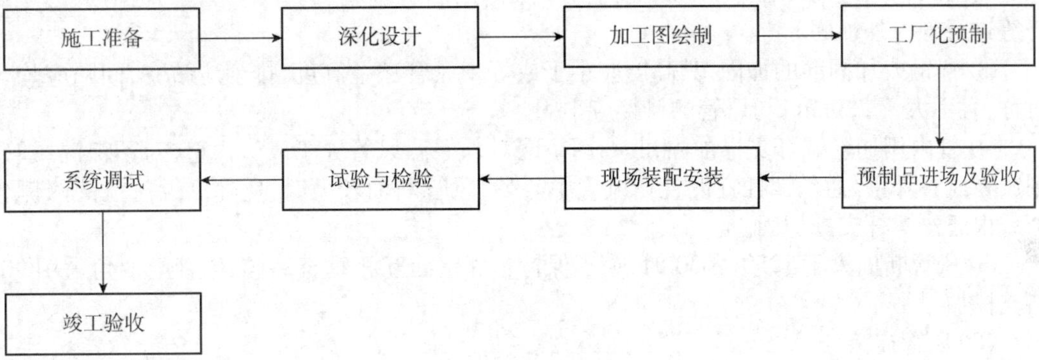

图 8.2　工艺流程图

8.3.2　通风系统施工

1. 风机盘管的安装

(1)工艺流程

预检→电机检查试转→风机盘管水压检验→放线→吊架制作安装→风机盘管安装→连接配管→检验

(2)操作工艺

①风机盘管在安装前应检查每台电机壳体及表面交换器有无损伤、锈蚀等缺陷。

②风机盘管应逐台进行水压试验，试验强度应为 2.4MPa，定压后观察 2～3min 不渗不漏。

③根据设计图纸和装修要求定出风机盘管纵横方向安装基准线和标高。

④卧式吊装风机盘管，用 4 支 ф10 的圆钢吊杆吊装，吊架安装平整牢固，位置正确。吊杆不应自由摆动，吊杆与托盘相联应用双螺母紧固找平正。

⑤用水平尺检查风机盘管的水平度，并调整吊杆螺丝调水平，风机盘管水管应有排水坡度。

⑥水管与风机盘管连接采用风机盘管专用不锈钢软管，软管长度不大于 300mm。凝结水管采用软性连接，软管长度不大于 300mm，材质宜用透明胶管，并用喉箍紧固严禁渗漏，坡度应正确、凝结水应畅通地流到指定位置，水盘应无积水现象。

⑦风机盘管与冷冻水管，应在管道系统冲洗排污后再连接，以防堵塞热交换器。

2. 风管及其部件的制作安装

(1)风管要求在风管外侧面使用纸质不干胶标识，标明管道管径、厚度、系统编号、制作人员等。

(2)采用机制法兰成型机,在风管上翻边形成法兰。使用该设备,制成相应连接用法兰角。

(3)现场安装时,使用法兰角及法兰固定卡连接风管,达到安装目的。

3. 风管安装

(1)风管加固

① 风管大边尺寸在630~1 000mm时,直接在生产线压筋加固,排列应规则,间隔应均匀,板面不应有明显的变形。

②当风管大边尺寸在1 000mm以上时,可采用角钢、扁钢、钢管、Z形槽、加固筋、通丝螺杆等进行管内外加固。

③ 角钢或加固筋的加固,其高度应小于或等于风管法兰高度,排列应整齐,间隔应均匀对称,且不大于220mm,与风管的铆接应牢固。

④ 管内用通丝螺杆支撑加固,其专用垫圈对外保温风管置于风管内壁,对不保温风管,则放在风管外壁,通丝螺杆宜设置在风管中心处,风管断面较大时,应在靠近法兰的两侧各加一根通丝螺杆支撑加固。

⑤ 风管断面大于1250×630时,为了保持相邻壁面互相垂直,宜在风管内四角采用90°斜支撑加固。

(2)风管连接

① 由于风管生产线与施工场地不可能在一处,应在车间先按绘制的草图加工成半成品,并按系统编号,在工地上按照编号进行风管的组装。

② 机制风管采用联合角咬口连接,以加强风管的密封性。

③ 分支管采用三通或四通形式,如安装较短支管时采用马蹄短管与风管采用联合咬口或使用角钢法兰并在支管上做拉杆调节阀,并在连接处用玻璃胶密封以防漏风。

④ 风管法兰与法兰间的连接采用采用特制的TFD法兰角,用榔头轻敲入法兰中再用螺栓连接。

⑤ 当风管大边尺寸超过450mm时,为了加强法兰及风管的强度,需使用法兰固定卡。

4. 风管的密封

(1)共板法兰风管应在法兰角处、支管与主管连接处的内外都进行密封。低压风管应在风管结合部折叠处向管内40~50mm处进行密封;密封条安装时先进行法兰除污。法兰密封条宜安装在靠近法兰外侧或法兰的中间。法兰密封条在法兰端面重合时,重合30~40mm。

(2)共板法兰风管法兰4个法兰角连接须用玻璃胶密封防漏,联合咬口离法兰角向下80mm的地方须用玻璃胶密封防漏,密封胶应设在风管的正压侧。

5. 风管支、吊架的制作及安装

(1)确定风管标高,按照风管系统所在的空间位置,确定风管支、吊架形式。本工程主要选用吊架,用ϕ8的吊杆螺丝加膨胀螺栓固定在楼板或梁上。

(2)风管的吊架间距按施工及验收规范要求,不同规格的风管分别设置,风管水平安装时,当最大边长B<400mm时,吊架的间距不超过4m;当最大边长B≥400mm时,吊架的间距不超过3m。

(3)吊杆螺丝在安装前先除锈,刷两遍防红丹锈漆,再刷一遍灰面漆。与风管连接外的丝扣长出约为 1 ~ 2cm，并垫上垫片。吊架安装时应避开测量口、调节阀及防火阀的操作手柄等，以免影响阀门的操作。防火阀必须单独设置支吊架。

6. 风管及其部件的安装

(1) 风管在加工场预制好后，再运至现场安装(大尺寸风管在现场镶装)。

(2) 风管安装顺序为主管→支管→各类阀件→风口

(3) 安装前，应先按设计及装修图纸确定风管安装标高，划出风管安装中心线和风管吊码安装线，可用拉线检查整段风管的标高，调整吊杆螺丝进行水平度调整。

(4) 法兰连接风管，法兰与法兰之间选用 8501 型阻燃密封胶带。

(5) 风管上的防火调节阀安装在间墙上的，用普通薄钢板制作保护罩保护调节手柄部位。防火阀采用固定支架。

(6) 送风散流器和回风百叶的安装配合装修进行，在装修龙骨调平后，进行散流器和回风百叶的安装，要求散流器和回风百叶的装饰面与天花面平。

(7) 明装风口要求统一整齐，间距一致，标高相同。

(8) 风口防火阀安装前先检查其外观、加工质量及动作的灵敏性、可靠性等，安装位置应按照施工图要求的位置，安装方向与气流一致。

(9) 成品保护

①暂停施工的系统风管，应将风管开口处封闭，防止杂物进入。

②风管伸入结构风道时，末端应安装上钢板网，以防止系统运行时，杂物进入金属风管内。

③交叉作业较多的场地，严禁以安装完的风管作为支、吊、托架，不允许将其他支、吊架焊在或挂在风管法兰和风管支、吊架上。

④运输和安装阀件时，应避免由于碰撞而产生的执行机构和叶片变形。露天堆放应有防雨措施。

8.3.3　空调系统施工

1. 冷冻、冷却水焊接管道安装

(1) 管道安装前，施工班组应先熟悉设计图纸，同时了解施工现场情况，做好管道安装前的准备工作，无缝钢管在安装前需作除锈刷漆处理，并将管内的杂物和铁锈清除干净，保持内外壁干燥。

(2) 管道的安装除立管外，其他均是先搬运至施工现场进行安装，故安装前应先把管道运至现场。

(3) 管道上的所有阀门在安装前必须先试压，试压合格后方可运至现场安装。

(4) 管道安装过程中，如遇到管道安装位置相互交叉时，按“小管让大管，有压管让无压管”的原则进行协调。

(5) 焊接钢管焊接要求

①管壁厚 $\delta \leq 4$mm 的水管焊接时可不开坡口，但焊接时两管之间应有 2 ~ 3mm 的间隙。

②钢管壁厚 $\delta > 4$mm 时，要开单边坡口或 V 形坡口，坡口为65°左右，焊接时两管之间应有 2 ~ 3mm 的间隙。

③焊接要求焊缝饱满，无夹渣、裂纹等缺陷。

④管子组对时，内外壁应平齐，内壁错边不超过壁厚的 10%，外壁错边不超过壁厚的

25%，错边总量不超过2mm。

2. 冷凝水镀锌钢管安装

冷凝水管采用镀锌钢管，镀锌钢管由于其表面有一层镀锌保护层，施工时，不得采用焊接方法。对冷凝水管要求尽可能取较大坡度，但冷凝水管的安装坡度大，占用空间多，对安装高度的影响大，因此在确保冷凝水排水顺畅的前提下，为有效提高安装有效高度，在冷凝水管安装前，一定要先认真布置好冷凝管的走向。对丝扣连接，要求丝扣部分只可露出2~3个丝牙，丝扣填料使用油麻根及生料带，油麻根及生料带的缠绕方向与丝扣方向一致，不至于在进行丝扣连接时，出现乱丝，影响丝扣质量。对DN>50的管道，尽量不用活接头（管径大的活接头容易漏水），而较小管径上可用活接头，以方便管道系统的维护。管道的丝扣质量应符合机械螺纹质量要求。管道安装后，应清理干净丝扣露出的麻丝，并在露出丝牙部分刷防锈漆。

3. 管道安装

(1)焊接钢管的安装，采用冲压弯头。

(2)冷冻(冷却)水管的水平管变径时采用偏心大小头，上平下变，立管采用同心大小头，以免管道内部积污和积气，影响管道的使用。

(3)冷冻(冷却)水管的三通均现场制作，三通制作前，应按要求做好划线，放样再开料焊接。

(4)镀锌管管件安装前，要检查管件是否有裂纹、砂眼、变形、丝扣缺损、丝扣过短或过长等缺陷。镀锌管件应确保所使用的为合格产品，以免安装后出现漏水。

4. 阀门安装

管道上的蝶阀、止回阀、截止阀和电动阀等阀门安装程序为

阀门检验或试验→安装定位放线→管道下料→法兰焊接和扣丝→阀门安装及固定

阀门安装时应注意：

(1)丝扣阀门应与管道连接紧密，重要部位的阀门为维修方便，应在阀前加镀锌活接头。

(2)法兰阀门与法兰之间应加石棉橡胶垫片(对夹式蝶阀除外)。

(3)阀门的调节手柄应位于方便调节处，一般情况下，阀门(特别是电动阀门的电动执行机构)的操作手柄不得向下。

(4)阀门安装位置应避开墙体或其他可能阻止阀门操作维修的地方。

8.4 电气和智能化

装配式混凝土建筑的电气和智能化设备与管线的设计，应满足预制构件工厂化生产、施工安装及使用维护的要求。

装配式混凝土建筑的电气和智能化设备与管线设置及安装应符合下列规定：

(1)电气和智能化系统的竖向主干线应在公共区域的电气竖井内设置。

(2)配电箱、智能化配线箱不宜安装在预制构件上。

(3)当大型灯具、桥架、母线、配电设备等安装在预制构件上时，应采用预留预埋件固定。

(4)设置在预制构件上的连接盒、连接管等应做预留，出线口和接线盒应准确定位。

(5)不应在预制构件受力部位和节点连接区域设置孔洞及接线盒，隔墙两侧的电气和智能化设备不应直接连通设置。

装配式混凝土建筑的防雷设计应符合下列规定：

(1)当利用预制剪力墙、预制柱内的部分钢筋作为防雷引下线时，预制构件内作为防雷引下线的钢筋，应在构件接缝处作可靠的电气连接，并在构件接缝处预留施工空间及条件，连接部位应有永久永久性明显标记。

(2)建筑外墙上的金属管道、栏杆、门窗等金属物需要与防雷装置连接时，应与相应预制构件内部的金属件连接成电气通路。

(3)设置等电位连接的场所，各构件内的钢筋应做可靠的电气连接，并与等电位连接箱连通。

8.4.1　施工工艺流程图

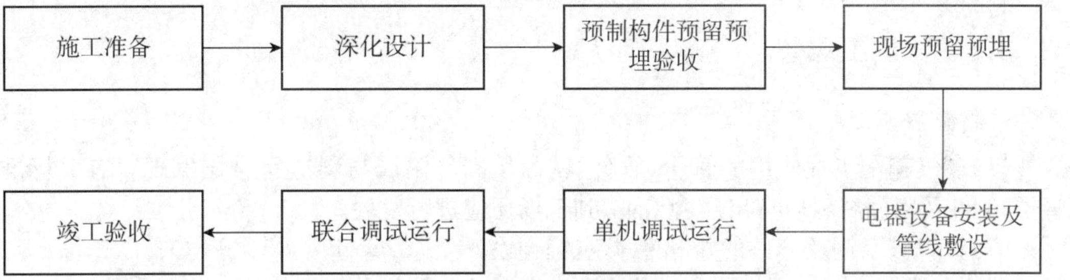

图 8.3　施工工艺流程图

8.4.2　施工质量控制措施

(1)导管弯曲半径应的要求

明敷导管的弯曲半径不宜小于外径的 6 倍，当两个连接盒间只有一个弯曲时，其弯曲半径不宜小于外径的 4 倍；埋设于混凝土内的导管的弯曲半径不宜小于外径的 6 倍，当直埋与地下时，其弯曲半径不宜小于外径的 10 倍；电缆导管的弯曲半径不宜小于电缆最小允许弯曲半径。

(2)暗敷导管，导管表面埋深与建筑构筑物表面的距离不应小于 15mm；消防配电线路暗敷时，应穿管并敷设在不燃烧结构内且保护层厚度不应小于 30mm。

(3)塑料导管敷设应的规定

管口应平整官话，管与管、管与盒(箱)等器件采用插入法连接时，连接处结合面应涂专用胶合剂，接口应牢固密封；直埋于地下或楼板内的，在穿出地面或楼板易受机械损伤的一段应采取保护措施；暗敷的塑料导管应采用中型及以上的导管；沿建筑物、构筑物表面和在去架上敷设的刚性绝缘导管，按设计要求安装温度补偿装置。

(4)导管敷设尚应的规定

导管穿越外墙时应设置防水套管，且应做好防水处理；钢导管或刚性绝缘导管跨越建筑物变形缝处应设置补偿装置；除埋设于混凝土内的钢导管内壁应防腐处理，外壁可不防腐处理外，其余场所敷设的钢导管内、外壁均应做好防腐处理。

8.5 燃　气

8.5.1 依据标准

《建筑工程施工质量验收统一标准》　GB50300—2013
《建筑给水排水及采暖工程施工质量验收规范》　GB50242—2002
《城市燃气输配工程施工及验收规范》　CJJ33—2005
《家用燃气快速热水安装验收规程》　CJJ12—2008
《城镇燃气设计规范》　GB50028—2006

8.5.2 施工准备

1. 材料要求

(1)燃气输配工程使用的管子、管件、密封填料等附属材料应符合国家现行有关标准。管子、管件及附属材料应有出厂合格证,到现场还应进行复验。

(2)镀锌碳素钢及管件的规格种类应符合设计要求,管壁内外镀锌均匀,无锈蚀、无飞刺。管件无偏扣、乱扣,丝扣不全或角度不准等现象。管材及管件均应有出厂合格证。室内煤气管道安装应尽量使用镀锌碳素钢管及管件。

(3)碳素钢管、无缝钢管。管材不得弯曲、锈蚀,无飞刺、重皮及凹凸不平现象。

(4)阀门应选用现行国家标准中适用于输送燃气介质,并且具有良好密封性和耐腐蚀性的阀门。室内一般选用旋塞或球阀。阀门的规格型号应符合设计要求。其外观要求:阀体铸造规矩,表面光洁,无裂纹、气孔、缩孔、渣眼;密封面表面不得有任何缺陷,表面粗糙度和吻合度满足标准规定的要求;直通式阀门的连接法兰的密封面应相互平行;直通式阀门的内螺纹接头中心线应在同一直线上,角度偏差不得超过2°;直角式阀门的内螺纹接头中心线的不垂直度,其偏差不得超过2°;填料压入后的高度和紧密度,应保持密封和不妨碍阀杆运动,并留有一定的调整余量;旋塞阀的塞子上应有定位标记,并且全开到全关闭应限制在90°范围内放置。开关灵活,关闭严密,填料密封完好无渗漏,手轮完整无损坏。运到现场阀门还应作强度试验和严密性试验。试验不合格者不得安装。

(5)胶管应采用耐油纯胶管。

(6)气表:居民家庭一般用皮膜家用煤气表。这种表可分为四种类型:人工煤气表、天然煤气表、液化石油气表和适合于上述三种燃气的通用表。安装时应分清楚类型。工业及公共建筑用气计量采用罗茨表,它的优点是体积小、流量大,可用于较高的燃气压力下计量。新表安装必须具备以下条件:有出厂合格证;外观检查完好无缺;距出厂检验日期或重新校验日期不得超过半年;厂家有生产许可证。

(7)生活燃气灶具

家用煤气灶分为单眼和双眼两种形式。

①类型　家用煤气灶按煤气的种类可分为人工煤气灶、天然煤气灶、液化石油煤气灶和适用于两种以上燃气的煤气灶。家用煤气灶的型号编制应包括家用煤气灶用汉语拼音字母

代号表示:R 为人工煤气;T 为天然煤气;Y 为液化石油气。灶的眼数用阿拉伯数字表示:1 为单眼灶;2 为双眼灶;3 为三眼灶。

②家用煤气灶的基本参数　煤气灶前的供煤气压力规定为人工煤气 0.8 ~1.0kPa;天然煤气 2.0 ~2.5kPa;液化石油气 2.8 ~3.0kPa。家用煤气灶主火燃烧器的额定热负荷不得小于 10.5MJ/h(兆焦/小时)。

③主要技术要求

a. 燃烧器的火焰均匀,点燃一火孔后,火焰应在 4 秒钟内传遍所有的火孔。

b. 在 0.5 ~1.5 倍煤气额定压力范围内和煤气成分在一定波动范围内,火焰燃烧应稳定,不得产生黄焰、回火、脱火及离焰。

c. 当人工煤气灶前压力为 30Pa、天然气灶前压力为 80Pa、液化石油气灶前压力为 120Pa 的情况下,燃烧器的火焰不得回火或熄火。

d. 煤气灶各部位的表面温度应小于下列数值

操作时手必须接触的部位室温加 30℃

操作时可能接触的部位室温加 70℃

操作时不易接触的部位室温加 110℃

阀门壳体室温加 40℃

干电池室温加 20℃

电压元件与导线室温加 50℃

软管接头室温加 20℃

e. 电点火装置应安全可靠,在启动 10 次中,其点燃次数不得小于 8 次,且不得连续两次点不着火。

f. 煤气灶的阀门及旋钮在室温或最高工作温度下开、关时,应灵活自如。

g. 旋钮“开”“关”位置应有明显的标志和方向指示,并应有限位和自锁装置(开关主体外露者可不加自锁装置)。

④居民生活用灶具应符合《家用燃气灶具》(GB 16410—2007)标准。

a. 公用炊事灶具

包括炒菜灶《中餐燃气炒菜灶》(CJ/T28—2003)、蒸饭灶、煎饼灶、大锅灶、烤箱灶。

b. 烤箱灶具

包括食堂烤炉、红外线糕点烘烤炉、烤鸭炉等。

c. 烧水灶具

包括开水炉、自动热水器(《家用燃气快速热水器(GB6932—2001)》)、自动沸水器等。

d. 冷藏灶具

指燃气冷冻箱。

e. 采暖空调灶具

包括冷风箱、采暖炉、红外线辐射采暖灶等。

f. 其他灶具

包括洗衣机、干燥机、洗碗机、燃气熨斗、燃气灯等。

以上产品要有生产许可证和出厂合格证,并安装前按不同规格和数量比例送法定检测单位检测,符合要求后才能安装。

g. 其他材料　型钢、圆钢、管卡子、螺栓、螺母、铅油、麻、生胶带、密封垫、电气焊条等。选用时应符合设计要求。

2. 主要机具

(1)机械　套丝机、砂轮锯、台钻、电锤、手电钻、电焊机、电动试压泵等。

(2)工具　套丝板、管钳、压力钳、气焊工具、手锯、手锤、活扳手、链钳、煨弯器、手压泵、捻凿、大锤、断管器、剪力等。

(3)其他　水平尺、U 形压力计、线坠、划规、钢卷尺、直角尺、小线、压力表等。

3. 作业条件

(1)地下管道铺设必须在房心土回填夯实或挖到管底标高,沿管线铺设位置清理干净,管道穿墙处已留管洞或安装套管,其洞口尺寸和套管规格符合要求,坐标、标高正确。

(2)暗装管道应在地沟末盖沟盖或吊顶末封闭前进行安装,其型钢支架均应安装完毕并符合要求。

(3)明装托、吊干管安装必须在安装层的结构顶板完成后进行。沿管线安装位置的模板及杂物清理干净,托吊卡件均已安装牢固,位置正确。

(4)立管安装应在主体结构完成后进行。高层建筑在主体结构达到安装条件后,适当插入进行。每层均应有明确的标高线,暗装竖井管道,应把竖井内的模板及杂物清除干净,并有防坠落措施。

(5)支管安装应在墙体砌筑完毕,墙面末装修前进行(包括暗装支管)。

(6)燃气设备应在各种支架固定装置已装好,房间内的装饰工程已经完成后,再进行安装。

8.5.3　施工工艺

1. 工艺流程

安装准备→预制加工→干管安装→立管安装→支管安装→气表安装→管道试压→管道吹洗→防腐、刷油

2. 安装准备

认真熟悉图纸,根据施工方案决定的施工方法和技术交底的具体措施做好准备工作。参看能关专业设备图和装修建筑图,核对各种管道的坐标、标高是否有交叉,管道排列所用空间是否是合理。有问题及时与设计和有关人员研究解决,办好变更洽商记录。配合土建施工进度,预留槽洞及安装预埋件和套管。

3. 预制加工

按设计图纸画出管道分路、管径、变径、预留管口,阀门位置等施工草图,在实际安装的结构位置做上标记,按标记分段量出实际安装的准确尺寸,记录在施工草图上,然后按草图测得的尺寸预制加工(断管、套丝、上零件、调直、校对),按管段分组编号(工艺详见 SGBZ—0501 暖卫管道安装施工工艺标准)。

4. 干管安装

(1)按施工草图,进行管段的加工预制,包括断管、套丝、上零件、调直、核对好尺寸,按系统分组编号,码放整齐。

(2)安装卡架,按设计要求或规范规定间距安装。吊卡安装时,先把吊棍按坡向、顺序依次穿在型钢支架上,吊环按间距位置套在管上,再把管抬起穿上螺栓拧上螺母,将管固定。安装托架上的管道时,先把管就位在托架上,把第一节管装好 U 形卡,然后安装第二节管,以

后各节管均照此进行,紧固好螺栓。

(3)燃气引入管安装 燃气引入管不得敷设在卧室、浴室、密闭地下室;严禁敷设在易燃、易爆品的仓库、有腐蚀性介质的房间、配电间、变电室、电缆沟、暖气沟、烟道和进风道等部位,并应符合下列要求。

①引入管的公称直径不得小于40mm的。引入管坡度不得小于0.003,坡向干管。引入管穿过建筑物基础时,应设置在套管中,考虑建筑物沉降,套管应比引入管大两号。套管尺寸可按表8.3选用,套管与管子间的缝隙用沥青油麻堵严,热沥青封口。引入管应采用壁厚大于等于3.5mm的无缝钢管。距建筑物外墙1m以内的地下管及套管内不许有接头,弯管处用煨弯处理。

表8.3 穿墙套管尺寸

燃气管公称直径DN	15	20	25	32	40	50	70
套管公称直径DN	32	40	50	50	70	80	100

②一般进气引入管遇暖气沟时,从室外地上引入室内,管中距室内地面高500mm管材采用无缝钢管整管偎弯,做加强防腐层,穿墙管加钢套管。室外管顶加焊一丝堵或作成三通丝堵,室外管砌砖台内外抹灰保护,内填充膨胀珍珠岩保温,顶上加盖板。

③引入管进气口如无暖沟或其他障碍时,由室外地下直接引入室内,管材采用无缝钢管整管煨弯,做加强防腐层,穿墙及穿地面时均加钢套管,穿墙套管出内外墙面50mm。穿地面时,套管出地面50mm,下面与结构底板平。

④高层建筑的燃气引入管穿建筑基础时,应考虑建筑物沉降的影响,入口管在穿墙时应预留管洞,上端按建筑物最大沉降量为准,两侧保留一定间隙进入室内后,在室内侧沿管子砌封闭管井。然后填以沥青油麻4号沥青堵严,外加钢丝网抹灰。

⑤居民用户的引入管应尽量直接引入厨房内,也可以由楼梯间引入。公共设施的引入管位置,应尽量直接引至安装煤气设备或煤气表的房间内。

(4)干管安装应从进户引入管后或分支路管开始,装管前要检查管腔并清理干净。在丝头处涂好铅油缠好麻或缠好聚四氟乙烯填料带,一人在末端扶平管道,一人在接口处把管相对固定对准丝扣,慢慢转动入扣,用一把管钳咬住前节管件,用另一把管钳转动管至松紧适度,对准调直时的标记,要求丝扣外露2~3扣,并清掉麻头依此方法装完为止(管道穿过伸缩缝或过沟处,必须先穿好钢套管)。

(5)室内水平管敷设在楼梯间或外走廊时,距室内地面不低于2.2mm,距顶棚不小于0.15m。水平管应保待0.001~0.003的坡度,其坡向要求:由煤气表分别坡向管道和燃具。

(6)室内燃气管道与其他室内管道、建筑设备的最小平行或交叉净距应符合规定。当平行或交叉净距达不到上述要求时,应作防护或绝缘处理。

(7)室内管道穿墙或楼板时,应置于套管中,套管内不得有接头。穿墙套管的长度应与墙的两侧平齐,穿楼板套管上部应高出楼板30~50mm,下部与楼板平齐。

(8)管道固定一般用角钢U字卡,并每层楼的室内煤气立管至少加设一个固定卡子,在灶前下垂管上至少设一个卡子,如下垂管有转心门时可设两个卡子。

(9)室内煤气管道上的阀门管径≥DN65时,一般采用煤气用闸板阀;管径≤DN50采用压兰式或拉紧式转心门。进气管总阀门一般安装在总立管上,距地面1.5m,楼梯间进气总立管阀门距地面1.7m。当流量≤$3m^3/h$的时,表前应设置一个转心门,表后至燃具前,可不另设阀门；当流量≤20m^3/h的煤气表时，表前所设阀门，可作为食堂和其他公用福利设施的总进气阀门；当煤气用量≤57m^3/h时或不能中断供气的用户，煤气表应安装旁通阀门，同时加设煤气表的出口阀门；从室内煤气总干管至每个食堂的分支管上应安装一个分支阀门；高层建筑（凡十层和十层以上的住宅和建筑物高度超过24m的其他民用建筑）引入管在室外的起点应设置切断阀门，室内的煤气管道上除安装一个总阀门外，每隔六层在总立管上应再增设一个分段阀门，在室内终点宜设置紧急切断阀门；有两根以上的分段立管时，可在每根立管上加设一个阀门，若每个分段阀门所带的户数超过30户时，可酌情增设阀门。煤气管道上安装拉紧式转心门时，转心门轴线应和墙壁平行；安装压兰式转心门时，其轴线只准与墙面垂直。

（10）采用焊接钢管焊接，先把管子选好调直，清理好管膛，将管道运到安装地点，安装程序从第一节开始；把管子就位找正，对准管口使预留口方向准确，找直后用点焊固定（管径≤50mm以下焊2点，管径≥70mm以上点焊3点），然后按照焊接要求施焊，焊完后应保证管道正直。

（11）管道安装完毕，检查坐标、标高、预留口位置和管道变径等是否正确，然后找直，用水平尺校对复核坡度，调整合格后再调整吊个螺栓U形卡，使其松紧适度，平正一致。

（12）摆正或安装好管道穿结构处的套管，填堵管洞口，预留口处应加好临时管堵。

5. 立管安装

（1）核对各层预留孔洞位置是否垂直，吊线、剔眼、栽卡子。将预制好的管道按编号顺序运到安装地点。

（2）安装前先卸下阀门盖，有钢套管的先穿到管上，按编号从第一节开始安装。涂铅油缠麻将立管对准接口转动入扣，一把管锥咬住管件，一把管钳拧管，拧到松紧适度，对准调直标记要求，丝扣外露2~3扣，预留口平正为止，并清净麻头。

（3）检查立管的每个项留口标高、方向等是否准确、平正。将事先栽好的管卡子松开，把管放入卡内拧紧螺栓，用吊杆、线坠从第一节开始找好垂直度，扶正钢套管，最后配合土建填堵好孔洞，预留口必须加好临时丝堵。立管截门安装朝向应便于操作和修理。

（4）燃气立管一般敷设在厨房内或楼梯间。当室内立管管径不大于50mm时，一般每隔一层楼装设一个活接头，位置距地面不小于1.2m。遇有阀门时，必须装设活接头，活接头的位置应设在阀门后边。管径≥50mm的管道上可不设活接头。

6. 支管安装

（1）检查煤气表安装位置及立管预留口是否准确。量出支管尺寸和灯叉弯的大小。

（2）安装支管，按量出支管的尺寸，然后断管、套丝、煨灯叉弯和调直。将灯叉弯或短管两头抹铅油缠麻，装好油任，连接煤气表，把麻头清净。

（3）用钢尺、水平尺、线坠校对支管的坡度和平行距墙尺寸，共复查立管及煤气表有无移动，合格后用支管替换下煤气表。按设计或规范规定压力进行系统试压及吹洗，吹洗合格后在交工前拆下连接管，安装煤气表。合格后办理验收手续。

7. 气表安装

（1）居民家庭每户应装一只气表；集体、营业、事业用户，每个独立核算单位最少应装一只表。

（2）煤气表必须具备以下条件方可安装

①煤气表有出厂合格证，厂家有生产许可证，表经法定检测单位检测。

②距出厂日期不超过 4 个月，如超过，则需经法定检测单位检测。

③无任何明显损伤　气表安装过程中不准碰撞、倒置、敲击，不允许有铁锈、杂物、油污等掉入仪表内。

④皮膜表安装必须平正，下部应有支撑。

8. 室内煤气管道试压

(1) 室内煤气管道应进行耐压和严密度两种试验，试验介质为压缩空气或氮气。

(2) 住宅内煤气管道试验（试验温度应为常温）。

(3) 试验范围

耐压试验为自进气管总阀门至每个接灶管转心门之间的管段。试验时不包括煤气表，装表处应用短管将管道暂时先联通。严密性试验，在上述范围内增加所有灶具设备。

9. 管道吹洗

吹洗应不带气表进行，管道在试压完毕后即可做吹洗，吹洗应用压缩空气或氮气连续进行，应保证有充足的流量。吹洗洁净后办理验收手续。

10. 居民用灶具安装

(1) 居民生活用气应采用低压燃气。低压燃烧器的额定压力为天然气 2kPa；人工煤气 1kPa。

(2) 安装燃气灶具的房间应满足的条件

不应安装在卧室、地下室内。若利用卧室套间当厨房，应设门隔开。厨房应具有自然通风和自然采光，有直接通室外的门窗或排风口，房间高度不低于 2.2m。

耐火等级不低于二级，当达不到此标准时，可在灶上 800mm 两侧及下方 100mm 范围内，加贴不可燃材料。

(3) 新建居民住宅内厨房允许的容积热负荷指标，一般取 $580W/m^3$。

(4) 民用灶具安装应满足的条件

灶具应水平放置在耐火台上，灶台高度一般为 650mm。

当灶和气表之间硬接时，其连接管道的管径不小于 DN15mm，并应装有活接头一个。

灶具如为软连接时，连接软管长度不得超过 2m，软胶管与波纹管接头间应用卡箍固定，软管内径不得小于 8mm，并不应穿墙。

公用厨房内当几个灶具并列安装时，灶与灶之间的净距不应小于 500mm。

安装在有足够光线的地方，但应避免穿堂风直吹灶具。

11. 公共建筑用户灶具安装

(1) 灶具结构分类

①钢结构组合灶具　如上海煤气表具厂生产的爆炒灶、铁板台面灶、水管式蒸饭灶、火管式蒸饭灶、铁皮饭灶；北京市煤气用具厂生产的三眼灶、六眼灶、开水炉、煎饼炉等，这类灶具大多由生产厂家将灶体及燃烧器组成整体，安装时应根据设计位置现场就位，配管即可。

②混合结构灶具　如大型西餐灶、外壳为钢（或不锈钢）及铸铁成品结构，灶的内部按设计要求现场砌筑砖体，并作隔热保温设施，安装燃烧器并配管。

③砖结构灶　主要有蒸锅（大锅灶）、高灶（炒菜灶），这类炉灶的灶体需现场砌筑，然后根据需要配制不同规格的燃烧器。

(2) 燃烧器前配管

如选用8管(作次火用)、13管(作主火用)的立管燃烧器,这两种燃烧器击是单进气管,口径分别为成DN15mm、DN20mm螺纹连接。安装时,应将活接头放在燃烧器进灶口的外侧,阀门与活接头之间应栽卡子,灶前管一般在高灶灶沿下方。

如选用18管、24管燃烧器头部内外圈隔开,双进气管,口径都是DN20mm螺纹连接。分别设阀门控制开关。

(3)立管燃烧器的安装要求

燃烧器头部中心应与锅的中心上下对中,误差一般不超过1cm,以保证不烧偏锅。

燃烧器头部应保持水平,以保证火焰垂直向上燃烧。

控制好燃烧器出火孔表面距锅底距离。北京地区高灶的立管燃烧器一般距锅底距离为13~14cm;蒸锅的此距离值一般为17~19cm。总的应以火焰的外焰接触锅底为宜。

(4)燃烧器安装注意事项

燃烧器的材质如为铸铁,配管时丝扣要符合要求,上管时用力要均匀,以防止进气管撑裂。

燃烧器前的旋塞一般选用拉紧式旋塞,安装时应使旋塞的轴线方向与灶体表面平行,便于松紧尾部螺母,以利维修。

由于这类燃烧器本身进气管前不带阀门,而灶前燃烧器配管上的旋塞是管道系统的最后一道控制旋塞,旋塞至燃烧器的管段与丝扣无法试压检查,只有燃烧通气后方能检查是否漏气,因而这段安装时尤其应注意安装质量,以防止通气后发生事故。

(5)灶具对排烟道的要求

这个带有排烟口的燃气灶具,宜采用单独烟道,楼房多台设备合用一个竖烟道时,为防止排烟时相互干扰,应每隔一层楼接一台用具;用具接向水平烟道时,应顺烟道气流动方向设置导向装置。

连接燃气灶具的排烟管的设计与安装要求如下:

①排烟管的直径应进行计算,最小不得小于燃气灶具排烟口的直径;

②排烟管不得通过卧室;

③安装低于0℃房间内的金属排烟管应作保温;

④用具上的排烟管应有不小于0.5m的垂直烟道后,方可接向水平烟道;

⑤水平排烟道管段应具有不小于1%的坡度,坡向燃气灶具,长度一般不得超过3m,如经计算证明抽力确实可靠,水平烟道长度才可大于3m;

⑥排烟管与难燃墙面的净距应不小于10cm,与抹灰天花板的净距不小于25cm,排烟管在房屋易燃物件和屋顶通过时,应根据防火要求妥善处理;

⑦排烟管的出口应另设风帽。

砖砌烟道技术要点:

①新砌烟道必须经过计算,旧有烟道要经过核算。

②烟道应严密结实,内壁平滑。

③烟道要有足够的抽力,保证燃烧室的真空度不小于5Pa(0.5mmH_2O)。

④砌在墙内的烟道,不得有水平部分,必要时可以装一段与水平线至少成60°角的斜烟道,两垂直烟道的中心线距离不得大于2m;

⑤由炉膛至总烟道的每个单独水平烟道,在总烟道入口处应互相隔开,以免互相窜气,影响抽力。

⑥烟道高出屋顶1.0m以上,对于起脊房屋安装烟道时,应按烟囱的高度进度处理。

⑦若在烟道附近有更高的建筑物而影响排烟时，可考虑使用机械排烟措施。

⑧直径大于 125mm 的排烟管，当水平烟道长度大 13m 或烟道上容易积聚燃气的部位，应设置爆破点。

思考题

1. 装配式混凝土建筑设备与管线系统施工与现浇混凝土建筑相比有什么区别？
2. 给水排水及供暖施工顺序图。
3. 简述电气和智能化施工质量控制措施。
4. 安装燃气设施前需要做哪些准备工作？

第 9 章　防水施工

9.1 概　述

随着社会的不断发展,人们对建筑物整体质量的重视程度逐渐提升,加上装配式建筑的高速发展,保证装配式建筑质量对于促使我国建筑行业经济效益提高起到非常重要的作用。防水工程作为建筑施工中的重要环节,其施工质量的好坏直接影响建筑物的使用功能是否完善。相比于传统建筑,装配式建筑的防水理念发生了变化,形成了"导水优于堵水,排水优于防水"的设计理念。通过设立合理的排水路径,将可能突破外侧防水层的水流引导进入排水通道,将水排出室外。

预制装配式建筑是一种建筑结构形式,它将建筑的结构按照一定的规格分开,在工厂中进行预生产。装配式建筑各个部件在现场拼装过程中会出现大量接缝,这些接缝很容易成为水流渗透的通道,因此预制装配式建筑在防水上其实是有一定先天弱点的。如果不采取有效的防水处理,将导致装配式建筑在长时间使用过程中出现接缝漏水现象,对装配式建筑物质量产生严重的影响,因此在进装配式建筑施工时,必须提高对其防水施工技术的重视力度,降低装配式建筑发生接缝漏水的可能。装配式建筑防水处理必须与结构、保温、隔热、施工安装等问题统筹考虑,进行合理设计。

9.2 防水材料

对于建筑防水工程而言,建筑防水材料是其的物质基础。建筑物和构筑物的防水是依靠具有防水性能的材料来实现的,防水材料质量的优劣直接关系到防水层的耐久年限。只有采用了适宜的建筑防水材料,才能够有效避免建筑受自然雨水等的侵蚀和破坏。随着石油、化工、建材工业的快速发展和科学技术的发展,防水材料已从少数材料品种迈向多类型、多品种的格局,数量越来越多,性能各异。依据建筑防水材料的外观形态,一般可将建筑防水材料分为防水卷材、防水涂料、密封材料、刚性防水材料四大系列,这四大类材料根据其组成不同又可分为上百个品种。

建筑防水材料在建筑材料中属于功能性材料。建筑物采用防水材料的主要目的是为了防潮、防渗、防漏。建筑防水工程的质量,在很大程度上取决于防水材料的性能和质量,应用于防水工程中的防水材料必须符合国家和行业的材料质量标准。

材料是防水工程的基础。在进行防水工程施工时,所采用的防水材料必须满足设计要求。建筑防水材料的共性要求如下。

(1)具有良好的耐候性,对光、热、臭氧等应具有一定的承受能力。

(2)具有抗水渗透和耐酸碱性能。

(3)对外界温度和外力具有一定的适应性,即材料的拉伸强度要高,断裂伸长事要大,能承受温差变化以及各种外力与基层伸缩、开裂所引起的变形。

(4)整体性好,既能保持自身的转合性,又能与基层牢固黏结,同时在外力作用下,有较高的剥离强度,形成稳定的不透水整体。

不同部位的防水工程和不同的防水做法,对防水材料的性能要求也各有其侧重点,如地下防水工程所采用的防水材料必须具备优质的抗渗能力和延伸率,具有良好的整体不透水性。这些要求是针对地下水的不断侵蚀，且水压较大，以及地下结构可能产生的变形等条件而提出的。

目前在我国的建筑防水工程中，常采用的施工材料主要有刚性防水材料、卷材防水材料以及高分子合成材料。

1. 刚性防水材料——防水混凝土

防水混凝土兼有结构层和防水层的双重功效。其防水机理是依靠结构构件（如梁、板、墙体等）混凝土自身的密实性，再加上一些构造措施（如设置坡度、止水环等）达到结构自防水的目的。

2. 卷材防水材料

现在常用的有合成高分子防水卷材、高聚合物改性沥青防水卷材、沥青防水卷材。

（1）合成高分子防水卷材

它是以合成橡胶、合成树脂或两者混合为基料，制成的可卷曲片状防水材料。合成高分子防水卷材有以下特点：

①拉伸强度高，完全可以满足施工和应用的实际要求；

②抗撕裂强度高；

③断裂伸长率高，合成高分子防水卷材的断裂伸长率都在 100% 以上，有的高达 500% 左右，可以较好的适应建筑工程防水基层伸缩或开裂变形的需要，确保防水质量；

④耐热性好，合成高分子防水卷材在 100℃ 以上的温度条件下，一般都不会流淌和产生气泡；

⑤低温柔性好，一般都在 -20℃ 以下，如三元乙丙橡胶防水卷材的低温柔性在 -45℃ 以下；

⑥耐腐蚀能力强，合成高分子防水卷材的耐臭氧、耐紫外线、耐气候能力强，耐老化性好，比较耐用。

（2）高聚合物改性沥青防水卷材

它是以合成高分子聚合物改性沥青为涂盖层，纤维织物或纤维毡为胎体，粉状、粒状、片状或薄膜材料为覆面材料，制成可卷曲的片状材料。高聚合物改性沥青卷材常用的有弹性体改性沥青（SBS 改性沥青卷材）和塑性体改性沥青卷材（APP 改性沥青卷材）两种。

（3）沥青防水卷材

沥青防水卷材是用原纸，纤维织物等胎体材料渗涂沥青，表面撒布粉状，粒粉或片状材料制成的可以卷曲的片状防水材料。石油沥青纸胎是我国传统的防水材料，目前在屋面工程中仍然占主要地位。它具有低温柔性好，防水层耐用年限短，价格低的特性。在地下防水层施工时，当地下水位较高时，铺贴防水层前应该降低地下水，地下水位到防水层底标高下 30cm，并保持到防水层施工完成；铺贴防水层的基层表面应将尘土杂物清扫干净，表面残留的灰浆硬块及突出部分应该清除干净，不得有空鼓、开裂、起砂和脱皮的现象；防水层所用的卷材、基层处理剂、属于易燃物品，应该单独存放，远离火源，做好防火工作。

卷材防水材料的材料要求必须符合规范，必须有出厂质量合格证，有相应资质等级检测部门出具的检测报告。卷材防水层空鼓，发生在找平层与卷材之间，且多在卷材接缝处，其原因是找平层不干燥，汗水率大，空气排除不彻底，卷材没有黏结牢固；渗漏多发生在管根、地漏、形变缝等处，伸缩缝没有断开，造成防水层撕裂，其他部位由于黏结不牢固也有可能发生渗漏，施工中应该加强检查，认真操作。

3. 高分子合成材料

防水涂料是一种在常温下呈现黏稠状液体的高分子合成材料。涂刷在基层表面后，经过溶剂的挥发或水分的蒸发或各组分间的化学反应,形成坚韧的防水膜,起到防水、防潮的作用。涂膜防水层完整、没有接缝、自重轻、施工简单方便、易于修补、使用寿命长的特点。如果防水涂料配合密封灌缝材料使用,可以增强防水性能,有效防止渗漏水,延长防水层的耐用期限。如今常用的有高聚合物改性沥青防水涂料、合成高分子防水涂料。

(1)高聚物改性沥青防水涂料

以沥青为基料,用合成高分子聚合物进行改性,配制成的水乳型或溶剂型防水涂料。与沥青基涂料相比,高聚物改性沥青防水涂料在柔韧性、抗裂性、强度、耐高低温性能、使用寿命等方面都有了较大的改进。常用的建材有氯丁橡胶改性沥青涂料、SBS 改性沥青涂料及 APP 改性沥青涂料等。

(2)合成高分子防水涂料

它是以合成橡胶或合成树脂为主要成膜物质,配制成的单组分或多组分的防水涂料。由于合成高分子材料本身的优异性能,以此为原料制成的合成高分子防水涂料具有高弹性、防水性、耐久性和优良的耐高低湿性能。常用的建材有聚氨酯防水涂料、丙烯酸防水涂料、有机硅防水涂料等。

9.3 屋面防水

屋面防水工程一般包括屋面卷材防水,屋面涂膜防水,屋面刚性防水。装配式建筑在屋面防水施工中的具体操作方法可参考钢筋混凝土屋面防水施工方法。

9.3.1 屋面卷材防水

防水卷材主要是用于建筑墙体、屋面、以及隧道、公路等处,起到抵御外界雨水、地下水渗漏的一种可卷曲成卷状的柔性建材产品,作为工程基础与建筑物之间无渗漏连接,是整个工程防水的第一道屏障,对整个工程起着至关重要的作用。

施工流程为基层清理→涂刷基层处理剂→附加层施工→热熔铺贴卷材→防水屋面保护层施工

1. 基层清理

含水率不大于9%,平整密实,施工前将验收合格基层表面的尘土、杂物清理干净。

2. 涂刷基层处理剂

高聚物改性沥青防水卷材可选用与其配套的基层处理剂。使用前在清理好的基层表面,用长把滚刷均匀涂布在基层上,常温4h后,开始铺设卷材。

3. 附加层施工

阴阳角、水落口、女儿墙、檐口、天沟、平面与立面墙接缝、过墙管道等细部先做附加层,附加层卷材一般为500mm 宽,多采用热炉法,使用改性沥青卷材施工,必须粘贴牢靠。

4. 热熔铺贴卷材

按弹好标准线的位置,在卷材的一端用火焰加热器将卷材涂盖层熔融,随即固定在基层表面,用火焰加热器对准卷材卷和基层表面的夹角,喷嘴距离交界处300mm 左右,边熔融涂盖层边跟随熔融范围缓慢地滚铺改性沥青卷材,卷材下面的空气应排尽,并辊压黏结牢固,不得空鼓。

5. 屋面防水保护层施工

屋面防水保护层分为着色剂涂料、地砖铺贴、浇筑细石混凝土或用带有矿物粒(片)料、细砂等保护层的卷材。

9.3.2 屋面涂膜防水

1. 涂膜防水屋面施工的前期准备工作

(1)确保基层的干燥性　在正式施工之前,施工人员要认真地检查、修整和清理基层,严格地控制基层的干燥程度,要确保基层具有适应涂料特性的干燥程度。在选择高聚物改性沥青涂料进行施工时,如果材料属于溶剂型或者高分子涂料,这时候需要对基层的干燥程度进行严格控制;如果材料属于水乳型,这时候就能够将基层的干燥程度适当的放宽。

(2)材料要求　需要严格按照相关标准的规定和设计要求选择材料的性能、类型和品种。目前胎体增强材料、合成高分子防水涂料以及高聚物改性沥青防水涂料等都属于比较常用的涂膜施工材料。

(3)控制涂层的厚度　在正式施工之前,采用实验的方式控制涂膜的厚度,以设计的具体要求为根据将每平方米的涂料用量确定下来,并且利用实验的方法将涂刷层数和涂刷厚度明确下来。

2. 涂膜防水屋面施工的顺序及内容

涂膜防水施工的具体施工顺序为清理基层→涂料的调配→涂刷底层涂料→细部附加层处理→涂刷下层涂料。具体内容见表9.1。

表9.1　涂膜防水屋面操作步骤及内容

步　骤	内　　容
清理基层	将基层表面的砂浆疙瘩、突出物等用扫帚、铲刀铲除掉、并将尘土废弃物品打扫干净。用高强度等级水泥砂浆把凹凸不平的地方修补顺平。认真清理管根、地漏、阴阳角、水落口等部位
涂料的调配	涂膜防水材料的配制:按照生产厂家指定的比例分别称取适量的液料和粉料,配制时把粉料慢慢倒入液料中并充分搅拌,搅拌的时间不少于10min至无气泡为止。搅拌时不得加水或混入上次搅拌的残液及其他杂质。配好的涂料必须在厂家规定的时间内用完
涂刷底层涂料	涂刷底层涂料,将已搅拌好的底层涂料,用长板刷或圆形滚刷滚动涂刷,涂刷要横竖交叉进行,达到均匀、厚度一致,不漏地,待涂层干燥后,再进行下道工序
细部附加层处理	细部附加层增强处理,对预制天沟、檐沟与屋面交界处,应增加一层涂有聚合物水泥防水涂料的胎体增强材料作为附加层。檐口处、压顶下收头处应多遍涂刷封严,或用密封材料封严
涂刷下层涂料	涂刷下层涂料须待底层涂料干燥后方可涂刷
涂刷中层涂料	涂刷中层涂料须待下层涂料干燥后方可涂刷
涂刷面层涂料	涂刷面层涂料,待中部涂料干燥后,用滚刷均匀涂刷。可多刷一遍或几遍,直至达到设计规定的涂膜厚度

3. 涂膜防水屋面施工的要点

(1)第一层涂刷4个小时后涂料会固结成膜,在涂刷第二层时应铺无纺布,这样做可以防止因温度变化而引起的膨胀或收缩,同时刷第三次涂膜。无纺布的搭接宽度应不小于100mm。屋面防水涂料的涂刷不得少于五遍,涂膜厚度不应小于1.5m。

(2)卷材与聚合物水泥防水涂料复合使用时,应将涂膜防水层放在下面;刚性防水材料与涂膜复合使用时,刚性防水层放在上面,涂膜放在下面。

(3)防水层完工后应做蓄水试验,蓄水24h无渗漏为合格。坡屋面可做淋水试验,淋水2h无渗漏为合格。

(4)保护层:涂膜防水作为屋面面层时,不宜采用着色剂保护层。可以选择水泥砂浆、浅色涂料、云母、细砂等各种材料进行保护层施工。如果采用云母、细砂等散状材料进行施工时,需要通过筛除的方式对粉料进行处理,在进行最后一遍的涂料涂刷工作的时候,需要利用边涂边撒的施工方式全面地确保涂料的全面性、均匀性,并且对其进行适当的压实,随后在干燥之后要认真地清除多余的浮料。同时,必须要在确保涂膜实现固化之后,才能够正式进行保护层施工。

9.3.2 屋面刚性防水

与卷材及涂膜防水屋面相比,刚性防水屋面所用材料易得,价格便宜,耐久性好,维修方便,但刚性防水层材料的表观密度大,抗拉强度低,极限拉应变小,易受混凝土或砂浆的干湿变形、温度变形和结构变形的影响而产生裂缝。因此刚性防水屋面主要适用于防水等级为Ⅲ级的屋面防水,也可用作Ⅰ、Ⅱ级屋面多道防水设防中的一道防水层;不适用于设有松散保温层的屋面、大跨度和轻型屋盖的屋面,以及受振动或冲击的建筑屋面,而且刚性防水层的节点部位应与柔性材料复合使用,才能保证防水的可靠性。

施工流程为基层处理、找平层和找坡层施工→隔离层施工→弹分格缝线、安装分格缝木条、支边模板施工→绑扎防水层钢筋网片→浇筑细石混凝土防水层施工

1. 基础处理、找平层找坡层施工

基层为整体现浇钢筋混凝土板或找平层时,应为结构找坡。屋面的坡度应符合设计要求,一般为2%~3%。基层为整体现浇钢筋混凝土板或找平层时,板端缝应嵌填密封材料处理。基层应处理干净,表面应平整,局部缺陷应进行修补。

2. 隔离层施工

(1)必须干燥。

(2)石灰黏土砂浆铺设时,基层清扫干净,洒水湿润后,石灰膏:砂:黏土的配合比为1:2.4:3.6,铺抹厚度为15~20mm,表面压实平整,抹光干燥后再进行下道工序的施工。

(3)纸筋灰与麻刀灰做刚性防水层的隔离层时,纸筋灰与麻刀灰所用灰膏要彻底熟化,防止灰膏中未熟化颗粒将来发生膨胀,影响工程质量。铺设厚度为10~15mm,表面压光,待干燥后,上铺塑料布一层,再绑扎钢筋,浇筑细石混凝土。

3. 弹分格缝线、安装分格缝木条

弹分格缝线。分格缝弹线分块应按设计要求进行,如设计无明确要求时,应设在屋面板的支撑端、屋面转折处、防水层与突出屋面结构的交接处,纵横分格不应大于6m。

4. 绑扎防水层钢筋网片

绑扎防水层钢筋网片首先要把隔离层清扫干净,弹出分格缝墨线,将钢筋满铺在隔离层上,钢筋网片必须置于细石混凝土中部偏上位置,但保护层厚度不应小于10mm。绑扎成型

后，按照分格缝墨线处剪开并弯钩。采用绑扎接头时应有弯钩，其搭接长度不得小于250mm。绑扎火烧丝收口应向下弯，不得露出防水层表面。

5. 浇筑细石混凝土防水层施工

细石混凝土浇筑前，应将隔离层表面杂物清除干净，钢筋网片和分格缝木条放置好并固定牢固。浇筑混凝土按块进行，一个分格板块范围内的混凝土必须一次浇捣完成，不得留施工缝。浇筑时先远后近，先高后低，先用平板锹和木杠基本找平，再用平板振捣器进行振捣，用木杠二次刮平。细石混凝土终凝并有一定强度(12 ~ 24h)后，再进行养护，养护时间不少于7d。养护方法可采用淋水湿润，也可采用喷涂养护剂、覆盖塑料薄膜或锯末等方法，必须保证细石混凝土处于充分湿润的状态。

9.3.2 屋面排水系统的设计

屋面排水是屋面防水的另一方面，迅速将屋面的雨水排走，可以减少防水层的负担，避免渗漏发生，故屋面防水必须执行防排结合的原则。

1. 屋面工程的排水方式

屋面的排水方式可分为有组织排水和无组织排水。有组织排水是指屋面雨水有组织地流经天沟、檐沟、水落口、水落管等，系统地将屋而上的雨水排出。在有组织排水中，一步分为内排水、外排水和内外排水相结合的方式。内排水是指屋面雨水通过天沟由设置于建筑物内部的水落管排入地下雨水管网的一类排水方式，其适用于高层建筑、多跨及江水面积较大的屋面；外排水是指屋面雨水通过檐沟、水落口等，由设置于建筑物外部的水落管直接排到室外地面上的一类排水方式，其适用于一般的低层住宅建筑、中小型的低层建筑物或檐高不大于10m的屋面。

2. 屋面排水系统的设计要点

屋面排水是屋面防水的另一方面，迅速地将屋面上的雨水排走，则可减少防水层的负担，从而避免渗漏的发生，故屋面防水必须执行防排结合的原则。屋面排水系统的设计其要点如下。

(1)屋面排水方式的选择，应根据建筑物屋顶的形式、气候条件、使用功能等因素而确定。屋面排水方式可分为有组织排水和无组织排水，采用有组织排水时，宜采用雨水收集系统。由于高层建筑外排水系统的安装维护比较困难，故宜采用内排水；多层建筑屋面宜采用有组织的外排水；低层建筑及檐高小于10m的屋面，可采用无组织排水；汇水面积较大的屋面宜采用天沟排水，多跨厂房因相邻两坡屋面相交，故只能采用天沟内排水的方式排出屋面上的雨水。在进行天沟设计时，应尽可能采用天沟外排水的方式，将屋面雨水从天沟两端排至室外。若天沟的长度较长时，为了满足沟底纵向坡度及沟底水落差的要求，一般沟底分水线距水落口的距离超过20m时，可采用除两端外排水口外，在天沟中间增设水落口和内排水管、排水口的设置同时也确定了找坡分区的划分，当屋面找坡较长时，可以增设排水口，以减小找坡长度。

(2)屋面排水系统设计采用的雨水流量、暴雨强度、降雨历时、屋面汇水面积等参数，应符合现行国家标准《建筑给水排水设计规范》CB 50015的有关规定。首无应根据屋面的形式及其使用功能要求，确定屋面的排水方式及排水坡度，明确是采用有组织排水还是无组织排水，若采用有组织排水设计时，要根据所在地区的气候条件、雨水流量、暴雨强度、降雨历时及排水分区确定屋面排水走向。然后，通过计算确定屋面檐沟、天沟所需要的宽度和深度，根据屋面汇水面积和当地降雨历时，按照水落管的不同管径核定每根水管的屋面汇水面积以及所需水落管的数量，并根据檐沟、天沟的位置及屋面形状布置水落口及水落管。天沟的水容积与水落管的直径和数量有关，水落管的内径不应小于75mm，一根水落管的最大汇水面积宜小于$200m^2$。雨水流到排水口的距离一般不大于30m，天沟的水落差不得超过200mm。

(3)各种不同类型的屋面有不同的排水坡度，参见表9.2。从降雨量角度考虑，一般多雨地区排水坡度不小于3%，少雨地区排水坡度不小于2%。

表9.2 屋面坡度限值

屋面形式	防水层类别		坡度/%	备 注
平屋顶	卷材防水屋面	结构找坡	≥3	用于跨度较大或有吊顶的建筑
		材料找坡	≤2	用于跨度较小或无吊顶的建筑
	涂膜防水施工	结构找坡	≥3	同卷材防水屋面
		材料找坡	≤2	同卷材防水屋面
坡屋顶	刚性防水屋面		2~3	宜为结构找坡
	卷材防水屋面		5~25	
	平瓦屋面		20~25	屋面坡度大于25%时应采取防止下滑的措施
	波形瓦屋面		10~50	屋面坡度大于50%时应采取固定加强的措施
	油毡瓦屋面		≥20	—
	压型钢板屋面		10~35	—
隔热屋面	架空隔热屋面		≤5	—
	种植屋面		≤3	—
	蓄水屋面		≤0.5	—
其他	天沟、檐沟		≥1	沟底落差不超过200mm

注:1. 宜采用轻质材料或保温层找坡。

2. 当采用块状保温层时厚度相一致，并且做到铺砌平整稳固，推荐先用掺乳化沥青的轻质材料找坡，然后再铺砌块状保温材料。

(4)檐沟、天沟的过水断面，应根据屋面汇水面积的雨水流量经计算确定。钢筋混凝土檐沟、天沟净宽不应小于300mm，分水线处最小深度不应小于100mm；沟内的纵向坡度不应小于1%，沟底水落差不得超过200mm，天沟、檐沟的排水不得流经变形缝和防水墙。金属檐沟、天沟的纵向坡度宜为0.5%。

(5)坡屋面的檐口宜采用有组织排水的方式，其檐口和水落斗可采用金属或塑料材质的成品。

(6)应根据屋面形式、屋面面积、屋面高低层的设置等具体情况，将屋面划分成若干个排水区域，并根据排水区域确定屋面排水线路，排水线路的设置应简捷，在确保屋面排水通畅的前提下，做到长度合理。

(7)采用重力式排水时，每个水落口的汇水面积宜为$150\sim200m^2$。在具体设计时，还应根据地区的暴雨强度及当地的有关规定、常规做法来进行调整。在屋面的每个汇水面积内，其雨水排水立管不宜少于2根，以避免一根排水立管发生故障时，屋面的排水系统不会发生瘫痪。水落口和水落管的位置，应根据建筑物的造型要求和屋而汇水情况等因素确定。

(8)高跨屋面若为无组织排水时,其低跨屋而受水冲刷的部位应加铺一层卷材,并应设置40～50mm厚、300～500mm宽的C20细石混凝土保护层;高跨屋面若为有组织排水时,水落管下应加设水簸箕。

(9)处在暴雨强度较大地区内的大型屋面,宜采用虹吸式屋面雨水排水系统。虹吸式屋面雨水排水系统的排水原理是利用建筑屋面的高度和雨水所具有的势能,产生虹吸现象,通过雨水管道变径,在该管道处形成负压,从而使屋面雨水在管道内负压的抽吸作用下,以较高的流速迅速排出屋面。目前在屋面工程中大部分采用重力流排水系统,但是随着建筑技术的不断发展,一些超大型建筑正在不断地涌现,常规的重力流排水方式已很难满足屋面排水的要求,相对于普通重力流排水系统,虹吸式雨水排水系统的排水管道均按满流有压状态进行设计,悬吊横管可以无坡度铺设。由于产生虹吸作用时,管道内水流的流速很高,相对于同管径的重力流排水量大,故其可以减少排水立管的数量,同时可减小屋面的雨水负荷,最大限度地满足建筑使用功能要求。由于虹吸式排水系统的设计有一定的技术要求,排水口、排水管等构件如果不按要求设计,将起不到虹吸作用,故虹吸式屋面雨水排水系统应按专项技术规程进行设计。

(10)严寒地区应采用内排水,寒冷地区宜采用内排水;湿陷性黄土地区宜采用有组织排水,并应将雨雪水直接排至排水管网。

9.4 地下防水

目前,我国装配式技术在地下建筑(如地下室、地下车库等)的应用并不多,采用传统"以导为主,以堵为辅"的防水理念在地下建筑中很难应用,其中一个重要原因就在于地上与地下工程中水的来源不同。地上建筑中的水主要来源于降水,雨水一般是间歇性的,所以设计成以导为主的防水理念是合理的。但地下建筑的水来源比较复杂,主要包括了雨水渗入地表表面、地下水等,一般有一定的静水压力,可看作是一种连续水,如果采用以导为主的防水设计理念,将需要庞大的导水系统将地下水排出,成本巨大,也不经济,因此在地下建筑中的防水"以堵为主"比较容易实现。

预制混凝土墙板本身是采用工厂化的方式生产,以德国西伟德生产的叠合墙板,其防水等级可达P8,那么地下防水的重点就在预制墙板拼缝上。我国目前"以堵为主"的防水设计主要形成连续混凝土面层,因此双面叠合墙板是非常适合地下建筑的预制装配式技术。早在2008年开始,西伟德公司就将双面叠合体系应用地下车库工程,甚至还应用在地下人防工程,图9.1是当时地下工程墙板安装。地下工程中主要采用了外防外贴法的防水设计理念,其做法如图9.2所示,它是在叠合墙接缝处涂抹防水砂浆并外贴防水卷材。由于预制构件有着优异的防水性,可与防水卷材形成封闭空间组成第一道防水层,中间现浇混凝土层与内预制墙板组成第二道防水层,接缝处的暗柱提高了整体防水效果。该外贴防水构造多用于地下有承压水,但地质情况良好的地下工程。

装配式工程在地上部分采用装配式构件进行安装,地下结构部分多数采用的是钢筋混凝土结构的基础,所以在基础防水施工中的具体操作方法可参考钢筋混凝土结构基础防水的方法。

图9.1 叠合墙板地下车库

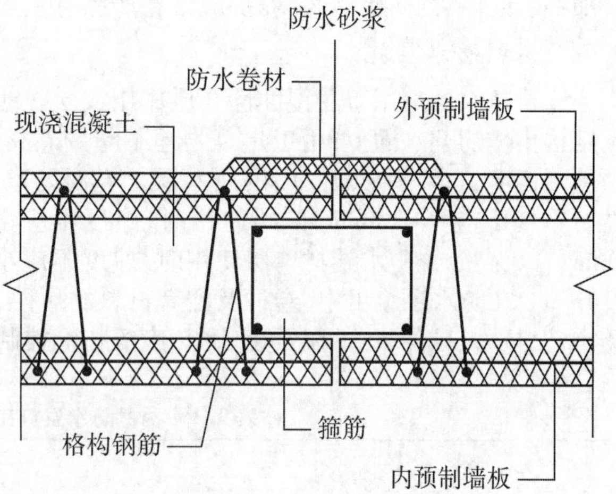

图9.2 外贴防水构造

1. 水泥砂浆防水层施工

水泥砂浆防水层施工流程为作业条件→基层处理→刷素水泥浆→抹底层砂浆→抹面层砂浆→水泥砂浆防护层的养护。

(1)作业条件

①结构验收合格,已办好验收手续。

②地下防水施工期间做好排水,直至防水工程全部完工为止。排水降水措施应按施工方案执行。

③施工前应将预埋件、穿墙管预留凹槽内嵌填密封材料后,再施工防水砂浆。

④基层表面应平整、坚实、粗糙、清洁,并充分湿润、无积水。

(2)基层处理

清理基层,剔除松散附着物。基层表面的孔洞、缝隙应用与防水层相同的砂浆堵塞压实抹平。混凝土基层应凿毛处理,使基层表面平整、坚实、粗清洁、并充分湿润、无积水。施工前应将预埋件、穿墙管预留凹槽内嵌填密封材料后,再加防水砂浆基层的混凝土和砌筑砂浆强度应不低于设计值的80%。

(3)刷素水泥浆

根据配合比将材料拌合均匀,在基层表面涂刷均匀,随即抹底层砂浆。如基层为砌体时,则抹灰前一天用水管把墙浇透,第二天洒水湿润即可进行底层砂浆施工。

(4)抹底层砂浆

按配合比调制砂浆,搅拌均匀后进行抹灰操作,底灰抹灰厚度为5~10mm,在砂浆凝固之前用扫帚扫毛。砂浆要随拌随用,拌和后使用时间不宜超1h,严禁使用拌和后超过初凝时间的砂浆。

(5)抹面层砂浆

刷完素水泥浆后,紧接着抹面层砂浆,配合比同底层砂浆,抹灰厚度为5~10mm,抹灰宜与第一层垂直,先用木抹子搓平,后用铁抹子压实、压光。

(6)水泥砂浆防护层的养护

普通水泥砂浆防水层终凝后应及时养护,养护温度不宜低于5℃,并保持湿润,养护时间不得少于14d。聚合物水泥砂浆防水层未达到硬化状态时,不得浇水养护或直接雨水冲刷,硬化后应采用干湿交替的养护方法。在潮湿环境中,可在自然条件下养护。使用特种水泥、外加剂、掺合料的防水砂浆，养护应按新产品有关规定执行。

2. 卷材防水层施工

卷材防水层适用于受侵蚀性介质作用或受震动的地下工程。卷材防水层应铺设在混凝土结构主体的迎水面上；用于建筑物地下室的卷材防水层应铺设在结构主体地板垫层至墙顶的基面上，在外围形成封闭的防水层。卷材防水层为一层或两层。高聚物改性沥青防水卷材厚度不应小于3mm，单层使用时，厚度不应小于4mm，双层使用时，总厚度不应小于6mm；合成高分子防水卷材单层使用时，厚度不应小于1.5mm，双层使用时总厚度不应小于2.4mm。在防水层施工中，卷材及配套材料的品种、规格、性能必须符合设计和规范要求，不透水性、拉力、延伸率、低温柔度、耐热度等指标控制应符合要求。卷材防水层的施工步骤及内容见表9.3。

表9.3 卷材防水层施工步骤及内容

步 骤	内 容
基层处理	施工前将验收合格的基层清理干净、平整牢固、保持干燥
涂刷基层处基层	在基层表面满刷一道用汽油稀释的高聚物改性沥青溶液，涂刷应均匀，不得有露底或堆积现象，也不得反复涂刷，涂刷后在常温经过4h后（以不粘脚为准），开始铺贴卷材
基层弹线分条铺贴线	在处理后的基面上，按卷材的铺贴方向，弹出每幅卷彩的铺贴线，保证不歪斜（以后上层卷材铺贴时，同样要在已铺贴的卷材上弹线）
热熔铺贴卷材	（1）底板垫层混凝土平面部位宜采用空铺法或点粘法，其他与混凝土结构相接触的部位应采用满粘法，采用双层卷材时，两层之间应采用满粘法。 （2）将改性沥青防水卷材按铺贴长度进行裁剪并卷好备用，操作时将已卷好的卷材对准起点，点燃汽油喷灯或专用火焰喷枪，均匀加热基层与卷材交接处，喷枪距加热面保持300mm左右往返喷烤，当卷材表面的改性沥青开始熔化时，即可向前缓缓滚铺卷材
热熔封边	卷材搭接缝处用喷枪加热，压合至边缘挤出沥青粘牢。卷材末端收头用沥青嵌缝膏嵌填密实
保护层施工	平面应浇筑细石混凝土保护层；立面防水层施工完，宜采用聚乙烯泡沫塑料片材做软保护层

3. 涂膜防水层施工

涂料防水层包括无机防水涂料和有机防水涂料。无机防水涂料可选用水泥基防水涂料、水泥基渗透结晶型涂料。有机涂料可选用反应型、水乳型、聚合物水泥防水涂料。无机防水涂料宜用于结构主体的背水面，有机防水涂料宜用于结构主体的迎水面。用于背水面的有机防水涂料应具有较高的抗渗性，且与基层有较强的黏结性。水泥基防水涂料的厚度宜为1.5~2.0mm；水泥基渗透结晶型防水涂料的厚度不应小于0.8mm；有机防水涂料根据材料的性能，厚度宜为1.2~2.0mm。在进行涂膜防水层施工前，应先清扫干净基层表面的灰尘、灰浆硬块、杂物等，并用干净的湿布擦拭一次。然后检查基层是否平整、起砂、无空裂等缺陷后，才能进行下一道工序施工。涂膜防水层施工的步骤及内容见表9.4。

表9.4 涂膜防水层施工步骤及内容

步 骤	内 容
细部做附加涂膜层	(1)穿墙管、阴阳角、变形缝等薄弱部位,应在涂膜层大面积施工前,先做好增强的附加层 (2)附加涂层做法:一般采用一布二涂进行增强处理,施工前应在两道涂膜中间铺设一层聚酯无纺布或玻璃纤维布。作业时应均匀涂刷一遍涂料,涂膜操作时用板刷刮涂料袪除气泡,将布紧密地粘贴在第一遍图层上。阴阳角部位一般将布剪成条形,管根为块形或三角形。第一遍涂层表干(12h)后进行第二遍涂刷。第二遍涂刷实干(24h)后方可进行大面积涂膜防水施工
第一遍涂膜施工	(1)涂刷第一遍涂膜前应先检查附加层部位有无残留的气孔或气泡,如有气泡或气孔,则应用橡胶刮板将涂料用力压入气孔,局部在刷涂一道,表干后进行第一遍涂膜施工 (2)涂刮第一遍聚氨酯防水涂料时,可用塑料或橡皮刮板在基层表面均匀涂刮,涂刮要沿同一方向,厚薄应均匀一致,用量为 0.6 ~ 0.8kg/m²。不得有漏刷、堆积、鼓泡等缺陷。涂膜实干后进行第二遍涂膜施工
第二遍涂膜施工	第二遍涂膜采用与第一遍相垂直的涂刮方向,涂刮量、涂刮方法与第一遍相同
第三、四遍涂膜施工	(1)第三遍涂膜涂刮与第二遍垂直,第四遍涂膜涂刮方向与第三遍垂直。其他作业要求与前面两遍涂膜施工相同 (2)涂膜总厚度应不小于 2mm
涂膜保护层施工	涂膜防水施工后应及时做好保护层;平面涂膜防水层根据部位和后续施工情况可采用 20mm 厚 1:2.5 水泥砂浆保护层或 40 ~ 50mm 厚细石混凝土保护层。当后续施工工序荷载较大(如绑扎底板钢筋时),应采用细石混凝土保护层;墙体迎水面保护层宜采用软保护层,如粘贴聚乙烯泡沫片材等

4. 地下防水"复合技术"

(1)卷材与涂料复合

先将混凝土基层清理干净,随即涂刷 2mm 厚(分层)的防水涂料,可选用不同类型的防水涂料,然后立即粘贴 2mm 厚的防水卷材。较好的是橡胶沥青自粘卷材 + 非凝固橡胶沥青涂料。但是无论采用何种卷材和防水涂料,必须是共融性的。卷材粘贴时用滚刷仔细滚压,尤其是卷材搭接部位要保证严密贴紧。

(2)刚性防水与防水涂料结合

首先解决混凝土自防水的问题。为保证混凝土自防水的质量,一般在混凝土中掺入可靠的附加剂。目前较好的附加剂有赛柏斯(水泥基渗透结晶型)和 FS102 等。使用赛柏斯也可不掺入混凝土内,而在混凝土基底涂刷,然后在表面喷涂防水涂料。

(3)复合刚性防水技术

把两种刚性防水技术结合起来,是将掺入混凝土附加剂与表面抹水泥防水砂浆 FS101 相结合的工艺。这项技术是住房部推荐的新技术之一,目前已在全国普遍推广应用,工艺简单,并可降低造价。

9.5 外墙防水

传统外墙与预制式外墙相比，传统外墙是整体式的施工，而预制式是一块块的独立式预制墙板，通过现场施工组装拼凑成整体外墙，目前我国的外墙施工中首先采用的就是预制装配式施工。该施工技术与传统施工方式相比，预制式装配若是在施工过程中，预制板与预制板之间一旦出现接缝上的问题，就会形成防水薄弱点，进而导致直接漏水的严重后果。

传统建筑容易出现渗漏的部位是窗户、砖墙之间的缝隙、厨卫间等。装配式建筑室内采用装配式构件加节点现浇（或灌浆连接）的工艺，防水功能比较容易得到证；“凸窗”是在工厂就已经整体成型的，不用经过二次加工，在建筑结构使用过程中也不容易出现渗透；在预制装配式建筑外墙的施工中，衔接处容易产生空缝、冷缝等情况，针对此类情况，在进行建筑外墙的防水施工操作时，要使用复合保温型材料，一方面减少渗透情况，另一方面能提高建筑物的保暖效果，但是复合保温材料一旦出现损伤情况，通常都不容易修复，所以也增加了 PC 建筑渗透治理的难度；装配式建筑外墙存在大量的拼接缝，更容易发生拼接缝渗漏。因此对于装配式混凝土建筑的防水处理，除去地下、屋面和室内等与现浇混凝土结构基本相同的环节之外，需要关注的重点及难点主要是预制外墙拼接缝的密封防水。

1. PC 外墙拼接缝防水施工技术

混凝土预制件具有一定的热胀冷缩性，其接缝是典型的大位移伸缩缝，其位移量受环境因素影响较大。外墙拼接缝应满足以下要求。

①外墙板接缝应满足防水、防火、隔声等建筑功能的要求。

②接缝宽度应满足主体结构的层间位移、密封材料的变形能力，及施工误差、温差引起的变形要求。

③建筑密封胶与混凝土要有良好的黏结性，还应具备耐候性、可涂装性、环保性的特征。

④建筑密封胶进场前，应先按规范要求进行抽样，同时对相应的材料委托有资质的实验室进行二次检验。

⑤PC 板接缝应严格按设计要求施工，并保证美观干净。

⑥PC 构件一般设置预留缝宽度为 20mm，在满足基材伸缩余量前提下，最小的接缝宽度为 10mm；当接缝宽度小于 10mm 时，宽深比为 A∶B＝1∶1；当接缝宽度大于 10mm 时，宽深比为 A∶B＝2∶1。

预制装配式外墙的拼接缝分为垂直缝与水平缝。空腔防水、材料防水是经常运用的两种防水密封方法。空腔防水是在接缝的背水面，根据墙板构造、功能的不同，采用密封条或现浇混凝土形成二次密封，两道密封之间形成“空腔”，利用重力原理以及水平减压的作用，排出雨水。材料防水是在接缝的迎水面，主要是墙板上下两端预留形成的高低缝、企口等部位，嵌填密封材料。

（1）空腔防水

通过在预制式拼接外墙的接缝处设置合理形状的直线型空腔构造，让导流槽、集流槽通过压力形成平衡空腔是空腔防水的基础原理。在空腔防水中，水通过渗透等方式流入空腔中，因为空腔本身的结构是内侧高于外侧的，水流就会通过空腔内的排水槽流入预先设置的垂直空腔内，再由与空腔连接好的排水管排出，从而达到排水防水的目的。空腔排水还能通过风压，保证空腔内狭小的空间也与空腔外的大气压相同，从而达到防止水汽渗透的作用，减少建筑物的渗水情况。但是在实际使用中，空腔防水通常会因为预制板制造过程中的精度偏差，导致空腔的中空结构出现不垂直、弯折、堵塞等情况，从而导致空腔排水无效，所以预制装配式外墙并不能单纯靠空腔排水技术保证建筑的防水功能，在一般工程施工中，施工技术人员通常还会在预制板拼接处进行二次密封，用橡胶密封条或者浇筑混凝土的形式进行二次加工，进一步的确保建筑的防水功能。

(2)材料防水

材料防水的技术原理以及施工难度都小于空腔防水，材料防水的做法更为简单，在预制拼接板的接缝之间，通过内衬聚乙烯塑料棒材，并且用密封胶对棒材与接缝进行粘连，最后再用勾缝材料对缝隙进行勾缝处理，以此达到防水效果。在材料防水中，密封胶的质量好坏直接影响到材料防水的有效性，在材料防水中常用的密封胶包括硅酮密封胶(SR)、聚氨酯密封胶(PU)、硅烷改性聚醚密封胶(MS)、硅烷改性聚氨酯密封胶(SPU)，不同的材料优缺点不一样，施工人员应该根据现场的实际情况来选择适合的防水材料，密封胶的优劣点可见表9.5。

表9.5 密封胶性能对比

项　目	密封胶分类			
	SR	PU	MS	SPU
抗形变能力	优	优	优	优
粘黏强度	优	优	极优	极优
耐久性能	极优	中等	优	极优
抗污性能	劣等	优	优	优

根据PC外墙板的应用部位特点，密封胶应满足以下要求。

①良好的抗位移能力和蠕变性能

在实际施工过程中，常用密封胶应当有良好的抗形变能力，在建筑物实际使用的过程中，预制板通常会因为气候变化的原因导致热胀冷缩，接缝的尺寸会发生一定程度上的变化；一些填充外墙为提高建筑物的抗震性能，往往会在建筑物的预制墙接缝施工中预留一定的活动范围，因此密封胶必须拥有一定程度上的抗形变能力以及蠕变性能。

②优异的黏结性和相容性

因为预制墙板大多数都为混凝土材料，混凝土材料通常表面的粗糙度较高，表面的混凝土碱性物质经常会发生迁移，从而会影响密封胶的粘连效果，预制板在生产的过程中，为确保预制板的成型度以及制造效率，工厂通常会使用脱模剂，这也会在一定程度上影响密封胶的粘连性能，因此密封胶在本身具有良好的粘连性的基础上还需要拥有一定的材料相容性。

③耐候性。

JGJ1—2014《装配式混凝土结构技术规程》中明确指出，外墙板接缝所用的防水密封材料应选用耐候性密封胶，密封胶应与混凝土具有兼容性，并具有低温柔性、防霉性及耐水性等性能。密封材料选用不当，会影响PC建筑的使用寿命和使用安全。

④耐污染性。

密封胶中含有一定量未参与反应的小分子物质，随着服役时间的增加，未反应的小分子物质极易游离渗透到混凝土中；由于静电作用，一些灰尘也会粘附在混凝土板缝的周边，产生黑色带状的污染，严重影响建筑外表面的美观。

⑤环保性

密封胶在生产何使用过程中应对人体和环境友好。

2. 内浇外挂预制外墙板（PCF 板）

内浇外挂预制外墙板，是指内部受力结构采用现浇混凝土进行防水，而外侧使用排水空腔和打胶进行防水，这种防水形式是目前内浇外挂预制外墙板中使用最多的形式。在施工过程中，相邻 2 块外墙板安装就位后，需要立即用自粘防水胶带对接缝进行密封，其主要目的是防止在后期浇筑主体结构时，水泥等杂物会进入，导致空腔不堵塞。虽然这种方式使用较多，但是防水质量非常难以把控，特别是现浇过程中接缝处的空腔很容易被阻塞，另外一旦内侧混凝土墙体结构产生裂缝，外挂墙板的防水会失效。

3. 封闭式线防水形式

该防水结构主要由 3 部分组成：最外侧层面采用的是具有高弹力、强耐久性且防腐蚀的硅胶；中间层为物理空腔形成的减压空间；内侧层采用的是预嵌在混凝土中的防水橡胶条，通过紧密的挤压起到防水抗渗的效果。虽然这 3 部分结构已经可以有效起到防渗作用，但是，在实际施工过程中，还要在墙外板十字接头处采用聚氨酯增强防水效果，其目的是防止因为墙面板接头处松动而影响抗渗防水效果。尤其是对防水要求较高的房屋，通过全面涂抹聚氨酯可以使内侧的橡胶止水带表面形成一层聚氨酯防水，从而强化建筑的防水抗渗的可靠性。同时，为了保证减压空间内部畅通，在实践中通常每隔 3 层就会在外墙设置排水管，其目就是尽快将渗入减压空间中的水疏导排出。由于封闭式防水通过防疏结合的方式进行防水设计，因此其可靠性也非常高。

4. 施工后测试

防水测试是装配式建筑外墙施工完毕后进行的必要工序，只有经过检验才能确保是否达到了防水抗渗的效果。在检验测试过程中，要注重对拐角部位（如窗角处，面板十字接缝处、预制墙板与现浇构件连接处等）采用消防喷水进行淋水试验，淋水后，主要观察是否有局部渗漏现象，同时，还要观察排水管是否畅通，从室内观察是否有水印及水迹，如果发现有渗水现象，要及时在墙面上进行标记，并做好记录，待测试结束后，对外墙表面进行防水处理，必要时可以在墙板的内侧采用聚氨酯防水材料提升墙面的防渗效果及等级。

与国外相比，我国的 PC 还处于发展初期阶段，PC 外墙防水做法在相关的规范与图集中没有作出详细规定，而相应的材料标准也缺失。可以在参照国外相关设计规范的基础上，针对国内 PC 建筑与施工工人的水平现状，作出相关的设计与规定，保证 PC 外墙防水的效果。

9.6　室内厕浴间防水

建筑室内渗漏水问题已越来越引起人们的关注和重视。但由于目前我国尚未有建筑室内的防水规范，从设计到施工都没有相应的标准可执行，因此这在很大程度上造成了建筑室内普遍出现渗漏水的现象。尤其是在厕浴间的管根、墙根、混凝土结构楼板面、墙体常发生渗漏。造成渗漏的原因在于设计、施工、材料、使用方法等方面，其中设计和施工为主要方面。设计方面主要表现在防水设防不合理，施工方面主要表现在对节点防水处理不够严密。

1. 防水部位的设防范围

厕浴间、厨房防水范围包括全部地面及高出地面250mm以上的四周泛水；喷淋区墙面防水不低于1 800mm；其他有可能经常溅到水的部位，应向外延伸250mm，如洗脸台、拖把盆等的周围，如图9.3。室内池体的防水应设在池体内侧作迎水面防水，池体在地表下时，与土壤的接触面还应根据《地下工程防水技术规范》进行外防水处理。

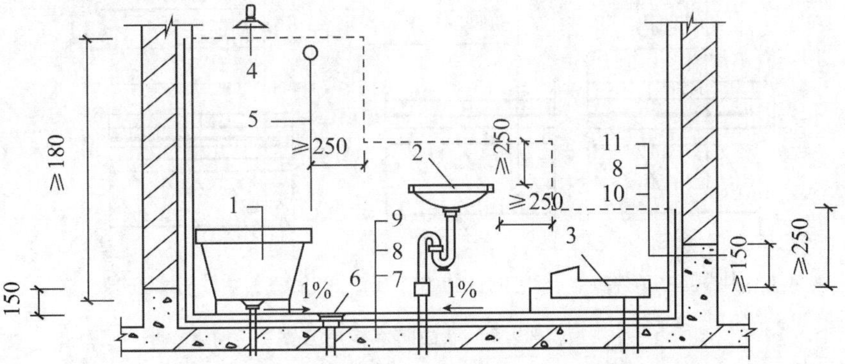

图9.3 厕浴间墙面防水高度示意图

1—浴缸；2—洗手池；3—蹲便器；4—喷淋头；5—浴帘；6—地漏；7—混凝土楼板；8—防水层；9—地面饰面层；10—混凝土泛水；11—墙面饰面层

2. 室内防水构造设计

(1)常用地面防水构造方案

厕浴间等需防水设防的部位，设计时应避开建筑物结构变形缝位置。地面经常冲洗或有可能长期潮湿的卫生间、厨房间的墙体，应设置高出地面150mm以上现浇混凝土泛水。装配式结构的卫生间、厨房等需防水的区域，其地面应采用现浇钢筋混凝土结构，常用地面防水构造分柔性防水和刚性防水，如图9.4。

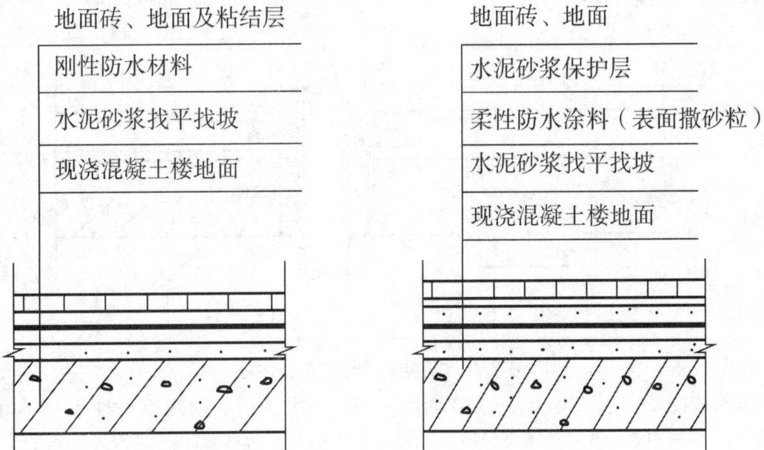

（1）刚性防水方案　　（2）柔性防水方案

图9.4 地面防水构造方案

(2)常用墙面防水构造方案

墙面防水可根据需要设置防水范围,不一定整个墙面都做防水层,需要做防水层的墙面可在一定高度以下进行防水处理,其他墙面可不做。常用墙面防水构造也分为柔性防水和刚性防水,如图9.5。

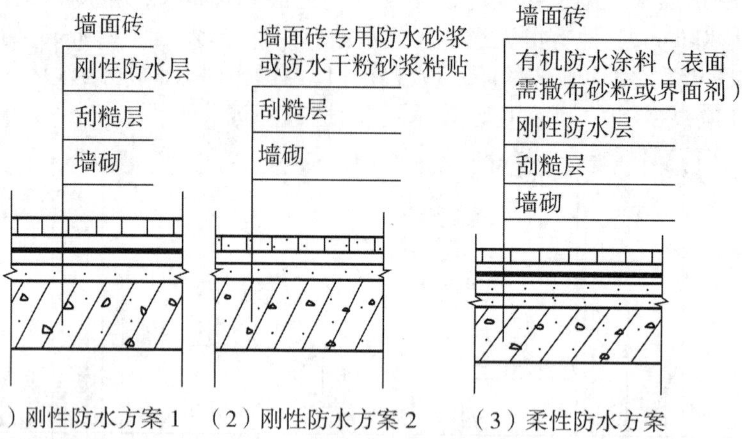

图9.5　墙面防水构造方案

3.室内防水工程施工

(1)地面防水

在地面防水施工中要注意在下水口、穿楼板管道四周加强防水处理,防水材料宜选用合成高分子涂料与密封材料。防水层应翻上墙面250mm如墙根没有混凝土泛水时应先做一道加强层,材料宜选用涂料与刚性防水材料。室内防水中出现问题最多的地方是管道与楼地面结构板之间。穿楼板的管道不论是埋置防水套管或无套管直接穿过混凝土楼板,其周围的混凝土均为二次浇捣。二次浇捣的混凝土与原混凝土之间总存在施工缝,而且新浇混凝土与套管或管道之间的连接面又是一个很容易渗漏的部位,因此在做防水施工时在管道四周一定范围内应用防水涂料(最好用加筋布)进行加强处理,同时涂料需翻高到管体一定高度,具体结构如图9.6、图9.7。

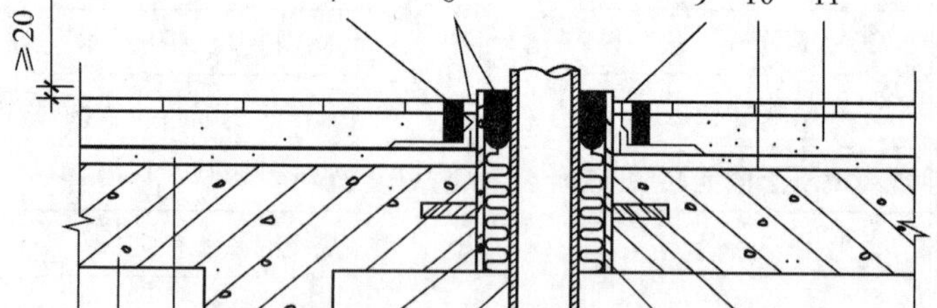

图9.6　穿楼板管道防水做法

1—结构楼板;2—找平找坡层;3—防水套管;4—穿楼板管道;5—阻燃密实材料;6—止水环;7—背衬材料;8—高分子密封材料;9—附加防水层;10—防水层;11—地面砖及结合层

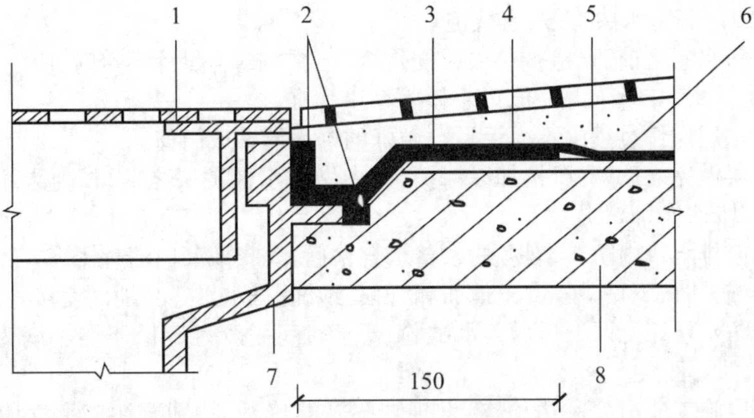

图9.7 室内地漏防水结构

1—地漏盖板;2—密封材料;3—附加层;4 防水层;5—地面砖及结合层;
6—水泥砂浆找平层;7—地漏;8—混凝土楼板

(2)墙面(立面)防水

墙面(立面)防水主要考虑防水层与饰面层之间的关系,建议优先选用刚性防水材料。如果是涂料防水,应在防水层最后一道施工完毕后,在其表面撒上砂粒,以增强防水层与面层的黏结性,并注意防水层不要做得太高。如果墙面用卷材作防水层,那么其表面除了设置丙纶丝或其他经表面处理的防水层外,还应在防水层的表面钉上钢丝网后才能进行粉刷和饰面处理。

(3)池体防水

池体防水施工之前应对池体混凝土进行蓄水检查,如发现渗漏水,则应采取相应措施进行封堵处理。这样,池体防水中80%的工作量也就完成了。

4. 细部附加层处理

在地漏、管根、阴阳角、平立面交界处等易发生漏水的部位增加一层加筋布加强处理。首先用橡胶刮板或毛刷均匀的刷防水涂料,涂刷宽度300mm为宜,并立即粘贴加筋布进行增强处理。

加筋布粘贴时,应用毛刷摊压平整,与下层涂料贴合紧密,搭接宽度为100mm,表面再涂刷一至二层涂料,使其达到设计要求的厚度。

5. 涂层施工

当基层面潮湿无明水时施工第一层防水,用毛刷、滚筒或抹刀均匀涂刷,灰浆与基面完全黏结。细部节点处理完毕且涂膜干燥后,进行第一道大面涂层施工,涂刷时要均匀,不得有局部沉积,并多次涂刮,涂料与基层之间不留气泡。

第一道涂层施工完成2~4h后施工下一层。第一道涂层干燥后,进行第二道涂层施工,涂刷的方向与第一道涂层相互垂直,干燥后再涂刷下一道涂层,直到达到设计厚度。

第二层施工后用海绵吸干并擦拭干净。最后一道涂层采用加水稀释的面涂料滚涂道,以提高涂膜表面的平整、光洁效果,涂膜收头时应采用防水涂料多遍涂刷。

6. 注意问题

(1)基层清理不干净,底胶涂刷不匀或者找平层潮湿、含水率高,涂刷之前未进行含水事试验等，会造成涂膜防水层空鼓，有气泡。

(2)在做防水层之前，先检查基层坡度是否符合要求，与设计不符时，应先处理后再做防水。两层防水层施工一般间隔8h，以手摸不粘手为准。

(3)在防水层操作过程中不得污染已做好的饰面墙壁或门窗。

(4)防水层做完之后，要严格加以保护，在未做防水保护层之前，任何人不得进入，也不得堆积杂物，以防损坏防水层。

(5)地漏或排水口内防止杂物进人，蓄水合格后，要将地漏内清理干净。

(6)面层施工时，不得碰坏突出地面和管根、地漏、排水口等与地面交接处的涂膜。

(7)室内防水层完工两天后做蓄水试验，蓄水时间一般为24h，不渗不漏为合格，试水合格后即可施工保护面层。

(8)防水层施工应边涂刷边检查，发现缺陷及时修补，特别要注意平立面交接处、转角处、阴阳角部位的做法是否正确，自检合格后进行防水层的验收。

思考题

1. 常用的防水材料有哪些？各自有哪些特点？
2. 屋面防水系统设计须遵循什么原则？其排水方式有哪几类？
3. 如何理解地下防水“复合技术”？试举例说明。
4. 装配式外墙防水与传统外墙相比较有哪些特点？
5. 室内防水工程施工过程中需要主要哪些问题？

第 10 章　装配式施工质量检验与验收

10.1 概 述

作为“产品”,预制构件质量的检验评定不同于一般建筑工程。“工程”是单一、复杂的巨大实体,只能通过对施工过程的监督检查以及对工程中不同项目,不同部位的抽查来控制质量,而构件则是形式划一、数量众多的“产品”,可以通过比例抽样对有限项目进行重复检验,用统计方法对整批产品的质量状况作出比较科学的判断。但是构件最终验收采取破坏性检验(结构性能试验)的形式,只能以很小的抽样比例(如 1/1000 ~ 1/2000。)进行,因此又不能等同于一般的产品合格验收。只有将检验的范围扩大到生产过程,实现从原材料到出厂的多层次系统检验,才能保证构件产品应有的质量。

10.2 预制构件质量检验

预制构件质量检验的主要依据包括国家标准《装配式混凝土建筑技术标准》(GB/T 51231—2016)、国家标准《混凝土结构工程施工质量验收规范》(GB 50204—2015)、行业标准《装配式混凝土结构技术规程》(JGJ 1—2014)、行业标准《钢筋套筒灌浆连接应用技术规程》(JGJ—2015)和有关原材料的国家标准和行业标准。

预制构件生产时应采取措施避免出现外观质量缺陷。外观质量缺陷根据其影响结构性能、安装和使用功能的严重程度,可按表 10.1 规定划分为严重缺陷和一般缺陷。

表 10.1 预制构件质量缺陷分类

名称	现 象	严重缺陷	一般缺陷
露筋	构件内钢筋未被混凝土包裹而外露	纵向受力钢筋有露筋	其他钢筋有少量露筋
蜂窝	混凝土表面缺少水泥砂浆而形成石子外露	构件主要受力部位有蜂窝	其他部位有少量蜂窝
孔洞	混凝土中孔穴深度和长度均超过保护层厚度	构件主要受力部位有孔洞	其他部位有少量孔洞
夹渣	混凝土中夹有杂物且深度超过保护层厚度	构件主要受力部位有夹渣	其他部位有少量夹渣
疏松	混凝土中局部不密实	构件主要受力部位有疏松	其他部位有少量疏松
裂缝	裂缝从混凝土表面延伸至混凝土内部	构件主要受力部位有影响结构性能或使用功能的裂缝	其他部位有不影响结构性能或使用功能的裂缝

表 10.1(一)

名称	现　　象	严重缺陷	一般缺陷
连接部位缺陷	构件连接处混凝土缺陷及连接钢筋、连接件松动,插筋严重锈蚀、弯曲,灌浆套筒堵塞、偏位,灌浆孔堵塞、偏位,灌浆孔洞堵塞、偏位、破损等缺陷	连接部位有影响结构传力性能的缺陷	连接部位有基本不影响结构传力性能的缺陷
外形缺陷	缺棱掉角、棱角不直、翘曲不平、飞出凸肋等,装饰面砖黏结不牢、表面不平、砖缝不顺直	清水或具有装饰混凝土构件内有影响使用功能或装饰效果的外形缺陷	其他混凝土构件有不影响使用功能的外形缺陷
外表缺陷	构件表面麻面、掉皮、起砂、玷污等	具有严重装饰效果的外形缺陷	其他混凝土构件有不影响使用功能的外表缺陷

10.2.1　预制构件检查项目

预制构件质量检验内容包括材料检验、构建制作工程检验和构件检验,见表 10.2。

表 10.2　预制构件质量检验项目一览表

环节	类别	项目	检验内容	依据	性质	数量	检验方法
材料进场检验	1. 灌浆套筒	(1)外观检查	是否有缺陷和裂纹、尺寸误差等	《钢筋套筒灌浆连接应用技术规程》(JGJ 355)、《钢筋连接用灌浆套筒》(JG/T 398)	一般项目	抽检	观察、尺量检查
		(2)抗拉试验	钢筋套筒灌浆连接接头的抗拉强度不应小于连接钢筋抗拉强度标准值,且破坏时应断于接头外钢筋	《钢筋套筒灌浆连接应用技术规程》(JGJ 355)、《钢筋连接用灌浆套筒》(JG/T 398)	主控项目(强制性规定)	抽检	用灌浆料连接受力钢筋达到强度后进行抗拉强度实验
	2. 水泥	(1)细度	复筛分析法、水晒法、手工筛析法	《通用硅酸盐水泥》(GB 175)	主控项目	每500t抽样一次	GB 1345
		(2)比表面积	透气实验				GB/T 8074
		(3)凝结时间	初凝及终凝实验	《通用硅酸盐水泥》(GB 175)	主控项目	每500t抽样一次	GB/T 1346
		(4)安定性	煮沸法实验				GB/T 1347
		(5)抗压强度	3d、28d 抗压强度				GB/T 17671

表 10.2(续一)

环节	类别	项目	检验内容	依据	性质	数量	检验方法
材料进场检验	3.细骨料	(1)颗粒级配	测定砂的颗粒级配,计算砂的细度模数,评定砂的粗细程度	《普通混凝土用砂、石质量及检验方法标准》(JGJ52)	一般项目	每 $500m^3$ 抽样一次	《建筑用卵石、碎石》(GB/T 14685)
		(2)表现密度	砂颗粒本身单位体积的质量				
		(3)含泥量、泥块含量	测定砂中的淤泥及土含量				
	4.粗骨料	(1)颗粒级配	测定石子的颗粒级配,计算石子的细度模数,评定石子的粗细程度	《普通混凝土用砂、石质量及检验方法标准》(JGJ52)	一般项目	每 $500m^3$ 抽样一次	《混凝土用水标准》(JGJ 63)
		(2)表现密度	石子颗粒本身单位体积的质量				
		(3)含泥量、泥块含量、针片状含量	测定石子中的针片状含量、淤泥及土含量				
		(4)压碎	强度检验				
	5.搅拌用水	pH 值、不溶物、氯化物、硫酸盐。检验方法:《混凝土用水标准》(JGJ 63)	饮用水不用检验,采用中水、搅拌站清洗水、施工现场循环水等其他水源时,应对其成分进行检验	行业标准《混凝土用水标准》(JGJ 63)	一般项目	同一水源检查不应少于一次	《混凝土外加剂规范》(GB 8076—2008)
	6.外加剂	主要性能	减水率、含气量、抗压强度比、对钢筋无锈蚀危害	国家标准《混凝土外加剂》(GB 8076)和《混凝土外加剂应用技术规范》(GB 50119)	一般项目	按同一厂家、同一品种、同一性能、同一批号且连续进场的混凝土外加剂,不超过 50t 为一批,没批样数最少不应少于一次	检查质量证明文件和抽样检验报告
	7.混合料(粉煤灰、矿渣、硅灰等混合料	粉煤灰	细度、蓄水量	材料出场合格	一般项目	按同一厂家、同一品种、同一批次 200t 一批	
		矿渣	细度、强度			200t 一批	
		硅灰	细度、强度、蓄水量			30t 一批	

表 10.2(续二)

环节	类别	项目	检验内容	依据	性质	数量	检验方法
材料进场检验	8. 钢筋	一级钢、二级钢、三级钢、直径、质量	屈服强度、抗拉强度、伸长率、弯曲性能和质量偏差检验	材料出厂质单	主控项目	每60t检验一次	《热轧光圆钢筋》(GB 1499.1)、《热轧带肋钢筋》(GB 1499.2)、《钢筋混凝土用余热处理钢筋》(GB 13014)、《钢筋焊接网》(GB/T 1499.3)、《冷轧带肋钢筋》(GB/13788)、《高延性冷轧带肋钢筋》(YB/T 4260)、《冷轧扭钢筋》(JG 19)
	9. 钢绞线	直径、质量	拉伸试验	材料出厂质单	主控项目	每60t检验一次	GB/T 17505
	10. 钢板、型钢	长度、厚度、质量	等级、质量	材料出厂质单	主控项目	每60t检验一次	量尺、检斤
	11. 预埋螺母、预埋螺栓、吊钉	直径、长度、镀锌	外形尺寸符合PC预埋件图样要求,表面质量:表面不应出现锈皮及肉眼可见的锈蚀麻坑、油污及其他损伤,焊接良好,不得有咬肉、夹渣	材料出厂质单	一般项目	抽样	按照PC预埋件图样进行检验
	12. 拉结件	(1)在混凝土中的锚固	锚固长度	材料出厂质单	主控项目	抽样	尺量
		(2)抗拉强度	拉伸试验				做试验
		(3)抗剪强度	剪切试验				

表 10.2(续三)

环节	类别	项目	检验内容	依据	性质	数量	检验方法
材料进场检验	13.保温材料	挤塑板、基苯乙烯、酚醛板	外观质量、外表尺寸、黏附性能、阻燃性、耐低温、耐高温性、耐腐蚀性、耐候性、高低温黏附性能、材料密度实验、热导率试验	材料出厂质单	一般项目	抽样	做试验
	14.建筑、装饰一体化构件用到建筑、装饰材料(如门窗、石材等)	外观尺寸、质量	门窗检查气密性、水密性、抗风抗压性能,石材等检验表面光洁度、外观质量、尺寸	材料出厂质单	一般项目	抽样	抽样试验
制作过程	1.钢筋加工	钢筋型号、直径长度、加工精度	检验钢筋型号、直径、长度、加工精度	《钢筋混凝土热轧带肋钢筋》(GB 1449)	主控项目	全数	对照图样要求进行安装
	2.钢筋安装	安装位置、保护层厚度	按制作图样试验	《钢筋混凝土热轧带肋钢筋》(GB 1449)	主控项目	全数	对照图样要求进行安装
	3.伸出钢筋	位置、钢筋直径、伸出长度的误差	按制作图样检验	《钢筋混凝土热轧带肋钢筋》(GB 1449)	主控项目	全数	对照图样用尺测量
	4.套筒安装	套筒直径、套筒位置及灌浆孔是否通畅	检查套管是否按图样安装	制作图样	主控项目	全数	对照图样用尺测量、目测
	5.预埋件安装	预埋件型号、位置	安装位置、型号、埋件长度	制作图样	主控项目	全数	对照图样用尺测量、目测
	6.预留孔洞	安装孔、预留孔	位置、大小	制作图样	主控项目	全数	对照图样用尺测量
	7.混凝土拌合物	混凝土配合比	混凝土搅拌过程中检查	《混凝土结构工程施工质量验收规范》(GB 50204—2015)	主控项目	全数	试验室人员全程跟踪

表10.2(续四)

环节	类别	项目	检验内容	依据	性质	数量	检验方法
制作过程	8.混凝土强度	试块强度、构件强度	同批次试块强度,构建回弹强度	《混凝土结构工程施工质量验收规范》(GB 50204—2015)	主控项目	100m^{3}取样不少于一次	试验室力学检验、回弹仪试验
	9.脱模强度	混凝土构件脱模前强度	检验在同期条件下制作及养护的试块强度	《混凝土结构工程施工质量验收规范》(GB 50204—2015)	一般项目	不少于1组	试验室力学试验
	10.混凝土其他力学性能	抗拉、抗折、静力受压、表面硬度	同批次生产构件用混凝土取样,在试验室做试验	《普通混凝土力学性能试验方法标准》(GB/T 50081)	主控项目	抽查	试验室力学试验
	11.养护	时间、温度	查看养护时间及养护温度	根据工厂制定的养护方案	一般项目	抽查	计时及温度检查
	12.表面处理	污染、掉角、裂缝	检查构件表面是否有污染或缺棱掉角	工厂制定的构件验收标准	一般项目	全数	目测
构件检验	1.套筒	位置误差	型号、位置、灌浆孔是否堵塞		主控项目	全数	插入模拟的伸出钢筋检验模板
	2.伸出钢筋	位置、直径、种类、伸出长度	型号、位置、长度	制作图样	主控项目	全数	尺量
	3.保护层厚度	保护层厚度	检验保护层厚度是否达图样要求	制作图样	主控项目	抽查	保护厚度测量仪
	4.严重缺陷	纵向受力钢筋有露筋、主要受力部位有蜂窝、孔洞、夹渣、疏松、裂缝	检查构件外观	制作图样	主控项目	全数	目测
	5.一般缺陷	有少量漏筋、蜂窝、孔洞、夹渣、疏松、裂缝	检查构件外观	制作图样	一般项目	全数	目测
	6.尺寸偏差	构件外形尺寸	检查构件尺寸是否与图样要求一致	制作图样	一般项目	全数	用尺测量

表 10.2(续五)

环节	类别	项目	检验内容	依据	性质	数量	检验方法
构件检验	7. 受弯构件结构性能	承载力、挠度、裂缝	承载力、挠度、抗裂、裂缝宽度	《混凝土结构工程施工质量验收规范》(GB 50204—2015)	主控项目	1 000 件不超过 3 个月的同类型产品为一批	构件整体受力检验
	8. 粗糙面	粗糙度	预制板粗糙面凹凸深度不应小于 4mm,预制梁端,预制柱端,预制墙端粗糙面凹凸深度不应小于 6mm,粗糙面的面积不宜小于结合面的 80%	《混凝土结构设计规范》(GB50010—2010)	一般项目	全数	目测及尺量
	9. 键槽	尺寸误差	位置、尺寸、深度	图样与《装配式混凝土建筑技术标准》、《装配式混凝土结构技术规程》	一般项目	抽查	目测及尺量
	10. 预制外墙板	渗漏	淋水试验应满足:淋水流量不应小于 $5L/(m^2 \times min)$ 淋水试验不应小于 2h,检测区域不应有遗漏部位。试验结束检查背水面渗漏	—	一般项目	抽查	淋水试验
	11. 构件标识	构件标识	标识内容上应注明构件编号、生产日期、使用部位、混凝土强度,生产厂家等	按照构件编号、生产日期等	一般项目	全数	逐一对标识进行检查

10.2.2 预制构件相关资料的检查

1. 预制构件合格证的检查

预制构件出厂应带有证明其产品质量的合格证,预制构件进场时由构件生产单位随车人员移交给施工单位。无合格证的产品施工单位应拒绝验收,更不得使用在工程中。

2. 预制构件性能检测报告的检查

梁板类受弯预制构件进场时应进行结构性能检验，检测结果应符合《混凝土结构工程施工质量验收规范》GB 50204—2015 中第 9.2.2 条中相关要求。当施工单位或监理单位代表驻厂监督生产过程时，除设计有专门要求外可不做结构性能检验；施工单位或监理单位应在产品合格证上确认。

3. 拉拔强度检验报告

预制构件表面预贴饰面砖、石材等饰面与混凝土的黏结性能应符合设计和现行有关标准的规定。

4. 技术处理方案和处理记录

对出现的一般缺陷的构件，应重新验收并检查技术处理方案和处理记录。

10.2.3　预制构件外观质量的检查

（1）预制构件外观的检查

预制构件的混凝土外观质量不应有严重缺陷，且不应有影响结构性能的安装、使用功能的尺寸偏差。预制构件进场时外观应完好，其上印有构件型号的标识应清晰完整，型号种类及及其数量应于合格证上一致。对已经出现严重缺陷应制定技术处理方案进行处理并重新检验，对出现一般缺陷应进行修整并达到合格，此项内容应全数检查。

（2）预制构件粗糙面检查

粗糙面是采用特殊工具或工艺形成预制构件混凝土凹凸不平或骨料显露的表面，是实现预制构件和后浇筑混凝土的可靠结合重要控制环节。粗糙面应全数检查。

（3）预制构件上的预埋件、预留插筋、预留孔洞、预埋管线等规格型号、数量应符合要求。以上内容与后续的现场施工息息相关，施工单位相关人员应全数检查。

（4）预制板类、墙板类、梁柱类构件外形尺寸偏差和检验方法应分别符合国家规范的规定。

检查数量：按照进场检验批，同一规格（品种）的构件每次抽检数量不应少于该规格（品种）数量的 5%，且不少于 3 件。

（5）灌浆孔检查

检查时，可使用细钢丝从上部灌浆孔伸入套筒，如从底部伸出，并且从下部灌浆孔可看见细钢丝，即畅通。构件套筒灌浆孔是否畅通应全数检查。

10.2.4　预制构件外观质量允许偏差及检验方法

预制构件不应有影响结构的性能、安装和实用功能的尺寸偏差。对超过尺寸允许偏差且影响结构性能的安装、使用功能的部位经原设计单位认可，指定技术处理方案进行处理，并重新检查验收。

预制构件尺寸偏差及预留孔、预留洞、预埋件、预留插筋、键槽的位置和检验方法应符合表 10.3 至表 10.6 的规定。预制构件有粗糙面时，与预制构件粗糙面相关的尺寸偏差可放宽 1.5 倍。

表 10.3　预制楼板类构件外形尺寸允许偏差及检验方法

项次	检查项目			允许偏差/mm	检验方法
1	规格尺寸	长度	<12m	±5	用尺两端及中间部，取其中偏差绝对值较大值
			≥12m 且<18m	±10	
			≥18m	±20	
2		宽度		±5	用尺两端及中间部，取其中偏差绝对值较大值
3		厚度		±5	用尺量板四角和四边中部位置共 8 处，取其中偏差绝对值较大值
4	对角线差			6	在构件表面，用尺测量两对角线的长度，取其绝对值的差值
5	外形	表面平整度	内表面	4	用 2m 靠尺安放在构件表面上，用楔形塞尺量测靠尺与表面间的最大缝隙
			外表面	3	
6		楼板侧向弯曲		L/750 且≤20mm	拉线，钢尺最大弯曲处
7		扭翘		L/750	四对角拉两条线，量测两线交点之间的距离，其值的二倍为扭翘值
8	预埋部件	预埋钢板	中心线位置偏移	5	用尺测纵横两个方向的中心线位置，取其中较大值
			平面高差	0，-5	用尺紧靠在预埋件上，用楔形塞尺量测预埋平面与混凝土面的最大缝隙
9		预埋螺栓	中心线位置偏移	2	用尺测纵横两个方向的中心线位置，取其中较大值
			外露长度	+10，-5	用尺量
10		预埋线盒、电盒	在构件平面的水平方向中心位置偏差	10	用尺量
			与构件表面混凝土高差	0，-5	用尺量
11	预留孔	中心线位置偏移		5	用尺测纵横两个方向的中心线位置，取其中较大值
		孔尺寸		±5	用尺测纵横两个方向的尺寸，取其中最大值
12	预留洞	中心线位置偏移		5	用尺测纵横两个方向的中心线位置，取其中较大值
		洞口尺寸、深度		±5	用尺测纵横两个方向的尺寸，取其中最大值

表 10.3(续)

项次	检查项目		允许偏差/mm	检验方法
13	预留插筋	中心线位置偏移	3	用尺测纵横两个方向的中心线位置,取其中较大值
		外露长度	±5	用尺量
14	吊环、木砖	中心线位置偏移	10	用尺测纵横两个方向的中心线位置,取其中较大值
		留出高度	0,-10	用尺量
15	桁架钢筋高度		+5,0	用尺量

表 10.4 预制墙板类构件外形尺寸允许偏差及检验方法

项次	检查项目			允许偏差/mm	检验方法
1	规格尺寸	高度		±4	用尺两端及中间部,取其中偏差绝对值较大值
2		宽度		±4	用尺两端及中间部,取其中偏差绝对值较大值
3		厚度		±3	用尺量板四角和四边中部位置共8处,取其中偏差绝对值较大值
4	对角线差			5	在构件表面,用尺测量两对角线的长度,取其绝对值的差值
5	外形	表面平整度	内表面	4	用2m靠尺安放在构件表面上,用楔形塞尺量测靠尺与表面间的最大缝隙
			外表面	3	
6		侧向弯曲		L/1000且≤20mm	拉线,钢尺量最大弯曲处
7		扭翘		L/1000	四对角拉两条线,量测两线交点之间的距离,其值的二倍为扭翘值
8	预埋部件	预埋钢板	中心线位置偏移	5	用尺测纵横两个方向的中心线位置,取其中较大值
			平面高差	0,-5	用尺紧靠在预埋件上,用楔形塞尺量测预埋平面与混凝土面的最大缝隙
9		预埋螺栓	中心线位置偏移	2	用尺测纵横两个方向的中心线位置,取其中较大值
			外露长度	+10,-5	用尺量
10		预埋套筒、螺母	中心线位置偏移	2	用尺测纵横两个方向的中心线位置,取其中较大值
			平面高差	0,-5	用尺紧靠在预埋件上,用楔形塞尺量测预埋平面与混凝土面的最大缝隙

表 10.4(续)

<table>
<tr><th>项次</th><th colspan="2">检 查 项 目</th><th>允许偏差/mm</th><th>检 验 方 法</th></tr>
<tr><td rowspan="2">11</td><td>预留孔</td><td>中心线位置偏移</td><td>5</td><td>用尺测纵横两个方向的中心线位置,取其中较大值</td></tr>
<tr><td></td><td>孔尺寸</td><td>±5</td><td>用尺测纵横两个方向尺寸,取其中最大值</td></tr>
<tr><td rowspan="2">12</td><td rowspan="2">预留洞</td><td>中心线位置偏移</td><td>5</td><td>用尺测纵横两个方向的中心线位置,取其中较大值</td></tr>
<tr><td>洞口尺寸,深度</td><td>±5</td><td>用尺测纵横两个方向尺寸,取其中最大值</td></tr>
<tr><td rowspan="2">13</td><td rowspan="2">预留插筋</td><td>中心线位置偏移</td><td>3</td><td>用尺测纵横两个方向的中心线位置,取其中较大值</td></tr>
<tr><td>外露长度</td><td>±5</td><td>用尺量</td></tr>
<tr><td rowspan="2">14</td><td rowspan="2">吊环、木砖</td><td>中心线位置偏移</td><td>10</td><td>用尺测纵横两个方向的中心线位置,取其中较大值</td></tr>
<tr><td>与构件表面混凝土高差</td><td>0,-10</td><td>用尺量</td></tr>
<tr><td rowspan="3">15</td><td rowspan="3">键槽</td><td>中心线位置偏移</td><td>5</td><td>用尺测纵横两个方向的中心线位置,取其中较大值</td></tr>
<tr><td>长度、宽度</td><td>±5</td><td>用尺量</td></tr>
<tr><td>深度</td><td>±5</td><td>用尺量</td></tr>
<tr><td rowspan="3">16</td><td rowspan="3">灌浆套筒及连接钢筋</td><td>灌浆套筒中心线位置</td><td>2</td><td>用尺测纵横两个方向的中心线位置,取其中较大值</td></tr>
<tr><td>连接中心线位置</td><td>2</td><td>用尺测纵横两个方向的中心线位置,取其中较大值</td></tr>
<tr><td>连接钢筋外露长度</td><td>+10,0</td><td>用尺量</td></tr>
</table>

表 10.5 预制梁柱桁架类构件外形尺寸允许偏差及检验方法

<table>
<tr><th>项次</th><th colspan="3">检 查 项 目</th><th>允许偏差/mm</th><th>检 验 方 法</th></tr>
<tr><td rowspan="3">1</td><td rowspan="5">规格尺寸</td><td rowspan="3">长度</td><td><12m</td><td>±5</td><td rowspan="3">用尺两端及中间部,取其中偏差绝对值较大值</td></tr>
<tr><td>≥12m 且<18m</td><td>±10</td></tr>
<tr><td>≥18m</td><td>±20</td></tr>
<tr><td>2</td><td colspan="2">宽度</td><td>±5</td><td>用尺两端及中间部,取其中偏差绝对值较大值</td></tr>
<tr><td>3</td><td colspan="2">厚度</td><td>±5</td><td>用尺量板四角和四边中部位置共 8 处,取其中偏差绝对值较大值</td></tr>
<tr><td>4</td><td colspan="3">表面平整度</td><td>4</td><td>用 2m 靠尺安放在构件表面上,用楔形塞尺量测靠尺与表面间的最大缝隙</td></tr>
</table>

表 10.5(续)

项次	检查项目			允许偏差/mm	检验方法
5	侧向弯曲		梁柱	L/750 且≤20mm	拉线,钢尺量最大弯曲处
			桁架	L/1000 且≤20mm	
6	预埋部件	预埋钢板	中心线位置偏移	5	用尺测纵横两个方向的中心线位置,取其中较大值
			平面高差	0,-5	用尺紧靠在预埋件上,用楔形塞尺量测预埋平面与混凝土面的最大缝隙
7		预埋螺栓	中心线位置偏移	2	用尺测纵横两个方向的中心线位置,取其中较大值
			外露长度	+10,-5	用尺量
8	预留孔	中心线位置偏移		5	用尺测纵横两个方向的中心线位置,取其中较大值
		孔尺寸		±5	用尺测纵横两个方向的尺寸,取其中最大值
9	预留洞	中心位置偏移		5	用尺测纵横两个方向的中心线位置,取其中较大值
		洞口尺寸,深度		±5	用尺测纵横两个方向的尺寸,取其中最大值
10	预留插筋	中心线位置偏移		3	用尺测纵横两个方向的中心线位置,取其中较大值
		外露长度		±5	用尺量
11	吊环	中心线位置偏移		10	用尺测纵横两个方向的中心线位置,取其中较大值
		留出高度		0,-10	用尺量
12	键槽	中心线位置偏移		5	用尺测纵横两个方向的中心线位置,取其中较大值
		长度、宽度		±5	用尺量
		深度		±5	用尺量
13	灌浆套筒及连接钢筋	灌浆套筒中心线位置		2	用尺测纵横两个方向的中心线位置,取其中较大值
		连接钢筋中心线位置		2	用尺测纵横两个方向的中心线位置,取其中较大值
		连接钢筋外露长度		+10,0	用尺量

表 10.6 装饰构件外形尺寸允许偏差及检验方法

项次	装饰种类	检查项目	允许偏差/mm	检验方法
1	通用	表面平整度	2	2m 靠尺或塞尺检查
2	面砖、石材	阳角方正	2	用托线板检查
3		上口平直	2	拉通线用钢尺检查
4		接缝平直	3	用钢尺或塞尺检查
5		接缝深度	±5	用钢尺或塞尺检查
6		接缝宽度	±5	用钢尺检查

10.3 质量验收

10.3.1 验收程序

(1)装配式混凝土建筑施工应按现行国家标准《建筑工程施工质量验收统一标准》GB 50300 的有关规定进行单位工程、分部工程、分项工程和检验批的划分和质量验收。检验批及分项工程应由监理工程师(建设单位项目技术负责人)组织施工单位项目专业质量(技术)负责人等进行验收。分部工程应由总监理工程师(建设单位项目负责人)组织施工单位项目负责人和技术、质量负责人等进行验收;地基与基础、主体结构分部工程的勘察、设计单位工程项目负责人和施工单位技术、质量部门负责人也应参加相关分部工程验收。单位工程完工后,施工单位应自行组织有关人员进行检查评定,并向建设单位提交工程验收报告。建设单位收到工程报告后,应由建设单位项目负责人组织施工(含分包单位)、设计、监理、勘察等单位进行单位工程验收。根据装配式施工特点及穿插流水施工需要,应与行业监督部门沟通协调,分段验收。

(2)装配式混凝土建筑的装饰装修、机电安装等分部工程应按国家现行标准的有关规定进行质量验收。

(3)装配式混凝上结构应按混凝土结构子分部工程进行验收;当结构中部分采用现浇混凝土结构时,装配式结构部分可作为混凝土结构子分部的分项工程进行验收。

装配式混凝土结构按子分部工程进行验收时,可划分为预制构件模板、钢筋加工、钢筋安装、混凝上浇筑、预制构件、安装与连接等分项工程,各分项工程可根据与生产和施工方式相一致且便于控制质量的原则,按进场批次、工作班、楼层、结构缝或施工段划分为若干检验批。

装配式混凝土结构子分部工程的质量验收,应在相关分项工程验收合格的基础上,进行质量控制资料检查及观感质量验收,并应对涉及结构安全、有代表性的部位进行结构实体检验。

分项工程的质量验收应在所含检验批验收合格的基础上,进行质量验收记录检查。

(4)装配式混凝土建筑在混凝土结构子分部工程完成分段或整体验收后,方可进行装饰装修的部品安装施工。

10.3.2　验收内容及标准

1. 预制构件临时固定措施应符合设计、专项施工方案要求及国家现行有关标准的规定。

检查数量:全数检查。

检验方法:观察检查,检查施工方案、施工记录或设计文件。

2. 工程应用套筒灌浆连接时,应由接头提供单位提交所有规格接头的有效形式检验报告。验收时应核查下列内容:

(1)工程中应用的各种钢筋强度级别、直径对应的形式检验报告应齐全,报告应合格有效。

(2)形式检验报告送检单位与现场接头提供单位应一致。

(3)形式检验报告中的接头类型,灌浆套筒规格、级别、尺寸,灌浆料型号与现场使用的产品一致。

(4)形式检验报告应在 4 年有效期内,可按灌浆套筒进场验收日期确定。

(5)报告内容应符合《钢筋套筒灌浆连接应用技术规程》JGI 355—2015 附录 A 的规定。

3. 灌浆施工前,应对不同钢筋生产企业的进场钢筋进行接头工艺检验;施工过程中,当更换钢筋生产企业,或同生产企业生产的钢筋外形尺寸与已完成工艺检验的钢筋有较大差异时,应再次进行工艺检验。接头工艺检验应符合下列规定:

(1)灌浆套筒埋入预制构件时,工艺检验应在预制构件生产前进行;当现场灌浆施工单位与工艺检验时的灌浆单位不同,现场灌浆前再次进行工艺检验。

(2)工艺检验应模拟施工条件制作接头试件,并应按接头提供单位提供的施工操作要求进行。

(3)每种规格钢筋制作 3 组套筒灌浆连接接头,并应检查灌浆质量。

(4)采用灌浆料拌合物制作的 40mm×40mm×160mm 试件不应少于 1 组。

(5)接头试件及灌浆试件应在标准养护条件下养护 28d。

(6)每个钢筋套筒灌浆连接接头的抗拉强度不应小于连接钢筋抗拉强度标准值,且破坏时应断于接头外钢筋;每个钢筋套筒灌浆连接接头的屈服强度不应小于连接钢筋屈服强度标准值;3 个接头试件残余变形的平均值应符合《钢筋套筒灌浆连接应用技术规程》JGJ 355 中的有关规定;灌浆料抗压强度应符合《钢筋套筒灌浆连接应用技术规程》JGJ 355 中规定的 28d 强度要求。

(7)接头试件在量测残余变形后可再进行抗拉强度试验,并应按现行行业标准《钢筋机械连接技术规程》JGJ 107—2016 规定的钢筋机械连接形式检验单拉伸加载制度进行试验。

(8)第一次工艺检验中 1 个试件抗拉强度或 3 个试件的残余变形平均值不合格时,可再抽取 3 个试件进行复验,复验有不合格项则判为工艺检验不合格。

4. 采用钢筋套筒灌浆连接时,应在构件生产前进行钢筋套筒灌浆连接接头的抗拉强度试验。试验采用与套筒相匹配的灌浆料制作对中连接接头试件,抗拉强度应符合《钢筋套筒灌浆连接应用技术规程》JGJ 355 的规定。

检查数量:同一批号、同一类型、同一规格的灌浆套筒,不超过 1000 个为一批,每批随机抽取 3 个灌浆套筒制作对中连接接头试件。

检验方法:按现行国家标准《钢筋套筒灌浆连接应用技术规程》JGJ 355 的相关规定执行。

5. 钢筋采用套筒灌浆连接、浆锚搭接连接时,灌浆应饱满、密实,所有出口均应出浆。

检查数量:全数检查。

检验方法:检查灌浆施工质量检查记录,有关检验报告。

6. 钢筋套筒灌浆连接及浆锚搭接连接用的灌浆料强度应满足设计要求。用于检验抗压强度的灌浆料试件应在施工现场制作。

检查数量:按批检验,以每层为一检验批:每工作班取样不得少于 1 次,每楼层取样不得少于 3 次。每组抽取 1 组 40mm × 40mm × 160mm 的试件,标准养护 28d 后进行抗压强度试验。

检验方法:检查灌浆料抗压强度试验报告及评定记录。

7. 预制构件底部接缝坐浆强度应满足设计要求。

检查数量:按检验批,以每层为一检验批;每工作班应制作一组且每层不应少于 3 组边长为 70.7mm 的立方体试件,标准养护 28d 后进行抗压强度试验。

检验方法:检查坐浆材料强度试验报告及评定记录。

8. 当施工过程中灌浆料抗压强度、灌浆质量不符合要求时,应由施工单位提出技术处理方案,经监理、设计单位认可后进行处理。经处理后的部位应重新验收。

检查数量:全数检查。

检验方法:检查处理记录。

9. 装配式结构采用现浇混凝土连接构件时,构件连接处后浇混凝土的强度应符合设计要求。

检查数量:同一配合比的混凝土,每工作班且建筑面积不超过 $1000m^2$ 应制作 1 组标准养护试件,同楼层应制作不少于 3 组标准养护试件。

检验方法:检查混凝土强度报告。当叠合层或连接部位等的后浇混凝土与现浇结构同时浇筑时,可合并验收。对有特殊要求的后浇混凝土应单独制作试块进行检验评定。

10. 钢筋采用焊接连接时,其接头质量应符合现行行业标准《钢筋焊接及验收规程》JGJ 18 的规定。

检查数量:按现行行业标准《钢筋焊接及验收规程》JGJ 18 的有关规定确定。

检验方法:检查质量证明文件及平行加工试件的检验报告。

考虑到装配式混凝土结构中钢筋连接的特殊性,很难做到连接试件原位截取,故要求制作平行加工试件。平行加工试件应与实际钢筋连接接头的施工环境相似,并宜在工程结构附近制作。

11. 钢筋采用机械连接时,其接头质量应符合现行行业标准《钢筋机械连接技术规程》JGJ 107 的规定。

检查数量:按现行行业标准《钢筋机械连接技术规程》JGJ 107 的规定确定。检验方法:检查质量证明文件、施工记录及平行加工试件的检验报告。

平行加工试件应与实际钢筋连接接头的施工环境相似,并宜在工程结构附近制作。钢筋采用机械连接时,螺纹接头应检验拧紧扭矩值,挤压接头应量测压痕直径,检验结果应符合现行行业标准《钢筋机械连接技术规程》JGJ 107 的规定。

12. 预制构件采用焊接、螺栓连接等连接方式时,其材料性能及施工质量应符合国家现行标准《钢结构工程施工质量验收规范》GB 50205 和《钢筋焊接及验收规程》JGJ18 的相关规定。

检查数量:按现行国家标准《钢结构工程施工质量验收规范》GB 50205 和《钢筋焊接及验收规程》JGJ 18 的规定确定。

检验方法:检查施工记录及平行加工试件的检验报告。在装配式结构中,常会采用钢筋或钢板焊接、螺栓连接等“干式”连接方式,此时钢材、焊条、螺栓等产品或材料应按批进行进场检验,施工焊缝及螺栓连接质量应按国家现行标准《钢结构工程施工质量验收规范》GB 50205 和《钢筋焊接及验收规程》JGJ 18 的相关规定进行检查验收。

13. 装配式结构施工后,其外观质量不应有严重缺陷,且不应有影响结构性能和安装、使用功能的尺寸偏差。

检查数量:全数检查。

检验方法:观察,量测;检查处理记录,

14. 外墙板接缝处的防水性能应符合设计要求。

检查数量:按批检验。每1 000m^2外墙面积应划分为个检验批,不足1 000m^2时也应划分为一个检验批:每个检验批每100m^2应至少抽查一处,每处不得少于10m^2。

检验方法:现场淋雨试验。淋水流量不应小于5L/(m·min),淋水试验时间不应少于2h,检测区域不应有遗漏部位。淋水试验结束后,检查背面有无渗漏。

15. 装配式结构施工后,其外观质量不应有一般缺陷。

检查数量:全数检查。

检验方法:观察,检查处理记录。

16. 装配式结构施工后,预制构件位置、尺寸偏差及检验方法应符合设计要求;当设计无具体要求时,应符合表10.7 的规定。预制构件与现浇结构连接部位的表面平整度应符合表10.7 的规定。

检查数量:按楼层、结构缝或施工段划分检验批。在同一检验批内,对梁、柱和独立基础,应抽查构件数量的10%,且不应少于3 件;对墙和板,应按有代表性的自然间抽查10%,且不应少于3 间;对大空间结构,墙可按相邻轴线间高度5m 左右划分检查面,可按纵、横轴线划分检查面,抽查10%,且均不应少于3 面。

表10.7　装配式结构构件位置和尺寸允许偏差及检验方法表

<table>
<tr><th colspan="3">项　目</th><th>允许偏差/mm</th><th>检验方法</th></tr>
<tr><td rowspan="2">构件轴线位置</td><td colspan="2">竖向构件(柱、墙、桁架)</td><td>8</td><td rowspan="2">经纬仪及尺量</td></tr>
<tr><td colspan="2">水平构件(梁、楼板)</td><td>5</td></tr>
<tr><td>标高</td><td colspan="2">梁、柱、墙板楼板底面或顶面</td><td>±5</td><td>水准仪或拉线、尺量</td></tr>
<tr><td rowspan="2">构件垂直度</td><td rowspan="2">柱、墙板安装后的高度</td><td>≤6m</td><td>5</td><td rowspan="2">经纬仪或吊线、尺量</td></tr>
<tr><td>>6m</td><td>10</td></tr>
<tr><td>构件倾斜度</td><td colspan="2">梁、桁架</td><td>5</td><td>经纬仪或吊线、尺量</td></tr>
<tr><td rowspan="2">相邻构件平整度</td><td rowspan="2">梁、楼板底面</td><td>外露</td><td>3</td><td rowspan="2">2m 靠尺和塞尺测量</td></tr>
<tr><td>不外露</td><td>5</td></tr>
<tr><td rowspan="2">相邻构件平整度</td><td rowspan="2">柱、墙板</td><td>外露</td><td>5</td><td rowspan="2">2m 靠尺和塞尺测量</td></tr>
<tr><td>不外露</td><td>8</td></tr>
<tr><td>构件搁置长度</td><td colspan="2">梁、板</td><td>±10</td><td>尺量</td></tr>
<tr><td>支座、支垫中心位置</td><td colspan="2">板、梁柱、墙、桁架</td><td>10</td><td>尺量</td></tr>
<tr><td colspan="3">墙板接缝宽度</td><td>±5</td><td>尺量</td></tr>
</table>

10.3.3 验收结果及处理方式

(1)装配式混凝土结构子分部工程施工质量验收合格应符合下列规定：

①所含分项工程质量验收应合格。

②应有完整的质量控制资料。

③观感质量验收应合格。

④结构实体检验结果应符合《混凝土结构工程施工质量验收规范》GB 50204 的要求：

(2)当混凝土结构施工质量不符合要求时，应按下列规定进行处理：

①经返工、返修或更换构件、部件的，应重新进行验收。

②经有资质的检测机构按国家现行相关标准检测鉴定达到设计要求的，应予以验收。

③经有资质的检测机构按国家现行相关标准检测鉴定达不到设计要求，但经原设计单位核算并确认仍可满足结构安全和使用功能的，可予以验收。

④经返修或加固处理能够满足结构可靠性要求的，可根据技术处理方案和协商文件进行验收。

(3)装配式混凝土结构子分部工程施工质量验收时，应提供下列文件和记录：

①工程设计文件、预制构件深化设计图、设计变更文件。

②预制构件、主要材料及配件的质量证明文件、进场验收记录、抽样复验报告。

③钢筋接头的试验报告。

④预制构件制作隐蔽工程验收记录。

⑤预制构件安装施工记录。

⑥钢筋套筒滥浆等钢筋连接的施工检验记录。

⑦后浇混凝土和外墙防水施工的隐蔽工程验收文件。

⑧后浇混凝土、灌浆料、坐浆材料强度检测报告。

⑨结构实体检验记录。

⑩装配式结构分项工程质量验收文件。

⑪装配式工程的重大质量问题的处理方案和验收记录。

⑫其他必要的文件和记录(宜包含 BIM 交付资料)。

(4)装配式混凝土结构子分部工程施工质量验收合格后，应将所有的验收文件存档备案。

思考题

1. 什么是主控项目和一般项目？
2. 简述构件外观质量缺陷检查内容和方法。
3. 在整个验收过程中需要设计几方单位共同参与？

第 11 章　安全管理与绿色施工

11.1 概 述

安全生产管理是指对安全生产工作进行的管理和控制。企业主管部门是企业经济及生产活动的管理机关,按照“管生产同时管理安全”的原则,在组织本部门、本行业的经济和生产工作中,同时也负责安全生产管理。组织督促所属企业事业单位贯彻安全生产方针、政策、法规、标准。根据本部门、本行业的持点制订相应的管理法规和技术法规,并向劳动安全监察部门备案,依法履行自已的管理职能。在施工过程中依据标准化施工和绿色施工来进行工程控制是非常有必要的。

绿色施工是可持续发展思想在工程施工中的应用体现,是绿色施工技术的综合应用。绿色施工技术并不是独立于传统施工技术的全新技术,而是用“可持续”的眼光对传统施工技术的重新审视,是符合可持续发展战略的施工技术。

绿色施工并不是很新的思维途径,承包商以及建设单位为了满足政府及大众对文明施工、环境保护及减少噪音的要求,为了提高企业自身形象,一般均会采取一定的技术来降低施工噪音、减少施工扰民、减少环境污染等,尤其在政府要求严格、大众环保意识较强的城市进行施工时,这些措施一般会比较有效。但是大多数承包商在采取这些绿色施工技术时是比较被动、消极的,对绿色施工的理解也是比较单一的,还不能够积极主动的运用适当的技术、科学的管理方法以系统的思维模式、规范的操作方式从事绿色施工。事实上,绿色施工并不仅仅是指在工程施工中实施封闭施工,没有尘土飞扬,没有噪声扰民,在工地四周栽花、种草,实施定时洒水等这些内容,还包括了其他大量的内容。它同绿色设计一样,涉及到可持续发展的各个方面,如生态与环境保护、资源与能源利用、社会与经济发展等。真正的绿色施工应当是将“绿色方式”作为一个整体运用到施工中去,将整个施工过程作为一个微观系统进行科学的绿色施工组织设计。绿色施工技术除了文明施工、封闭施工、减少噪音扰民、减少环境污染、清洁运输等外,还包括减少场地干扰、尊重基地环境,结合气候施工,节约水、电、材料等资源或能源,环保健康的施工工艺,减少填埋废弃物的数量,以及实施科学管理、保证施工质量等。

大多数承包商注重按承包合同、施工图纸、技术要求、项目计划及项目预算完成项目的各项目标,没有运用现有的成熟技术和高新技术充分考虑施工的可持续发展,绿色施工技术并未随着新技术、新管理方法的运用而得到充分的应用。施工企业更没有把绿色施工能力作为企业的竞争力,未能充分运用科学的管理方法采取切实可行的行动做到保护环境、节约能源。

11.2 安全生产管理

11.2.1 安全生产管理概述

1.熟悉安全生产的有关内容

安全生产指在社会生产活动中,通过人、机、物料、环境的和谐运作,使生产过程中潜在的各种事故风险和伤害因素始终处于有效的控制状态,切实保护劳动者的生命安全和身体健康。

辞海解释为一系列措施和活动;中国大百科全书解释为一项方针或一项原则。

安全生产管理:

概念:针对人们在生产过程中的安全问题,运用有效的资源,发挥人们的智慧,通过人们的努力,进行有关政策、计划、组织和控制等活动,实现生产过程中人与机器设备、物料、环境的和谐,达到安全生产的目标。

目标:减少和控制危害,减少和控制事故,尽量避免生产过程中由于事故造成的人身伤害、财产损失、环境污染以及其他损失。

基本对象:企业的员工,涉及企业中的所有人员、设备设施、物料、环境、财务、信息等6个方面。包括安全生产法制、行政、监督检查、工艺技术、设备设施、作业环境和条件管理6方面。

内容:安全生产管理机构和安全生产管理人员、安全生产责任制、安全生产管理规章制度、安全生产策划、安全培训教育、安全生产档案等6项。

2. 掌握事故、事故隐患、危险、重大危险源等分类原则

事故:现代汉语词典解释为意处损失或灾祸;职业病记录与通报中解释为事件导致致命或非致命伤害。

事故分类:

我国在工伤事故统计中,按照《企业职工伤亡事故分类标准》将企业工伤事故分为20类:物体打击、车辆伤害、机械伤害、起重伤害、触电、淹溺、灼烫、火灾、高处坠落、坍塌、冒顶片帮、透水、放炮、瓦斯爆炸、火药爆炸、锅炉爆炸、容器爆炸、其他爆炸、中毒和窒息及其他伤害等。

生产安全事故:生产经营活动中发生的造成人身伤亡或者直接经济损失的事件。

表11.1　事故分级

	死亡人数	重伤人数	经济损失
特别重大	30人以上	100人以上	1亿元以上
重大	10~30	50~100	0.5~1亿
较大	3~10	10~50	1 000~5 000万
一般	3人以下	10人以下	1 000万以下

安全生产事故隐患:生产经营单位违反安全生产法律、法规、规章、标准、规程和安全生产管理制度的规定,或者因其他因素在生产经营活动中存在可能导致事故发生的物的危险状态、人的不安全行为和管理上的缺陷。

事故隐患的分类:分为一般事故隐患、重大事故隐患。按照危害和整改难度的大小(较小—较大)、整改时间的长短(立即—经过一定时间:停产停业)、外部因素的影响(致使自身难以排除)。

事故隐患整治:通过辨识、评价、消除、整改、监控、使事故风险处于可接受水平的过程。

危险:指系统中存在导致发生不期望后果的可能超过了人们的承受程度。

是人们对事物的具体认识,必须指明具体对象,如危险环境、危险条件、危险状态、危险物质、危险场所、危险人员、危险因素等。

一般用危险度来表示危险的程度。

$$R = f(F, C)$$

R:危险度—风险:自然、社会、经济、技术、健康5类;安全生产日常管理:人、机、环境、管理4类。

F:发生事故的可能性

C:发生事故的严重性

危险源:可能造成人员伤害和疾病、财产损失、作业环境破坏或其他损失的根源和状态。

可以是一次事故、一种环境、一种状态的载体,也可以是可能产生不期望后果的人或物

危险源分类:一类主要为不安全物质,其具有能量越多发生事故越严重的特点,决定了事故后果的严重程度。

二类主要为人的不安全行为,具出现越频繁发生事故的可能性越大的特点。(企业工作重点)

重大危险源:广义上说,可能导致重大事故发生的危险源就是重大事故危险源。

《安全生产法》的解释:指长期或临时地生产、搬运、使用或者储存危险物品,且危险物品的数量等于或者超过临界量的单元(包括场所和设施)。当单元中有多种物质时,如果各类物质的量满足下式,就是重大危险源。

$$\sum_{i=1}^{N} \frac{q_i}{Q_i} \geqslant 1$$

式中　q_i——单元中物质 i 的实际存在量;

Q_i——物质 i 的临界量;(不同国家和地区的规定不同。)

N——单元中物质的种类数。

3. 掌握安全、本质安全、安全生产管理等要求

安全:

与危险是相对的概念。泛指没有危险、不出事故的状态。

安全生产:生产过程中的安全,即安全生产,指“不发生事故、职业病、设备或财产损失”

世界上没有绝对安全的事物,任何事物都包含有不安全因素,危险性低于某种程度时,就认为是安全的。安全性和危险性互为补数。$S = 1 - D$

本质安全:

是指通过设计等手段使生产设备或生产系统本身具有安全性,即使在误操作或发生故障的情况下也不会造成事故。具体包括两方面的内容(预防为主的根本体现,也是安全生产的最高境界)

(1)失误—安全功能

(2)故障—安全功能

安全许可证:指国家对矿山企业、建筑施工企业和危险化学品、烟花爆竹、民用爆破器材生产企业实行安全许可制度。

11.2.2　现代安全生产管理体系

安全生产管理体系是施工企业和施工现场整个管理体系的一个重要组成部分,包括为制定、实施、审核和保持“安全第一,预防为主”方针和安全管理目标所需的组织结构、计划活动、职责、程序过程和资源。我公司为本项目建立了强有力的安全生产保证体系,既注重安

全思想宣传教育和安全技能培训，又注重日常的安全生产工作检查落实，抓管理、抓制度，盯住现场，跟班作业，抓住关键，超前预防；同时又把安全生产纳入竞争机制，纳入承包内容，逐级签订承包保责任状，以此来确保安全工作落到实处。

1. 了解安全生产管理的发展历史

钻木取火—金字塔建造—古罗马、古希腊近卫军和值班团承担救火和治安—英国12世纪颁布《防火法令》，17世纪颁布《人身保护法》—《周易》有“水火相忌”“水在火上即济”的记载—秦人兴修水利—北宋消防组织已经相当严密—18世纪工业革命，工人作业环境恶劣超时劳动，健康和安全受到威胁，伤亡事故和职业病不断出现，学者开始研究劳动保护卫生——20世纪初，现代工业快速发展，重大生产事故和环境污染相继发生，企业主不得不花费一定的资金和时间对工人进行安全教育。——20世纪30年代，很多国家设立了安全生产管理的政府机关，发布了劳动安全卫生的法律法规。有了比较完善的安全体系——20世纪50年代，工人要求不仅要有工作机会，还要有安全与健康的工作环境，一些工业化国家，进一步加强安全生产法律法规体系建设，投入更多资金，以系统安全理论为核心的现代安全管理方法、模式、思想、理论基本形成——20世纪末，人们对职业安全卫生问题的认识发生了很大变化，“持续发展”“以人为本”的健康安全管理理念，各种标准、规范更加成熟。——现代安全生产管理理论、方法、模式是20世纪50年代进入我国的。进入21世纪我国学者提出了系统化的企业安全生产风险管理理论雏形（管理的内容包括危险源辨识、风险评价、危险预警与监测管理、事故预防与风险控制管理及应急管理等）。

2. 熟悉安全生产管理的原则

安全生产管理原理：对生产管理中安全工作的实质内容进行科学分析、综合、抽象与概括所得出的安全生产管理规律。

安全生产原则：在生产管理原理的基础上，指导安全生产活动的通用原则。

（1）系统原理　管理系统有6个特征：集合性、相关性、目的性、整体性、层次性、适应性。

运用系统原理的原则：

①动态相关性原则　管理系统各要素是发展的，互相联系又互相制约，如果各要素处于静止状态，就不会发生事故。

②整分合原则　管理必须在整体规划下明确分工，在分工基础上有效综合，安全生产管理纳入日常管的一项重要内容。

③反馈原则　及时捕获、反馈各种安全生产信息，以便采取行动。

④封闭原则　手段、过程须形成封闭的回路，各管理机构及制度方法之间应紧密联系，形成相互制约回路。

（2）人本原理必须把人的因素放在首位，体现以人为本的思想，两层含义，一切管理活动都是以人为本展开的，人即是管理主体，也是管理的客体；管理活动各个环节都需要人掌管、运作、推动、实施。

运用人本原理的原则：

①动力原则（物质动力、精神动力、信息动力）

②能级原则（根据单位和个人能量的大小安排其工作）

③激励原则（利用外部诱因的刺激，调度人的积极性和创造性）

④行为原则（需要/动机/行为/以实现新的目标，需要和动机是行为的基础，安全工作的重点是防治人的不安全行为）

(3)预防原理　做到预为主,通过管理和技术手段减少人的不安全行为和物的不安全状态使事故发生概率降低。

运用预防原理的原则:

①偶然损失原则　事故损失有其偶然性(事故同结果不一定同),无论事故损失的大小,都必须做好预防工作。

②因果关系原则　事故的诱因存在,发生事故是必然的。

③3E 原则　针对人的不安全行为和物的不安全状态,采取 3 种防止对策:工程技术对策;教育对策;法制对策(技术、教育、身体和态度、管理)。

④本质安全化原则　从一开始和从本质上实现安全化,从根本上消除事故发生的可能性。

(4)强制原理

就是绝对服从,不必经被管理者同意便可以采取控制行动。

运用强制原理的原则:

①安全第一原则

②监督原则

3. 熟悉事故致因理论

(1)事故频发倾向理论　认为少数具有事故频发倾向的工人是工业事故发生的主要原因,此理论已成为历史。(控制重点是人员选择)

(2)事故因果连锁理论

①海因里希法测——事故的发生具有因果关系。五个因素:遗传及社会环境、人的缺点、人的不安全行为或物的不安全状态、事故、伤害。企业安全工作的核心就是防止人的不安全行为和消除物的不安全状态。(曾被称为工业安全公理)

②现代因果联锁理论——控制不足(管理失误)、基本原因(起原论:个人原因和工作条件与环境)、直接原因(征兆:人的不安全行为和特的不安全状态)、事故(接触)、受伤(损坏或坏失)

(3)能量意外释放理论　某种能量造成人员伤亡取决于能量大小、接触时间长短和频率以及力的集中度。(同样的事故其严重性不一样)可以利用各种屏蔽来防止意外的能量转移(控制释放与接触),从而防止事故。(11 种措施:用安全的替代不安全的;限能;防止蓄能;控制释放;延缓释放;开避新渠道释放;设屏蔽;人、物与能源之间设屏蔽;提高防护标准;改工艺;修复急救)

(4)轨迹交叉理论　人的不安全行为与物的不安全状态交叉时发生事故. 预防措施为避免人的不安全行为与物的不安全状态同时、同地出现。

(5)系统安全理论　产生于 20 世纪五六十年代美国研制洲际导弹过程中,区别于传统安全理论的创新概念。

①在事故治因理论方面,改变了传统理论只注重操作人员的不安全行为,忽略硬件故障在事故致因中作用的观念(提高本质安全增加系统的可靠性)。

②没有任何一种事物是绝对安全的。

③不可能消除一切危险源。

④由于人的认知能力,不能完全认识危险源,新的危险源也会不断出现,安全工作的目标就是控制危险源,把事故发生的概率降到最低。

4. 掌握事故预防原理与原则

从安全技术、安全教育和安全管理等方面入手，采取相应对策。

安全技术对策着重解决物的不安全状态问题。

安全教育对策和安全管理对策主要着眼于人的不安全行为问题。

11.2.3　安全生产管理方针

1. 掌握我国安全生产管理方针

《安全生产法》第三条规定："安全生产管理，坚持安全第一，预防为主的方针"。"安全第一，预防为主"是安全生产基本方针，是《安全生产法》的灵魂。《安全生产法》的基本法律制度和法律规范始终突出了"安全第一，预防为主"的方针。安全生产，重在预防。学习宣传贯彻《安全生产法》，必须把预防事故作为安全生产工作的着眼点和落脚点，进行主动的、超前的管理。《安全生产法》关于预防为主的规定，主要体现为"六先"，即：

(1)安全意识在先　由于各种原因，我国公民目前的安全意识相对淡薄。随着经济发展和社会进步，安全生产已不再是生产经营单位发生事故造成人员伤亡的个别问题，而是事关人民群众生命和财产安全，事关国民经济发展和社会稳定大局的社会问题和政治问题。关爱生命、关注安全是全社会政治、经济和文化生活的主题之一。重视和实现安全生产，必须有强烈的安全意识。

(2)安全投入在先　生产经营单位要具备法定的安全生产条件，必须有相应的资金保障，安全投入是生产经营单位的"救命钱"。

(3)安全责任在先　实现安全生产，必须建立健全各级人民政府及其有关部门和生产经营单位的安全生产责任制，各负其责，齐抓共管。针对当前存在的安全责任不明确、权责分离的问题，《安全生产法》在明确赋予政府、有关部门、生产经营单位及其从业人员各自的职权、权利的同时设定其安全责任，是实现预防为主的必要措施。

(4)建章立制在先　预防为主需要通过生产经营单位制定并落实各种安全措施和规章制度来实现。"没有规矩，不成方圆"，生产经营活动涉及安全的工种、工艺、设施设备、材料和环节错综复杂，必须制定相应的安全规章制度、操作规程，并采取严格的管理措施，才能保证安全。

(5)隐患预防在先。预防为主，主要是为了防止和减少生产安全事故。

(6)监督执法在先。各级人民政府及其安全生产监督管理部门和有关部门强化安全生产监督管理，加大行政执法力度，是预防事故，保证安全的重要条件。

2. 了解安全发展的理念和指导原则

以人为本，安全发展，重点包含三层含义：

(1)以人为本，必须是以人的生命为本，不损劳动者了安全和健康权益。

(2)经济社会发展必须以安全为基础、前提和保障。两者同步规划/同步部署/同步推进

(3)构建社会主义和谐社会必须解决安全生产问题。

3. 安全生产法律法规体系

以安全生产法为龙头、以相关法律(约20多部)、行政法规(20多部行政法规—条例、规定)、部门规章(80多部—办法、条例、规定)、地方性法规、地方行政规章、和其他规范性文件以及安全生产国家标准、行业标准为主体的安全生产法律法规体系已初步形成。有效的法

律法规约 130 多部。

4. 安全生产政策措施

(1)国务院 116 次常务会议确定了加强安全生产工作的 12 项治本之策(制订规划、加强行业管理、增加安全投入、推动科技进步、出台经济政策、加强培训教育、加快立法工作、建立激励约束机制、强化企业责任、查处责任事故、倡导安全文化、完善监管体制)。

(2)2009 年为安全生产年活动

三项行动——安全生产宣传教育、安全生产执法、安全生产治理

三项建设——安全生产法制体制机制、安全生产能力、安全生产监管队伍

(3)2010 年,进一步加强企业安全生产工作的通知

8 项事项——严格管理、建设技术保障、更有力监督、高效救援体系、行业安全准入、加强政策引导、注重经济转变、严格考核与责追。

强调严格企业安全管理,要求作到:

①健全完善规章制度,对生产现场监督检查,严格查处三违行为。

②及时排查治理安全隐患,并切实作到五到位。

③强化生产过程管理的领导责任,主要负责人与领导班子轮流现场带班,矿山矿领导与工人同时下井升井。以擅离职守处理,给予规定上限的经济处罚,发生事故除上限处罚外依法从重究其责任。

④强化职工安全培训。负责人、安全管理人员、特殊工种持证上岗。

⑤全面开展安全达标——岗位达标、专业达标、企业达标;未达标暂扣生产许可与安全生产许可证,停产整顿;逾期未达标地方政府依法关闭。

重大危险源和重大隐患报当地安监部门备案,企业预案要与当地政府预案保持衔接、定期演练,企业现场带班人、班组长、调度可第一时间让停产撤人。

(4)2011 年明确继续开展安全生产年活动

三深化——深化企业主体责任落实,全面加强安管监督。深化依法监管打击违法行为。深化煤、非煤、交运、建工、烟花、危化品、民爆品、工矿商贸及消防等行业安全专项整治。

三推进:推进科技步阀,加快装备研发发推广应用和救援基地建设。推进安全达标,强化基层基础。

推进机制建设,制订十二五计划。

十二五:

六大体系——企业安全保障、政府监管社会监督、科技支撑、法律法规和政策标准、应急救援、宣教培训。

六个能力——本质安全水平和事故防范、监察执法和群防群治、技术装备安全保障、依法依规安全生产、事故救援和应急处置、安全素质自救互救。

5. 安全生产监管监察体系

改革开放以来,特别是我国经济进入高速增长期之后,安全生产形势日趋严峻,安全生产事故频繁发生,国家安全生产监管体制面临着巨大的压力和挑战,从而使得深化我国安全生产监管体制改革,完善安全生产监管体系的重要性和紧迫性日益突出。

现行的安全生产监管体制是在 2001 年后逐步形成并定型的。这一体制体现了中央“强化综合、淡化专业”的改革初衷,有利于实现政企分开,精简政府机构,有利于逐步加强和改进政府安全生产监管工作,但由于缺乏在市场经济条件下如何建立统一高效的监管体制的

经验，现行的体制仍存在诸多问题，已经直接影响了安全生产监管的有效性。

加快推进安全生产监管体制改革与创新：

(1)重新对安全生产监管职能进行统一系统整合，并将整合后的职能赋予一个独立的统一机构。

(2)以提高执行力为目标，建立健全上下贯通、层次分明、事权一致的安全生产监管工作系统。

(3)建立全国统一的安全生产监督监察员队伍。

建立健全科学、合理、严密、完整的安全生产监管体系，国家对安全生产实施有效的监督管理，最根本的是要建立起切实有效的保障安全生产、维护劳动者安全的法律制度，以国家强制力保证实施。

(1)是建立健全监管的基本制度和措施　这些基本制度和措施包括安全生产的市场准入制度、对特种作业人员实行资格认定和持证上岗的制度、对危险性较大的特种设备实行安全认证和使用许可，非经认证和许可不得使用的制度等等。

(2)是形成安全生产工作新格局　各级政府抓经济工作必须抓安全，正确处理经济发展与保证安全生产的关系，把保证生产安全放在首位。

(3)是建立安全生产长效机制　建立长效机制将平时的严格排查、有效监控，与专项整治有机结合，采取定期不定期的抽查，广泛开展每年一次的"安全月"活动等形式。

(4)是切实落实安全生产责任制　生产经营单位必须依法建立健全安全生产责任制度。

(5)是建立健全安全生产监管执法机构建设体系

①国务院和地方各级政府，负责对安全生产工作的领导，支持、督促各有关部门依法履行安全生产监管职责。

②县级以上地方各级人民政府中负责安全生产监管的部门，对安全生产工作实施综合监管。

③政府中的有关部门依照《安全生产法》和其他有关法律、行政法规的规定，在各自的职责范围内对有关的安全生产工作实施监管。

④建立为安全生产提供服务的中介机构。

(6)是建立安全生产市场准入行政许可制度　在安全监管上，政府应制定行业准入和安全生产标准，并予以强制执行。

(7)是建立健全安全生产监管激励和约束体系　政府要对在安全生产方面作出显著成绩的单位和个人给予奖励。同时，鉴于生产安全事故对国家和人民群众的生命、财产安全造成的损失，对因人为原因造成的责任事故，必须依法追究责任者的法律责任，以示警戒和教育的作用。

(8)是建立健全安全生产监管分级体系　根据有关法律、行政法规和国务院的有关规定，安全生产监督管理部门是安全生产工作的综合监督管理部门，对所有生产经营单位的安全生产实施综合监督管理。

(9)是建立健全风险应急救援体系　加快全国生产安全应急救援体系建设，尽快建立国家生产安全应急救援指挥中心，充分利用现有的应急救援资源，建立具有快速反映能力的专业化救援队伍，提高救援装备水平，增强生产安全事故的抢险救援能力。加强区域性生产安全应急救援基地建设。搞好重大危险源的普查登记，加强国家、省(区、市)、市(地)、县(市)四级重大危险源监控工作，建立应急救援预案和生产安全预警机制。

6. 安全生产科技保障体系

此体系主要包括政府引导推动、技术装备研发转化、专家智力支持、中介技术服务、企业推广引用、技术标准转化。

(1)认真贯彻执行安全技术规范和安全操作规程,保障在施工生产中的安全技术措施的制定与实施。

(2)在编制和审查施工组织设计或方案的过程中,应在每个环节都贯穿安全技术措施,对确定的施工方案,要检查实施过程。遇有方案变更,应及时组织修定。

(3)在检查施工组织设计或施工方案实施情况时,要同时检查安全技术措施的实施情况。对施工中涉及安全方面的技术性问题,应及时提出解决办法。

(4)对新技术、新材料、新工艺,应制定相应的安全技术措施和安全操作规程。

(5)对改善劳动条件,减轻笨重体力劳动、消除噪声等职业安全卫生的技术治理进行研究解决。

(6)参与伤亡事故和未遂事故中技术性问题的调查,分析事故原因,从技术上提出防范措施。

7. 安全生产教育培训体系

工作原则:统一规划、归口管理、分类指导、分级实施、教考分离。

工作格局:政府监管、机构参与、企业落实。

安全教育既是施工企业安全管理工作的重要组成部分,也是施工现场安全生产的一个重要方面工作。

安全教育的特点:

(1)安全教育的全员性　安全教育是企业所有人员上岗前的先决条件上,任何人不得例外。

(2)安全教育的长期性　安全教育贯彻了每个工作的全过程,贯穿了每个工程施工的全过程,贯穿了施工企业生产的全过程,因此安全教育的任务“任重而道远”,不应该也不可能是一劳永逸的。

(3)安全教育的专业性　安全生产的管理性与技术性结合,使得安全教育具有专业性要求。

安全教育主要内容:

(1)贯彻党和国家关于施工安全的方针、政策、法令的规定。

(2)安全管理规定。

(3)机电及各工种的技术操作规程。

(4)施工生产中的危险区域在安全工作中的经验教训及预防措施。

(5)粉尘毒危害的防护。

(6)执行进场教育、现场教育、岗位教育,三级安全教育制度。

(7)特殊工种工人必须参加主管部门的培训班。

8. 安全生产应急救援体系

《安全生产法》第68条规定:“县级以上地方各级人民政府应当组织有关部门制定本行政区域内特大生产安全事故应急救援预案,建立应急救援体系。”建立各级事故应急救援体系是各级人民政府的法定职责。要建立事故应急救援体系,需要解决以下问题。

(1)确定应急救援工作的任务　事故应急救援工作的主要任务是通过建立应急救援体

系,预防和减少生产安全事故,在生产安全事故发生时能够及时抢救伤害人员,防止事故扩大,减少人员伤亡和财产损失。

(2)制定应急救援预案　事故应急救援涉及诸多部门、行业和企业,事故应急救援预案应当自下而上地分级制定。依照法律规定,事故应急救援预案应当在各级人民政府的统一组织领导下,由安全生产监督管理部门会同公安、铁道、交通、民航、建筑、质检和卫生等有关部门共同制定和实施。

应急管理原则:

(1)实行主要领导负责下的分级管理制　在公司安全领导小组的统一领导下,建立健全"统一领导,分级管理,分线负责"的应急救援制度。健全应急救援组织体系,建立应急救援队伍,制定完善应急预案,开展应急救援演练。公司领导和管理人员各司其职、各负其责,充分发挥应急响应的指挥作用。

(2)以人为本,安全第一　把保障旅客和员工的生命安全和身体健康、最大程度地和减少事故造成的人员伤亡和财产损失作为是要任务。切实加强应急救援人员的安全防护。

(3)预防为主,强化基础,快速反应　坚持预防与应急相结合、常态与非常态相结合,常抓不懈,在不断提高安全风险辨识、防范水平的同时,加强现场应急基础工作,做好常态下的风险评估、物资储备、队伍建设、完善装备、预案制定和演练等工作。消防等各级应急预案每年演练一次,修订一次,强化一线一员的应急处置和逃生能力,"早发现,早报告,迅捷处置"居安思危,预防为主"。

(4)科学实用　应急预案具有针对性,实用性和可操作性。通过危险源辨识、风险评估进行编制;应急对策简练实用,通过演练不断完善改进。依法规范,加强管理。

9. 安全生产目标指标体系

安全生产指标体系,是落实安全生产责任制的重要内容。安全生产指标体系就是把安全生产纳入国家和地方、行业发展规划。做到有指标、有项目、有资金、有措施、有支撑体系。在国家经济社会发展指标体系中,设置亿元国内生产总值生产安全事故死亡率、工矿商贸企业从业人员十万人生产安全事故死亡率,并与煤炭生产百万吨死亡率、道路交通万车死亡率一起纳入统计指标体系。各地分解落实,并从实际出发,明确更为具体完善的安全指标,进一步强化安全生产行政首长负责制。

长期以来,由于缺乏刚性、量化的安全生产规划指标,安全生产责任的考核一直缺乏操作性,使安全生产责任的落实多停留在定性衡量和形式考核的层面上。一些地方在推动经济和社会发展过程中,往往存在重经济、轻安全的倾向。建立安全生产考核指标体系是促进各级政府和企业切实落实安全生产责任的需要。经济和社会发展指标可分两大类,一类是增长性指标,如经济增长速度、利润、GDP 等;一类是控制性指标,如人口增长率、案件发生率等。安全生产控制指标属于后者。

建立和落实安全生产责任制,就要科学制定安全生产规划目标,建立健全安全生产考核指标体系,通过层层分解和落实省、市、县、乡政府和企业,评价政绩、业绩,加强考核奖惩,建立激励约束机制,形成有效的制约机制。安全生产规划指标所需统计数据均有稳定的统计渠道和可靠的数据来源。各类事故死亡人数、工矿商贸企业事故死亡人数等均可按照安全生产统计制度,从各级政府安监部门的统计汇总数据中采集。国内生产总值、二三产业从业人员数量等,均可以通过各级政府统计部门的公告中采集,因此指标具有科学性、操作性。

安全生产指标体系,还是强化企业安全主体责任,推动本质安全型企业建设。在企业自身努力的同时，通过严格的监管、有效的指导和有力的社会监督，推动企业安全主体责任到位。一是加强对企业安全生产“第一责任人”履职尽责情况的监督。严格高危行业各类企业主要负责人安全生产资质管理，煤矿矿长等经培训持证上岗。指导督促各类企业建立健全以第一责任人为中枢的安全责任体系，横向到边，纵向到底，把安全责任分解落实到所属厂矿和车间（区队），班组、岗位，落实到人头。二是指导各类企业广泛开展安全生产标准化活动。指导督促企业健全、落实规章制度，做好隐患排查整改和职业健康等工作，认真执行新建和改扩建安全生产“三同时”制度，搞好重大危险源的普查登记和监控，推动企业安全管理的制度化和规范化。

安全目标责任管理实际上就是安全生产目标在实施过程中的责任落实。包括安全生产目标责任的融合，安全生产目标责任的评价与考核，安全生产责、权、利相结合等环节。

(1)安全生产目标责任的融合

①建立安全目标分级负责的安全责任制。

②建立各级目标责任管理组织。

③将目标化整为零，采用 PDCA 循环法逐一实施。

PDCA 循环就是按计划、实施、检查、处理的科学流程进行循环管理。

P 阶段　计划阶段，主要是制订实施目标的具体措施。通过分析目标现状，找出存在问题，分析产生问题的原因，针对找出的原因，制订对策计划。

D 阶段　实施阶段，按制订的对策计划和措施具体组织实施和严格地执行的过程。

C 阶段　检查阶段，即检查效果。根据所制订的措施计划检查进度和实际执行的效果是否达到目标的要求。

A 阶段　处理阶段，即总结经营，巩固成绩。根据检查结果进行总结，把成功的经验加以肯定，纳入有关的标准、规定和制度中，以便其他目标实施时有所遵循。把失败的教训进行总结整理，记录在案，作为前车之鉴，防止以后再次发生。遗留问题转入下一个循环。

(2)安全生产目标责任的评价与考核

安全生产目标在实施过程中和完成后，都要对各项目标完成情况进行检查和责任落实。检查是评价和考核的前提，是确保实现目标的手段。

①评价内容　一般包括各层次目标执行情况的汇总，各类存在问题的汇总，目标管理整套思路和方法的优劣等。

②评价方法　常用的评价方法主要有百分分配法和综合评价法。百分分配法即我们常用的打分法。综合评价法的公式：

综合评价：完成程度 × 困难程度 ÷ 努力程度 ± 修正值。修正值是因客观条件出乎意料的变化，使目标完成比制定

目标时变难（+）或变易（-）而给定的一个修正系数。三者比例应事先确定，比例大小：

$$完成程度 \geqslant 困难程度 \geqslant 努力程度$$

③评价步骤　首先，目标执行者对目标完成情况按照规定的标准进行自我评价，对完成目标所实施的方案、手段、条件、进度等情况进行评价，总结成功经验和失败教训。其次，上级以检查结果为依据，在分析讨论的基础上，对目标执行者目标执行情况作出科学评价，找出成功点和挫折点。

④考核　评价考核标准分为集体或个人考核标准两类

(3)安全生产责、权、利相结合

单位实行安全目标责任管理时,要明确职工在目标管理中的职责。同时要赋予他们日常管理的权力,权限的大小应根据所担负的目标责任的大小和完成目标任务的实际需要来确定,还要给予他们应得的利益。只有责、权、利的有机结合才能调动广大职工参与安全目标管理的积极性和持久性。

11.3　标准化施工

标准化施工在硬件方面,利用有限的施工条件营造良好的临时性施工环境,有利于施工的有序性和合理性,利用有限的条件,营造优美适度的生活环境,可以体现企业的人文关怀,换发作业人员的工作热情,无形中潜移默化地规范作业人员的行为模式,提高文明意识。

在软件方面,通过标准化的管理模式,可以营造蓬勃向上的氛围,充分展示企业的活力,并且以此感染和改善周边的社会小环境,以加深社会对企业精神的认识。

施工标准化是借鉴工业生产标准化理念,通过引进系统理论,对施工现场安全生产、交织科学的施工现场管理新体系。其目标是以实施施工现场管理标准化为突破口,整合管理资源,建立有效的预防与持续改进机制,全面改革现场管理方式和施工组织方式,从而提高企业管理水平,提高政府监管和产业发展水平。

建筑施工管理作为建筑业运行的平台和载体,既是矛盾的集中点,又是工作的着力点。推行施工标准化既抓住了建筑业创新的关键点,又是新时期施工现场管理的最低要求,这对转变施工现场管理,提升行业形象,增强产业发展后劲,提高政府监管水平和服务效能,具有深远的社会意义和现实意义。

标准化的施工管控应该是在符合法律法规的基础上包含施工现场安全管理制度的标准化、人员配备的标准化、现场管理标准化、施工工艺标准化、工序检查标准化、过程控制的标准化等一系列的标准化管理办法。

(1)管理制度标准化　项目的施工标准化管理首先是工程项目管理制度的标准化,只有建立管理制度的标准化,才能按章办事,使得各项管理工作有迹可循,有法可依,使得各项管理工作有序的进行。施工现场的管理制度需要科学合理的制定,在符合建筑企业的管理体系之下,进行管理制度的标准化制定,在制定实施细则时,要简洁明了,使得施工操作人员能按章办事。

(2)人员配备标准化　为了适应不同施工任务的要求,需要对施工现场的人员进行标准化分配。这就要求施工管理人员科学合理的按照施工人员的技能与职责进行分配,满足施工要求,并明确划分每个施工人员的工作职责,使得施工人员各司其职。除此之外,还要经常对施工管理人员与施工操作人员进行在职培训,不断提高施工人员的技能和素质。

(3)现场管理标准化　为了实现建筑工程项目的现场管理标准化,主要从以下几个方面进行管理制定,以便于把施工现场的管理工作实际化。制订文明工地建设工作标准、劳务用工管理标准、工地实验室建设标准、内业资料管理标准、编制作业指导书、打造样板工程、建立检查制度和现场管理的定期分析制度。

(4)施工工艺标准化　项目技术人员应当根据施工工艺规程学习专业知识,提高业务水平,对施工工艺试验方案的事实制定工作分组、人员、试验数据采集等规定,指定专人入则监督是否按照工艺流程设计和工艺试验方案进行施工,在进行各项质量鉴定、综合分析后选取工艺参数进行工艺试验总结后,方可指导大面积工程的施工。

(5)工序检查标准化　为防止不合格品流入下道工序,而对各道工序的主要要素都应该进行检验。在下道工序隐蔽施工前,施工班组首先进行自检,自检合格后,报项目部对上道工序进行隐蔽验收,验收人在质量验收平面图上签署意见合格或不合格,并写明验收日期,合格可以进行下道工序施工,不合格进行整改,整改完成后再次报验收。

1. 安全规则

(1)凡进入工地人员必须戴安全帽,严禁喝酒上班,或带其他非工地工作人员进入工地。

(2)使用梯子不能缺挡,不可垫高使用,梯脚要有防滑措施,超过2米以上梯子要有监护人,严禁二人以上同在梯子上作业,人字梯中间要有绳子扣牢。

(3)使用移动电动工具者必须穿绝缘鞋、戴绝缘手套,金属外壳必须接地保护或接零保护。高空作业时要扎安全带、戴安全帽、脚手架外挂安全网封闭施工。

(4)现场临时用电,电箱要保持完好无损,损伤的电气元器件必须及时更换。

(5)照明动力要分开,并有二级保护,用电设备一机一闸,严禁乱接乱拖,一闸多机。

(6)拆除的材料不得乱扔,作业下方派人监护。

(7)现场临时电源线应采用橡皮电缆线,禁止使用塑料花线,禁止使用电线直接插入插座内。

(8)设备的防护装置要完好,尤其是砂轮切割机,设备外壳要有完好的接地或接零保护。

(9)施工设备要加强现场的维护保养,保持完好率,禁止带病运转和超负荷作业。

(10)施工现场材料设备堆放整齐,不得存放在主要通道上。

(11)施工现场动用电火焊,在作业区周围清除场的维护保养,保持完好率,禁止带病运转和超负荷作业。

(12)服从工地的安全管理,遵守工地的安全管理的规章制度。

(13)特殊工种需持证上岗。

2. 现场文明

(1)现场材料设备施工机具在指定地点堆放整齐。

(2)保持现场周边环境的卫生,进出材料后现场清理干净。

(3)做好现场监护工作,在施工作业区谢绝与本工程无关人员入内。

(4)工具间内零星材料堆放整齐。

(5)施工现场做到文明施工,活完场地清,每天工作结束后作业面内亦要清理整理好。

(6)做好现场成品,半成品的保护工作,自身的产品要保护好,其他工种的产品亦要保护好,只有互相保护好才能确保整个工程的完好质量。

(7)服从和执行现场综合管理措施。

11.4　绿色施工

绿色施工是指工程建设中,在保证质量、安全等基本要求的前提下,通过科学管理和技术进步,最大限度地节约资源与减少对环境负面影响的施工活动,实现四节一环保(节能、节地、节水、节材和环境保护)。绿色建筑是指在建筑的全寿命周期内,最大限度地节约资源(节能、节地、节水、节材)、保护环境和减少污染,为人们提供健康、适用和高效的使用空间,与自然和谐共生的建筑。

11.4.1　环境保护

1. 场地环境保护

(1)工程开工前,应对施工场地所在地区的土壤环境现状进行调查,针对土壤情况提出对策,采取科学的保护或恢复措施,防止施工过程中造成土壤侵蚀、退化,减少施工活动对土壤环境的破坏和污染。

(2)施工总平面布置首先应考虑利用荒地、劣地、废地或已被污染的土地。施工现场物料堆放占用场地应紧凑,尽量节约施工用地,如果现场场地狭小,应选择第二场地堆放材料。材料堆放、加工以及工人宿舍等临时用地应尽量利用废地、荒地。

(3)施工中开挖的弃土,有价场地堆放的应提前进行挖填平衡计算,尽量利用原土回填,做到土方量挖填平衡。挖出的弃土暂时无法回填利用的,应堆放在安全的、专用的场地上,同时进行覆盖保护。

(4)采取有效措施,防止由于地表径流或风化引起的场地内水土流失(如保护表层土、稳定斜坡、植被覆盖等)。在施工现场出入口和围墙边有条件的地方进行绿化或摆放盆花,美化环境,防止水土流失。

(5)采取有效措施,防止由雨水管道、地表径流和空气带来的杂质、颗粒所产生的沉淀物污染环境。

(6)对不可再生利用的施工废弃物的处理应符合国家及地方法律、法规要求,防止土壤和地下水被污染。

(7)危险品、化学品存放处和危险性废物堆放场应有严格的隔水层设计,做好渗液收集和处理工程,防止土壤被污染。

(8)对施工期间破坏植被,造成裸土的地块,及时覆盖砂石或种植速生草种,以减少土壤侵蚀。施工结束后,再恢复其原有植被或进行合理的绿化。

2. 大气环境保护

(1)施工现场扬尘管理应严格遵守《中华人民共和国大气污染防治法》和地方有关法律、法规及规定。施工现场采取有效的防尘和降尘等保护措施。

(2)规划市区的施工现场,混凝土累计用量超过100立方米的工程,应当使用预拌混凝土;施工现场设置砂浆搅拌机,机棚必须封闭,并配备有效降尘防尘装置。

(3)水泥和其他易产生扬尘的细颗粒建筑材料应密闭存放保管,使用过程中要有保护措施。

(4)施工现场裸露地面要派专人负责洒水降尘。对大面积的裸露地面、坡面、集中堆放的土方应采用覆盖或固化的降尘措施,如绿化、喷浆、隔尘布遮盖、地面硬化或混凝土封盖等。

(5)施工现场应设立垃圾站,垃圾实行分类管理,及时分拣、回收和清运现场垃圾。垃圾清运应按照批准路线和时间到指定的消纳场所倾倒。高层或多层建筑清理施工垃圾,应搭设封闭式临时专用垃圾道或者采用容器吊运。

(6)遇有四级以上大风天气不得进行土方回填、转运以及其他可能产生扬尘污染的作业施工。

(7)为了减少现场堆放的回填土过干产生粉尘,除应采取覆盖措施外,还应派专人定时洒水,土的含水率控制在15% ~25%即可。

(8)清理模板内已绑扎好的钢筋中残留的灰尘和垃圾时要尽量使用吸尘器,不得使用吹风机等易产生扬尘的设备。

(9)在采用机械剔凿作业时,可用局部遮挡、掩盖或采取水淋等防护措施。作业人员必须按规定配备防护用品。

(10)拆除旧有建筑时,应随时洒水,减少扬尘污染。渣土要在拆除施工完成之日起三日内清运完毕,并应遵循拆除工程的有关规定。

(11)施工现场建立洒水清扫制度,配备洒水设备,有专人负责。

(12)施工现场周围的围挡及大门等的设置应符合公司有关规定。

(13)施工材料、垃圾的运输

①施工现场路面硬化处理的宽度应不小于出口。根据道路功能不同,可以分为以下几种硬化处理方法。

表11.2　不同的硬化处理方法和位置标高

序号	道路用途	硬化处理方法
1	走重载车辆道路	100厚C20混凝土,6-10@200构造配筋
2	一般走道	100厚C15素混凝土
3	其他	铺设可重复利用的广场砖
4	利用施工剩余混凝土浇筑地面	可以先预留场地

②运输车辆严禁超载、超量装载运输。运输土方、渣土、垃圾等以三楼物质的车辆必须采用密封运输,必须持有市政管理部门准运证件;

③施工现场门口处铺热草帘子,设置洗车池,对于沾有泥土的车辆,用清水冲洗。车辆外部不准挂有拉运的物质,车轮不准带有泥土上路;

④运输水泥和其他易飞扬物及细颗粒散体材料时,车辆要覆盖严密或使用封闭车厢,防止遗洒和飞扬;

⑤对预拌混凝土的运输要加强防遗洒管理,所有运输车卸料溜槽处必须装设防止遗撒的活动挡板,混凝土浇筑后必须在现场清洗干净车辆方可离开;

⑥施工现场有毒、有害废弃物的运输应确保不遗洒、不混放,应送到政府批准的单位或场所进行处理、消纳,对可回收的废弃物做到再回收利用。

3. 废气排放

(1)施工车辆、机械、设备的尾气排放,应符合国家或地方规定的车辆排气污染物的排放标准。

(2)施工车辆、机械、设备应定期维护,保持良好运作状态。

(3)采取有效措施减少车辆尾气中有害成分的含量,应选择清洁燃油、代用燃料或安装尾气净化装置和高效燃料添加剂等。

(4)建筑材料采购要严格按照《民用建筑工程室内环境污染控制规范》的相关规定执行。严禁使用对人体产生危害,对环境产生污染的产品。

(5)民用建筑工程室内装修中所使用的木板及其他木质材料,严禁采用沥青类防腐、防潮处理剂。

(6)施工过程中所使用的阻燃剂、混凝土外加剂氨的释放量不应大于0.10%,测定方法应符合现行国家标准《混凝土外加剂中释放氨的限量》的规定。

(7)对引进的"四新"技术产品应事前进行调查、评估,如使用的产品对环境及人体健康产生不利影响,应实行否决制度。

(8)施工地段土壤含氡量浓度高于周围非地质构造断裂区域3倍及以上,5倍以下时,施工前要制定可靠的施工方案,施工过程中要严格按照施工方案执行。

(9)Ⅰ类民用建筑工程地点土壤中的镭-226、钍232、钾-40的比活度测定。当内照射指数(IRa)大于1.0或外照射指数(Iy)大于1.3时,工程地点的土壤不得作为工程回填土使用。

(10)土壤含氡量浓度高的地下防水做法必须按现行国家标准《地下工程防水技术规范》(GB50108—2001)中的一级防水要求,使用防氡气的高密度防水材料对基础进行处理,防止氡气从地下渗透进入室内环境。

4.噪声影响

(1)施工现场应严格按照国家标准《建筑施工场界噪声限值》(GB12523—90)的要求,将噪声大的机具合理布局,闹静分开。合理安排噪声作业时间,减少噪声扰民。

(2)对施工机具设备进行良好维护,从声源上降低噪声。施工过程中设专人定期对搅拌机进行检查、维护、保养,如发现有松动、磨损,及时紧固或更换,以降低噪音的同时保证施工过程中处于良好的运行状态。

(3)对搅拌机、空气压缩机、木工机具等噪声大的机械,尽可能安排远离周围居民区一侧,从空间布置上减少噪声影响。

(4)施工现场应选用能耗低、性能好、技术含量高、噪声小的电动工具。

(5)打桩施工时不得随意敲打钻杆,施工噪音控制在85dB以下,且尽量安排在白天施工。

(6)机械剔凿作业使用低噪音的破碎炮和风镐等剔凿机械,夜间(22:00~6:00)、午休(12:00~14:00)不得进行剔凿作业。

(7)对人为的施工噪声应有管理制度和降噪措施,如施工时严禁敲打料斗、钢筋。夜间运输材料的车辆,进入施工现场严禁鸣笛;装卸材料应做到轻拿轻放等,最大限度地减少噪声扰民。

(8)对混凝土输送泵、振捣棒、木工棚、包锯、钢筋加工场等强噪音设备,要采取降噪防护措施:

①施工中混凝土振捣棒、手动电锤、锯等机具,通过时间安排上减少噪声影响;

②现场混凝土输送泵应设置隔音棚遮挡,实行封闭式隔音处理;

③现场混凝土振捣棒振捣混凝土时,不得振钢筋和模板,并做到快插慢拔,减少噪音的排放;

④模板加工的木工棚采用全封闭房间,门口挂降噪屏(工作时放下,起到隔音的作用),窗户用降噪屏封闭;

⑤现场进行钢筋加工及成型时,将钢筋加工机械安放在平整度较高的平台上,下垫木板,并定期检查各种零部件,如发现零部件有松动、磨损,及时紧固或更换;

⑥进行夜间施工作业的模板、脚手架支搭、拆除搬运时必须轻拿轻放;

⑦根据噪音防治需要，将外脚手架满挂密目安全网，并在结构施工楼层设置降噪围挡；

⑧施工现场界内应设置噪音监控点，监测方法执行《建筑施工场界噪声测量方法》，噪声值不应超过国家或地方噪声排放标准，施工噪音一旦超标，要及时采取措施加以控制。

表 11.3　筑施工场界噪声限制标准（参考国家标准 GB12523—90）

施工阶段	主要噪声源	噪声限值/dB	
		昼间	夜间
土石方	推土机、挖掘机、装载机等	75	55
打桩	各种打桩机等	85	禁止施工
结构	混凝土搅拌机、振捣棒、电锯等	70	55
装修	吊车、升降机等	65	55

（9）根据建筑施工场界环保噪音标准（dB）日夜施工要求的不同，应合理协调安排分项施工的作业时间：

①施工应安排在 6:00～22:00 时间进行，因生产工艺上要求必须连续作业或者特殊要求，确需在 22 时至次日 6 时期间进行施工的，要会同建设单位一起向工程所在地区、县建设行政主管部门提出申请，经批准后方可进行夜间施工；

②必须进行夜间施工作业的，建设单位应当会同施工单位做好周边居民工作，并公布施工期限；

③在高考期间和高考前半个月内，除按国家有关环境噪声标准要求对施工现场的噪声进行严格控制外，夜间应严禁施工。

5. 水污染

（1）施工现场污水排放标准应符合国家标准《污水综合排放标准》（GB8978—1996）的要求。对暴雨径流、生活污水、工程污水等不同来源的工地污水，采取去除泥沙、去除油污、分解有机物、沉淀过滤、酸碱中和等有针对性的处理方式。

（2）生活污水排放处理措施

①施工现场食堂、餐厅应设隔油池，生活污水经隔油池沉淀后排入管网；隔油池应及时清理，并送到指定地方进行消纳；生活垃圾运出现场前必须覆盖严实，不得出现遗洒。清运单位必须持有相关部门批准的废弃物消纳资质证明和经营许可证；

②工地采用环保移动厕所、微生物处理机和可进行酸碱综合处理污水的先进设备及污水处理技术，要定期委托环卫部门及时清理；

③临时厕所污水不准排入市政污水管道，应采用小型化粪池及渗透井对厕所污水进行处理。

（3）生产污水排放处理措施

①生产污水、污油排放应在工程开工前 15 日内，由项目经理部负责到工程所在区县环保部门进行排污申报登记，工程污水经沉淀池处理后才能排入市政污水管道；

②混凝土输送泵及运输车辆清洗处应设置沉淀池（沉淀池的大小根据工程排污量设置），经二次沉淀后循环使用或用于现场洒水降尘，废水不得直接排入市政污水管线；

③施工现场应尽量不设置油料库，若必须存放油料的，应对油料存储和使用采取措施，对库房进行防渗漏处理，防止油料泄露，污染土壤水体；

④有条件的项目可在现场建造简易的雨水收集池，或采用绿化面积渗漏自然排放，尽量

避免雨水跟其他工地污水接触；收集未经污染的雨水，应经沉淀池后排入专用雨水排放管道，或经沉淀后再利用；

⑤雨水回灌应建立所属区域的雨水管网和污水管网，经市政部门批准后与市政雨水管、市政污水管连接，禁止雨水、污水混合排放；

⑥深基坑支护施工中，大量的施工用水，可在坑内设置临时沉淀池，经过沉淀后继续使用。

6. 光污染

对施工场地直射光线和电焊眩光进行有效控制或遮挡，避免对周围区域产生不利干扰。

(1)电焊作业应采取遮挡措施，避免电焊眩光外泄。

(2)施工现场大型照明灯安装要有俯射角度，要设置挡光板控制照明光的照射角度，应无直射光线射入非施工区。

(3)夜间施工使用的照明灯，要采取遮光措施，限制夜间照明光线溢出施工场地以外范围，不对周围住户户影响。

7. 施工周边区域的安全保护

工程开工前必须会同建设、监理单位对施工现场的周边交通、行人、集贸市场和学校等人流密集区域，毗邻的高压线及建筑物、构筑物的安全状况，周边山体、水体、油库、地下管线、堤坝、军事设施等进行安全评估，制定相应的防范措施。

(1)施工期间采取措施保护地下各类管线，对不明情况应与相关单位取得联系或采用超声探测，及时了解场区周边情况。对于继续使用的地下管线应提出切实可行的保护措施。

(2)合理布置大型机械，实施科学的施工方案，确保施工不影响周边建筑物、构筑物安全，避免对周围建筑、居民区产生有害干扰。

(3)施工过程中应对周建筑物、构筑物及人员的安全做好防护、保护工作。

(4)施工期间对周边建筑物进行监测，重点部位设立防护监测点，如建筑物的沉降观测，临街道路的的行人、车辆安全防护，高压线的防护等，对不利情况提出预警，及时制定应急预警方案。

8. 古树、名木与文物保护

(1)施工期间应认真学习文物保护法规，严格按照《中华人民共和国文物保护法》的规定，依法处理和保护施工过程中发现的文物。对必须原地保护的古树名木，应提出保护或处理方案，并报园林、林业部门批准。

(2)建设项目涉及古树名木的，在规划、设计和施工、安装中，应当采取避让保护措施。避让保护措施由建设单位报古树名木行政主管部门批准，未经批准，不得施工。

(3)施工过程中一旦发现文物，立即停止施工，保护现场并立即通报文物部门。应积极协助文物部门工作，提供一定人力、物力或财力，对现场文物抢救、发掘工作给予支持。

(4)因特殊情况确需迁移古树名木的，应当经市古树名木行政主管部门审核，报市政府批准后，办理移植许可证，按照古树名木移植的有关规定组织施工。移植所需费用，由建设单位承担。

(5)施工现场文物保护应急规定

①工程项目场址内因特殊情况不能避开地上文物，应积极履行经文物行政部门审核批准的原址保护方案，确保其不受施工活动损害；

②对场地内无法移栽，必须原地保留的古树、名木划定保护区域，并履行园林部门批准

的保护方案；

③塔吊安装高度必须高于古树，加强起重工培训；安装过程中，调运物资高度必须高于古树顶部且尽量在古树上部绕行；

④引入附近水源，利用旋喷龙头定期对古树进行浇水养护；

⑤古树临道位置设立防护栏杆及标识牌，避免车辆行驶及转弯过程中刮倒古树。

11.4.2 能源保护

1. 节能措施

(1)对施工人员进行教育，提高节能意识。

(2)编制施工现场“能源计量网络图”，安装电度计量表，实行用电计量管理。建立能源消耗台帐，制定节能措施。

(3)施工过程中要制定节能措施，采用高效节能的设备和产品，提高能源利用效率，减少对大气环境的污染。

(4)设置专门的监督管理小组，指派专人负责监督检查节水、节电措施的实施，杜绝无谓的浪费。

(5)对施工设备进行定期维护、保养，保证设备运转正常。

(6)临时设施用电设备要使用标有“CCC”标记的合格产品。

(7)施工条件许可，可利用建筑物的永久设施，如围墙、水电设施等。

2. 节能效果

(1)制定节能计划，采取控制手段(主要为用电)。

(2)施工现场用电计算应按实际用电负荷加系数的方法或按工程预算用负荷适当进行调整。

(3)办公和生活照明灯要采用先进的节能灯具，做到人离灯闭。电脑、打印设备等工作人员离开要随手关机，以降低电消耗。

(4)对电消耗量较大的工艺，制定专项节能措施。

3. 能源优化

(1)施工过程中应使用符合国家及地方有关规定的清洁能源或可再生能源，以清洁能源替代污染大的能源。

(2)施工现场使用的热水锅炉、炊事炉灶及冬季施工取暖锅炉等在政府划定的市区范围内要使用天然气、液化石油气、电等清洁能源。

(3)施工现场应优先选用可再生能源利用设施。

11.4.3 材料与资源保护

1. 材料选择

(1)建筑工程使用的材料，应尽可能就地取材。建筑材料采购要制订明确的环保材料采购条款，对材料供应单进行审核、比较、挑选。计算本地化材料比例，择其大者实施。

(2)采取措施使用符合对环境无害，对人体健康没有影响的绿色建材。

(3)严格控制临时设施用料，尽量利用旧料、现场拆迁回收的材料。

(4)使用的模板、脚手架、安全网等周转材料要选择耐用，维护、拆卸方便，回收方便的材料。

(5)施工中购入的主材、辅材应符合规划设计时绿色材料要求。材料的各项指标应达到现行国家绿色建材标准要求。

(6)装饰装修材料的购入尽量选择经过法定检测单位认证的绿色材料,并应按照以下规范、规程要求进行有害物质评定检查。

①达到《民用建筑工程室内环境污染控制规范》(GB50325—2001)要求;

②达到《室内装饰装修材料有害物质限量》(GB18580—18588—2001)要求。

(7)混凝土外加剂选择应符合以下标准和规程要求

①《混凝土外加剂应用规程》应符合当地技术要求;

②《混凝土外加剂中释放氨的限量》(GB18588-2001)要求;

③每方混凝土总碱含量应符合当地混凝土工程碱集料反应技术管理规定要求。

2. 材料节约

(1)制定材料进场、保管、出库计划和管理制度。

(2)材料合理使用,减少废料率,建立可再生废料的回收管理办法。

(3)对废料进行二次选用,达到使用条件的要充分利用。

(4)减少材料运输过程中材料的损耗率,加强施工过程材料可利用率。

(5)周转材料注意维护,延长自有周转材料使用寿命。对租赁的周转材料依据施工周期,精确计算使用天数,不需用时及时退回租赁单位。

(6)要回收利用施工过程中产生的建筑可再利用的材料。

(7)比较实际施工材料消耗量与计算材料消耗量,提高节材率。

3. 资源再利用

(1)对场地建设现状进行调查,对现有建筑、设施再利用的可能性和经济性进行分析。合理安排工期,利用拟建道路和建筑物,减少资源能源消耗,提高资源再利用率,节约材料与资源。

①施工期间充分利用场地及周边现有或拟建道路;

②施工期间充分利用场地内原有的给水、排水、供暖、供电、燃气、电信等市政设施;

③施工期间临建设施充分利用场地内现有建筑物或拟建建筑物的功能,或使用便于拆卸、可重复利用的材料。

(2)施工废弃物管理

①制定施工场地废弃物管理计划,对现场堆放场进行统一规划,对不同的进场材料设备进行分类,合理堆放和储存,并挂牌标明标识;重要设备材料胜利专门的围栏和库房储存,并设专人管理;

②施工过程中,严格按照材料管理办法进行限额领料;对废料、旧料做到每日清理回收。

③对可回收利用的施工废弃物,将其直接再应用于施工过程中,或通过再生利用厂进行加工处理,再利用。

施工废弃物回收比例评价计算公式

回收比例 b =[施工废弃物实际回收量(t)/可回收利用的施工废弃物总量(t)]×100%。

4. 水资源保护

(1)建筑施工过程要重视节水和对地下水的保护,强化施工节水管理,安装自来水表,实行用水计量管理。对施工现场内周围的地下水及自然水体的水质、水量进行保护，减少施工活动负面影响。

①优化施工方案，推广应用新技术、新工艺，尽量减少地下水抽取；

②进行地下工程施工时，应采取防护性措施，防止地下水被污染；

③人工回灌补给地下水，不得恶化地下水质；

④施工场地需直接从地下或周围江河、湖泊取水，必须取得相关部门发给的取水许可证；

⑤场地周围有自然水体，施工活动对其水量和水质不应产生劣化影响。

(2)水资源节约

①要制定切实可行的施工节水方案和技术措施，加强施工用水管理，尽量做到回收重复利用；

②制定计划严格控制施工阶段用水量，比较实际施工用水量与定额计算用水量，按预算用水量下调10%为施工阶段总用水量；

③水消耗量较大的工艺制定专项节水措施，指派专人负责监督节水措施的实施，提高节水率；

④生产、生活要推广节水型水龙头和使用变频泵节水器具，实施有效的节水措施，降低用水量。

(3)水资源利用

①施工降水要采取措施，做到二次利用；

②对施工现场的污废水进行综合处理，回收利用；

③采取其他先进技术，进行水资源利用；

④居住区建筑排水设置废水回收设施，用于补充地下水或用于生活杂用、景观绿地浇灌；

⑤可利用城市污水处理厂经深度处理后的水再用于景观绿地浇灌用水；

⑥施工过程应充分利用雨水资源，可结合实际情况收集屋顶、地面雨水再利用，或通过采用可渗透的管材、路面材料使雨水能深入地层，保持水体循环。

11.4.3 施工场地文明、人员安全与健康

1.场地文明

(1)施工现场的环境必须保证员工生理、心理健康，保持文明洁净、整齐有序。

(2)工地大门、围墙、密目式安全网及建筑物外立面悬挂物规范、清洁、美观。

(3)施工现场“五牌”即施工安全生产管理制度牌、施工消防保卫管理制度牌、施工管理制度牌、施工环境保护管理制度牌、施工行政卫生管理制度牌；“二图”即施工现场平面图、施工现场卫生区划分图，设置齐全，各标识、牌的字体应符合市建委有关要求，并保持整洁完好。

(4)材料、构件、料具、机械按审批方案中的施工平面布置图堆放。现场材料堆放按种类、规格堆放整齐，并挂标牌、危险品分类存放，有保护措施。

(5)施工现场做到工完场清和一日一清，办公区、生活区主持整洁卫生。

(6)办公区域和生活区域因地制宜设置绿化。

2.人员安全

(1)工程项目施工应建立完善的安全管理体系，应按照地方建设工程施工现场安全防护

标准及公司关于工程项目争创绿色文明安全工地的具体要求，完善各项安全防护设施，达到绿色文明安全施工条件。

（2）施工现场安全管理制度

①安全生产责任制；

②安全技术管理制度；

③安全生产检查制度；

④安全生产检查考评制度；

⑤安全教育培训制度；

⑥安全值班制度；

⑦安全生产例会制度；

⑧生产安全事故应急救援预案；

⑨文明施工、环境保护管理办法。

（3）制定严格的防护措施

①重点制定脚手架、基坑支护和模板工程、“三宝、四口、五临边”的防护措施。物料提升架、高处作业、料具存放、施工用电及机械设备的防护措施，应达到或优于当地建设工程施工现场安全防护标准的要求，并严格按施工方案组织施工；

②进场人员必须使用符合国家、行业标准的劳动保护用品；

③特种作业人员持证上岗，按规定着装，并配备相应安全防护用品。对施工过程中接触有毒、有害物质或具有刺激性气味可被人体吸入的粉尘、纤维以及进行强噪声、强光作业的施工人员，应佩戴防护器具（如护目镜、面罩、耳塞等）；

④现场危险设备、地段、物品配置应有醒目安全标志；

⑤深井、地下管道施工、防水作业区及室内装修作业区，应保证良好的自然通风或具有临时通风设施。

3.人员健康

（1）施工现场人员健康管理应按照当地建设工程施工现场生活区设置和管理标准执行，并依据《职业健康安全管理体系规范》的要求进行危害因素的识别、评价及运行控制过程管理。

（2）场地布置

①施工现场生活区和办公区应严格划分，尽可能分开布置，采用专用金属定型材料或砌块进行围档；

②生活区必须统筹安排，合理布局，满足安全、消防、卫生防疫、环境保护、防汛、防洪等要求；现场临时设施的建设，如办公室、会议室、宿舍、食堂、厕所、舆洗设施、淋浴间、开水房、工人休息室等；

③施工现场办公、生活临建设施应有导向牌，且标识明确。

（3）职业健康

①施工现场应当设置饮水处、休息区、厕所等各类必要的施工人员生活设施，方便使用并符合卫生要求；

②对从事有毒有害作业人员应按照《职业病防治法》的规定做职业健康检查；

③施工现场储藏或安装具有吸水性的材料（如保温材料、地毯、吊顶板等），有良好防潮措施，防止霉菌滋生；

④施工期间采取有效防毒、防污、防尘、防潮、通风等措施，加强施工安全管理。

(4)卫生防疫

①必须严格执行卫生防疫管理规定，建立卫生防疫管理制度，并制定法定传染病、食物中毒、急性职业中毒等突发疾病应急预案；

②生活区应配备保健药箱、常用药及绷带、止血带、颈托、担架等急救器材；

③办公室、食堂、宿舍、浴室等整洁干净，无污染、无异味，符合卫生、通风、照明等要求；

④食堂应有相关部门发放的有效卫生许可证，各类器具规范清洁，有熟食留样。炊事员应持有效健康证，个人卫生、操作行为规范；

⑤厕所、卫生设施、排水沟及阴暗潮湿地带，予以定期进行投药、消毒，除四害措施应可靠、有效；

⑥生活区应严格按照当地有关建设工程施工现场生活区设置和管理标准的要求建设，其内应有必要的生活设施，保证必要的生活空间，宿舍内夏季采取消暑和灭蚊蝇措施，冬季有采暖和防煤气中毒措施；

⑦施工现场制定卫生急救、卫生防疫措施，若施工人员发生法定传染病、食物中毒、急性职业中毒时应立即启动应急预案，同时必须在1小时内向事故发生地所在区(县)建设行政主管部门和卫生防疫部门报告，并应按照卫生防疫部门的有关规定积极配合进行调查处理。

思考题

1. 在成品、半成品上方油漆施工时，应采取什么措施？
2. 施工人员在作业中，应执行哪些规定？
3. 绿色施工中的“四节一环保”指的是什么
4. 绿色施工过程中必须达到的基本要求条款是什么？

第 12 章　BIM 技术在装配式施工中的应用

12.1 概 述

BIM 技术是指建筑信息模型(Building Information Modeling)是以建筑工程项目的各项相关信息数据作为基础,通过数字信息仿真模拟建筑物所具有的真实信息,通过三维建筑模型,实现工程监理、物业管理、设备管理、数字化加工、工程化管理等功能。

装配式建筑在建筑行业有着重要的地位,其优势非常明显,主要表现在设计的标准化,这样可以保证大量的生产,在工厂中通过机械化生产,既保质又保量,使得装配式建筑得到广泛的关注。BIM 技术是一种信息化技术,在建筑行业中具有模拟性、协调性、可视化、可出图性等特点。本文主要介绍 BIM 技术在装配式建筑中的应用,可以有效地提高工程的进度,提高工程的管理水平,推动工程项目的信息化。总之,随着社会的发展,装配式建筑获得越来越多的关注,利用 BIM 技术在装配式建筑中进行模拟,可以有效地排除在设计阶段、施工阶段以及运营阶段的不合理和可能出现的错误,并及时的解决,使得整个项目可以更加安全和高效,为装配式建筑的发展提供有力的保证。

12.2 BIM 技术简介

12.2.1 BIM 的由来

BIM 的概念源于一个叫"建筑描述系统(Building Description System)"的工作原型,1975 年 Chuck Eastman 教授创建了 BIM 理念至今,BIM 技术的研究经历了三大阶段:萌芽阶段、产生阶段和发展阶段。

BIM 理念的启蒙,受到了 1973 年全球石油危机的影响,美国全行业需要考虑提高行业效益的问题,1975 年"BIM 之父"Eastman 教授在其研究的课题"Building Description System"中提出"a computer - based description of - a building",以便于实现建筑工程的可视化和量化分析,提高工程建设效率。但在当时流传速度较慢,直到 2002 年,由 Autodes 公司正式发布《BIM 白皮书》后,由 BIM 教父—Jerry Laiserin 对 BIM 的内涵和外延进行界定并把 BIM 一次推广流传。Jerry Laiserin 认为,Building 涵盖了设计,施工和运营全过程,Information 避免了仅仅时几何三维信息的误解,Modeling 体现了建筑信息管理的动态流程以及对建筑物性能和行为的模拟功能,因此正式引用 Autodes 公司的名词"Building Information Modeling "(简称 BIM)至今。

12.2.2 BIM 的特点

1. 模型信息的完备性

除了对工程对象进行 3D 几何信息和拓扑关系的描述,还包括完整的工程信息描述,如对象名称、结构类型、建筑材料、工程性能等设计信息;施工工序、进度、成本、质量以及人力、

机械、材料资源等施工信息；工程安全性能、材料耐久性能等维护信息；对象之间的工程逻辑关系等

2. 模型信息的关联性

信息模型中的对象是可识别且相互关联的，系统能够对模型的信息进行统计和分析，并生成相应的图形和文档。如果模型中的某个对象发生变化，与之关联的所有对象都会随之更新，以保持模型的完整性和健壮性。

3. 模型信息的一致性

在建筑生命期的不同阶段模型信息是一致的，同一信息无需重复输入，而且信息模型能够自动演化，模型对象在不同阶段可以简单地进行修改和扩展而无需重新创建，避免了信息不一致的错误。

12.2.3 BIM 工程管理的应用价值与作用

1. 实现参建各方高效沟通

(1)通过 BIM 的终端设备能把业主和参建各方进行实时链接在一起，在项目的建设周期内让各方畅通的沟通。通过搭建 1∶1 的三维信息化建模型，能让可能不懂专业的业主也能直观的了解项目的各项情况，如同现场参观实体一样。

(2)从设计阶段起我公司可根据业主要求，快速搭建方案设计三维模型，取代了传统的平面图，或是效果图，让业主形象的全方位了解设我们的计设方案，以便确定我们是否实现了业主的想法。

(3)在设计过程中我公司通 BIM 系列软件搭建 1∶1 的精细化三维模型，形象的表现出设计成果，实现所见及所得。业主及监理方可随时跟踪进度，已及统计实体工程量，以便前期的造价控制、质量跟踪控制。

(4)在设计中我们可以最大程度的满足业主对设计成果的细节要求(业主可在线以任何一个角度观看设产品的的构造，甚至是小到一个插痤的位置、规格、颜色)，业主在设计过程中可在线随时提出修改意见，我公司将及时满足业主的合理修改要求。

(5)BIM 技术让我们为业主提供更为完美的设计产品，它能让我们把工程的结构分析、节能设计、智能化、安全、环保、绿色等做得更好。

(6)在施工阶段中实现动态、集成和可视化的 4D 施工管理。将建筑物及施工现场 3D 模型与施工进度相链接，并与施工资源和场地布置信息集成一体，建立 4D 施工信息模型。实现建设项目施工阶段工程进度、人力、材料、设备、成本和场地布置的动态集成管理及施工过程的可视化模拟。实现项目各参与方协同工作。项目各参与方信息共享，基于网络实现文档、图档和视档的提交、审核、审批及利用。

(7)在项目的前期设计和施工阶段可以把大量的工程相关信息(如构件和设备的技术参数、供方信息、状态信息)录入到信息模型中，可在运营过程中随时更新，通过对这些信息快速准确的筛选调阅，能为项目的后期运营带来很大便利。

2. 实现开工前的虚拟施工

实现虚拟施工是在计算机上执行建造过程，虚拟模型可在实际建造之前对工程项目的功能及可建造性等潜在问题进行预测，包括施工方法实验、施工过程模拟及施工方案优化等。

(1)在建造时随时随地都可以非常直观快速地知道计划是什么样的,实际进展是怎么样的。这样通过 BIM 技术结合施工方案、施工模拟和现场视频监测,大大减少建筑质量问题,安全问题,减少返工和整改。

(2)三维可视化技术可以直观的将工程建筑与实际工程对比,考察理论化与实际的差距和不合理性。同时,三维模型的对比可以使业主对施工过程及建筑物相关功能性进行进一步评估,从而提早反应,对可能发生的情况做及时的调整。

(3)建造过程中无论是施工方、监理方、甚至非工程行业出身的业主领导都对工程项目的各种问题和情况了如指掌。

(4)三维动画渲染和漫游让业主在进行销售或有关于建筑宣传展示的时候,给人以真实感和直接的视觉冲击。

3. 解决传统碰撞检查难题

(1)施工过程中相关各方有时需要付出几十万、几百万,甚至上千万的代价来弥补由设备管线碰撞等引起的拆装、返工和浪费。BIM 技术的应用能够安全避免这种无谓的浪费。传统的二维图纸设计中,在结构、水暖电等各专业设计图纸汇总后,由总图工程师人工发现和解决不协调问题,这将耗费建筑结构设计师和安装工程设计师大量时间和精力,影响工程进度和质量。由于采用二维设计图来进行会审,人为的失误在所难免,使施工出现返工现象,造成建设投资的极大浪费,并且还会影响施工进度。

(2)应用 BIM 技术进行三维管线的碰撞检查,不但能够彻底消除硬碰撞、软碰撞,优化工程设计,减少在建筑施工阶段可能存在的错误损失和返工的可能性,而且优化净空,优化管线排布方案。最后施工人员可以利用碰撞优化后的三维管线方案,进行施工交底、施工模拟,提高施工质量、同时也提高了与业主沟通的能力。

4. 实现精细化的施工管理

项目各参与方通过网络协同工作,进行工程洽商、协调,实现施工质量、安全、成本和进度的管理和监控。

(1)可视化的设计交底　设计人员可以通过模型实现向施工方的可视化设计交底,能够让施工方清楚了解设计意图,了解设计中的每一个细节。

(2)可视化的技术交底　我国工人文化水平不高,在在型复杂的工程向工人技术交底时往往难以让工人理解技术要求,但通过模型就可以直观的让人工人知道自已将要完成的部份是什么样,有哪些技术要求,直观而形象。

(3)精细化的施工按排　可以用模型形象地反应出工程实体的实况,通过对各步工作的分解,精确统计出各步工作工程量,再结合工作面情况和资源供应情况分析后可精确的组织施工资源进行实体的修建。

(4)精确的工程量统计　施工管理人员可以跟据施工进度(部位)快速统计出需要的工程材料数量,实现真正的定额领料并合理按排运输。

(5)实现钢结构的预拼装　大型钢结构施工过程中变行较大,传统的施工方法要进在工厂进行预拼装后再拆开到现场进行拼装。而采用 BIM 技术后就可以把现场的已安装的钢结构进行精确测量后在计算机中建立与实际情况相符的模型,实现虚拟预拼装。

(6)实现构件工厂化生产　可以基于 BIM 设计模型对构件进行分解,对其进行二维码,在工厂加工好后到现场运到进行组装,精准度高,失误率低。

(7)"框图出价"——进度款管理　基于 BIM 技术可以根据三维图形分楼层、区域、构件类型、时间节点等进行“框图出价”,可以快速、准确的进行月度产值审核,对进度款的拨付做到游刃有余。工程造价管理人员可及时、准确地筛选和调用工程基础数据成为可能。

5. 为工程后期维护提供准确数具

基于 BIM 模型的工程文档管理,是将文档等通过手工操作和 BIM 模型中相应部位进行链接。该管理系统集成了对文档的搜索、查阅、定位功能,并且所有操作在基于四维 BIM 可视化模型的界面中,充分提高数据检索的直观性,提高工程相关资料的利用率。当施工结束后,自动形成的完整的信息数据库,为工程运营管理人员提供快速查询定位。

12.2.4 相关政策

近年来,越来越多关于 BIM 的推进政策陆续推出,BIM 技术也逐步向全国各城市推广开来,真正实现在全国范围内的普及应用。从 2014 年开始,在住建部的大力推动下,各省市政策相继出台 BIM 推广应用文件,到目前我国已初步形成 BIM 技术应用标准和政策体系,为 BIM 的快速发展奠定了坚实的基础。充分发挥大数据在城市发展科学决策、高效运行、精细治理和精准服务中的辅助作用,以重点地区、重点领域、重点行业大数据应用示范为引导,全面推动住房城乡建设领域智慧化发展。开展装配式建筑建筑信息模型(BIM)技术应用示范,推动建筑全生命期信息化,积极探索建筑信息模型(BIM)技术向城市治理、市政基础设施建设等领域的拓展应用。

落实建筑业信息化发展纲要,开展建筑业信息化发展水平评估,进一步推动 BIM 等建筑业信息化技术发展。继续开展建筑业 10 项新技术的宣传推广,加强建筑业应用技术研究,推动建筑业技术进步。

2016 年及以前,国家住建部及各地建设负责部门主要出台的是应用推广意见,提出了推广 BIM 的方案以及 2020 年 BIM 发展的目标。2017 年以来,我国住建部及各地方建设负责部门出台的 BIM 政策更加细致,落地、实操性更强,如 2017 年 5 月发布的《建筑信息模型施工应用标准》,中国建筑业终于有了可参考的 BIM 标准;2017 年,上海、广东、江苏发布 BIM 收费标准或参考依据(征求意见稿),指导 BIM 技术服务收费,有利于营造更加透明、健康的 BIM 服务市场。

2017 年,贵州、江西、河南等省市正式出台 BIM 推广意见,明确提出在省级范围内提出推广 BIM 技术应用。我国出台 BIM 推广意见的省市数量逐渐增多,全国 BIM 技术应用推广的范围更加广泛。

因为房建工程结构相对简单,BIM 建模、应用相对容易上手,再加上我国建筑工程项目主要以房建项目为主,出台的 BIM 政策虽未明确提出应用 BIM 技术的工程类型,但 BIM 技术推行以来,主要应用还是集中在房建工程项目中。2017 年 9 月,交通部办公厅发布《关于开展公路 BIM 技术应用示范工程建设的通知》,2018 年 1 月,发布《关于推进公路水运工程 BIM 技术应用的指导意见》,拉开了公路水运工程项目广泛应用 BIM 技术的新篇章。另外,黑龙江等省市发布了关于推进 BIM 技术在装配式建筑中的应用,促进了 BIM 技术与装配式建筑的融合。

目前 BIM 技术在工程建设领域逐步落地,价值日益凸显。当前,固定资产投资增速放缓,BIM 技术成为建筑企业提升项目精细化水平和实现建筑企业集约化管理的重要抓手。政策多次明确提出了大力发展 BIM 技术,为建设工程提质增效、节能环保创造条件,实现建筑业可持续发展。

12.2.5 BIM 未来的发展趋势

以 BIM 技术为代表的信息技术能够为建筑业转型升级提供技术支持，同时也为产业生产方式的转变、管理模式的转变提供支撑。调查显示，有 41.3% 的被调查对象所在的企业 BIM 应用在专项施工方案模拟，有 36.1% 的所在企业将 BIM 应用在投标方案模拟上，基于 BIM 的工程量计算应用为 29%，基于 BIM 的碰撞检查应用有 25.7%，而基于 BIM 的预制加工则应用较少仅为 10.6%。

从 BIM 技术实践中可以看出，单纯的 BIM 应用越来越少，更多的是将 BIM 技术与其他专业技术、通用信息化技术、管理系统等集成应用，以期发挥更大的综合价值，因此，BIM 应用呈现出“BIM +”的特点，“BIM +”应用特点包括五个方面，一是多阶段应用，即从聚焦设计阶段应用向施工阶段深化应用延伸；二是集成化应用，即从单业务应用向多业务集成应用转变；三是多角度应用，从单纯技术应用向与项目管理集成应用转化；四是协同化应用，即从单机应用向基于网络的多方协同应用转变；五是普及化应用，即从标志性项目应用向一般项目应用延伸。

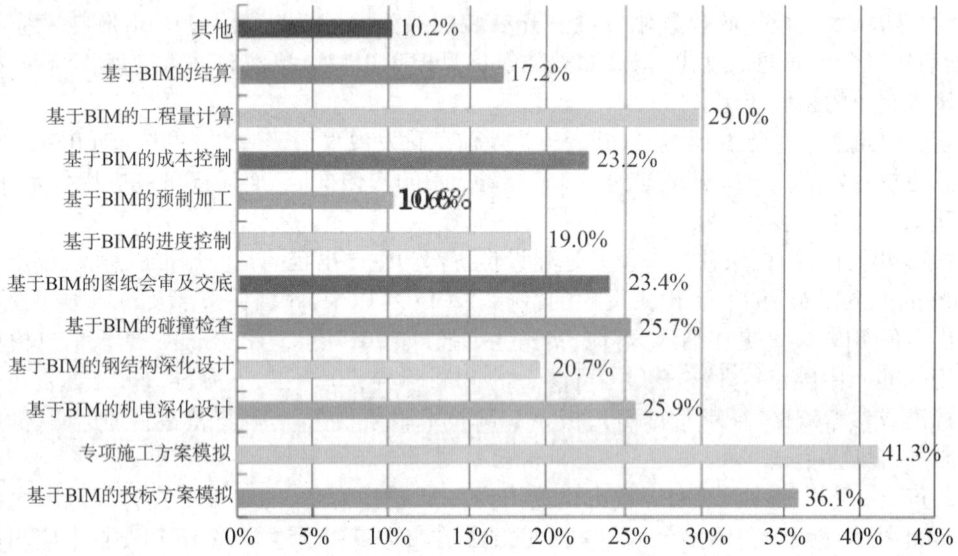

图 12.1　被调查对象所在企业 BIM 技术应用范围

目前的 BIM 指导意见提出的规划目标的时间节点是到 2020 年末，以下新立项项目勘察设计、施工、运营维护中，集成应用 BIM 的项目比率达到 90%：以国有资金投资为主的大中型建筑；申报绿色建筑的公共建筑和绿色生态示范小区。根据上海市发布的《2017 上海市建筑信息模型技术应用与发展报告》，提出 2016 年上海市全年新增 261 个规模以上项目应用 BIM 技术，应用率达 29%，距离 90% 的目标还有一段距离要走。相信 2019 年、2020 年住建部和各地建设主管部门将加快相关配套政策的制定与发布，加快推广 BIM 技术应用。

逐步健全与完善 BIM 标准体系。目前已出台三本 BIM 标准《建筑工程信息模型应用统一标准》《建筑工程设计信息模型分类和编码标准》和《建筑信息模型分类和编码标准》，剩下三本《建筑工程信息模型存储标准》正在编制中，《建筑工程设计模型交付标准》与《制造工业工程设计信息模型应用标准》正在报批中。相信我国 BIM 标准的制定和不断完善，会加快我国 BIM 技术的迅猛发展。

大力推广 BIM 技术与装配式建筑、绿色建筑等技术的融合。装配式建筑与建筑信息融合发展，可依托信息技术，打破传统建筑业上下游接线，实现产业链信息共享，推动装配式建筑实现智能升级。2019 年，越来越多关于 BIM 的推进政策将会陆续推出，BIM 技术将逐步向全国各城市推广开来，真正实现在全国范围内的普及应用。

12.3　BIM 技术的应用

12.3.1　适用于预制装配式建筑的 BIM 软件

软件名称	特　点
Revit + Tekla	1. Revit 拥有广泛得客户基础及比较成熟的客户群体。 2. 在钢筋，结构节点上 Revit 不擅长得地方 Tekla 一般都能满足
PLANBAR	Nemetscheck 旗下专门为解决混凝土预制构件设计的软件，它是为预制件厂量身定制的设计软件，从 CAD 建筑设计到 BIM，到深化构件拆分设计等一应俱全，有着 25 年多的发展历史，在欧洲的占用率达到 70%。 提供了丰富的钢筋形状库供用户自由调用。用户还可通过自定义参数，实现任意钢筋形状的创建。 针对楼板、墙板等预制构件的设计模块，基本满足了目前装配式建筑行业所需要的一切相关技术参数
Bentely	读取、导入导出文件格式丰富多样，软件涵盖多行业、全专业、全周期。 精确绘图，精确地实现了空间定位，真正做到在三维状态下绘制模型 链接的灵活运用实现了模型的轻量化，对模型的拆分及减少重复性工作都有很大帮助。
PKPM	结构分析部分，在 PKPM 传统结构软件中，实现了装配式结构整体分析及相关内力调整、连接设计等部分内容 在 BIM 平台下实现了装配式建筑的精细化设计，包括预制构件库的建立、三维拆分与预拼装、碰撞检查、预制率统计、构件加工详图、材料统计、BIM 数据接力到生产加工设备

对于 BIM 软件的选择还需要根据项目、使用者自身需求等多方面考虑，选择适合的软件应用。

12.3.2　BIM 技术在设计阶段的应用

1. 提供了全新三维状态下可视化的设计方法

BIM 技术下的建模设计过程是以三维状态为基础，不同于 CAD 的基于二维状态下的设计。在常规 CAD 状态下的设计，绘制墙体、柱等构件没有构件属性，只有由点、线、面构成的封闭图形。而在 BIM 技术下绘制的构件本身具有各自的属性,每一个构件在空间中都通过 X、Y、Z 坐标各自的独立属性。设计过程中设计师构想能够通过电脑屏幕上虚拟出来三维立体图形,达到三维可视化下的设计。同时构建的模型具有各自的属性,如柱子,点击属性可知柱子的位置、尺寸、高度、混凝土强度等,这些属性通过软件将数据保存为信息模型(阶段 BIM),也可以由其他专业导入数据,提供了协同设计的基础。

2. 提供各个专业协同设计的数据共享平台

首先,在传统条件下各个专业间的建筑模型设计数据不能相互导出和导入,使各个专业间缺乏相互的协作,即使设计院内部通过大量的技术把关,也只能解决建筑和结构间的构件尺寸统一问题,对于水电、暖通和建筑、结构间的构件冲突都只能在施工过程中进行修改,因此各专业图纸间的矛盾众多,导致施工过程中变更加大,施工单位在施工过程中协调难度增加;设计单位不断调整设计变更增加工作量,造成工程成本增加,达不到业主要求。

其次,在 BIM 技术下的设计,各个专业通过相关的三维设计软件协同工作,能够最大程度的提高设计速度,并且建立各个专业间互享的数据平台,实现各个专业的有机合作,提高图纸质量。例如欧特克通过开发的 AutoCAD Architecture、AutoCAD Revit、Revit Architecture、Autodesk Robot structural analysis 系列软件,使建筑工程师在完成建筑选型、建筑平面、立面图形布置完成后,即可将数据保存为 BIM 信息,导入结构工程师、设备水电工程师专业数据,由结构工程师进行承重构件的设计和结构计算,设备及水电专业工程师同时进行各自专业设计。在建筑和结构专业都完成后,将包含建筑和结构专业数据的 BIM 信息导入水电、暖通、电梯、智能专业进行优化。同时水电、暖通、设备等专业的 BIM 信息也可以导入建筑、结构专业,达到了各个专业间数据的共享和互通,真正实现在共享平台下的协同设计,在设计过程中能够进行各个专业间的有效协调,避免各个专业间的构件矛盾。

3. 提供设计阶段进行方案优化的基础

(1)在设计阶段方便、迅速的进行方案经济技术优化:在 BIM 技术下进行设计,专业设计完成后则建立起工程各个构件的基本数据;导入专门的工程量计算软件,则可分析出拟建建筑的工程预算和经济指标,能够立即对建筑的技术、经济性进行优化设计,达到方案选择的合理性。

(2)实现了可视化条件下的设计

第一,方便了建筑概念设计和方案设计。传统条件下,建筑概念设计基本上是依靠建筑师设想出建筑平面和立面体型,但是直观表述建筑师的设想较为困难,通畅借助制作幻灯片向业主表述自已的设计概念,而业主不能直接理解设计概念的内涵。

在三维可视化条件下进行设计,三维状态的建筑能够借助电脑呈现,并且能够从各个角度观察,虚拟阳光、灯光照射下建筑各个部位的光线视觉,为建筑概念设计和方案设计提供了方便;同时,设计过程中,通过虚拟人员在建筑内的活动,直观的再现人在真正建筑中的视觉感受;使建筑师和业主的交流变得直观和容易。

第二,为空间建筑设计提供了有力工具。在传统的二维状态下进行设计,对于高、大、新、奇的建筑,建筑师、结构师都很难理解到各个构件在空间上的位置和变化,设备工程师、电气工程师更难在空间建筑内进行设备、管线的准确定位和布置。建筑、结构与设备、管线位置关系出现矛盾,影响了设计图纸的质量。

在三维可视化条件下进行设计,建筑各个构件的空间位置都能够准确定位和再现,为各个专业的协同设计提供了共享平台，因此通过 BIM 数据的共享，设备、电气工程师等能够在建筑空间内合理布置设备和管线位置，并通过专门的碰撞检查，消除了各种构件相互间的矛盾。通过软件的虚拟功能，设计人员可以在虚拟建筑内各位置进行细部尺寸的观察，方便进行图纸检查和修改，从而提高图纸的质量。

4. 实现设计阶段项目参与各方的协同工作

传统的二维设计条件下，图纸中图元本身没有构件属性，都是一些点、线、面。项目业主、造价咨询单位要从各自角度对设计方案进行经济上测算和优化，需要造价咨询单位将二维图纸重新建模，建立算量模型，花费大量的时间和人力。同时设计方案修改后，造价单位需要重新按照二维图纸进行模型修改，导致不能及时准确的测算项目成本。

在 BIM 条件下，设计软件导出 BIM 数据，造价单位用 BIM 条件下的三维算量软件平台，按照不同专业导入需要的 BIM 数据；迅速地实现了建筑模型在算量软件中的建立，及时准确的计算出工程量，并测算出项目成本；设计方案修改后，重新导入 BIM 数据，直接得出修改后的测算成本。

12.3.3 BIM 技术在施工阶段应用

1. 虚拟仿真施工

运用建筑信息模型（BIM）技术，建立用于进行虚拟施工和施工过程控制、成本控制的模型。该模型能够将工艺参数与影响施工的属性联系起来，以反映施工模型与设计模型间的交互作用。通过 BIM 技术，实现 3D + 2D（三维 + 时间 + 费用）条件下的施工模型，保持了模型的一致性及模型的可持续性，实现虚拟施工过程各阶段和各方面的有效集成。

2. 实现项目成本的精细化管理和动态管理

通过算量软件运用 BIM 技术建立的施工阶段的 5D 模型，能够实现项目成本的精细分析，准确计算出每个工序、每个工区、每个时间节点段的工程量。按照企业定额进行分析，可以及时计算出各个阶段每个构件的中标单价和施工成本的对应关系，实现了项目成本的精细化管理。同时根据施工进度进行及时统计分析，实现了成本的动态管理。避免了以前施工企业在项目完成后，无法知道项目盈利和亏损的原因和部位。

设计变更出来后，对模型进行调整，及时分析出设计变更前后造价变化额，实现成本动态管理。

3. 实现了大型构件的虚拟拼装，节约了大量的施工成本

现代化的建筑具有高、大、重、奇的特征，建筑结构往往是钢结构 + 钢筋混凝土结构组成为主，如上海中心的外筒就有极大的水平钢结构桁架。按照传统的施工方式，钢结构在加工厂焊接好后，应当进行预拼装，检查各个构件间的配合误差。在上海中心建造阶段，施工方通过三维激光测量技术，建立了制作好的每一个钢桁架的三维尺寸数据模型，在电脑上建立钢桁架模型，模拟了构件的预拼装，取消了桁架的工厂预拼装过程，节约了大量的人力和费用。

4. 各专业的碰撞检查，及时优化施工图

通过建立建筑、结构、设备、水电等各专业 BIM 模型，在施工前进行碰撞检查，及时优化了设备、管线位置，加快了施工进度，避免了施工中大量的返工。

在上海中心项目中，施工技术人员采用传统方法，利用二维图纸将建筑结构图进行叠加，导致施工下料中出现较多管线尺寸不准确，材料计划与实际需要误差大的情况。

通过引入 BIM 技术后，建立了施工阶段的设备、机电 BIM 模型。通过软件对综合管线进行碰撞检测，利 Autodesk Revit 系列软件进行三维管线建模，快速查找模型中的所有碰撞点，并出具碰撞检测报告。同时配合设计单位对施工图进行了深化设计，在深化设计过程中选用 Autodesk Navisworks 系列软件，实现管线碰撞检测，从而较好地解决传统二维设计下无法避免的错、漏、碰、撞等现象。

按照碰撞检查结果，对管线进行调整，从而满足设计施工规范、体现设计意图、符合业主要求、维护检修空间的要求，使得最终模型显示为零碰撞。同时，借由 BIM 技术的三维可视化功能，可以直接展现各专业的安装顺序、施工方案以及完成后的最终效果。

5. 实现项目管理的优化

通过 BIM 技术建立施工阶段三维模型能够实现施工组织设计的优化。例如在三维建筑模型上布置塔吊、施工电梯、提升脚手架，检查各种施工机械间的空间位置，优化机械运转间的配合关系，实现施工管理的优化。

在施工中，还可以根据建筑模型对异型模板进行建模，准确获得异型模板的几何尺寸，用于进行预加工，减少了施工损耗。同样可以对设备管线进行建模，获取管线的各段下料尺寸和管件规格、数量，使得管线尺寸能够在加工厂预先预加工，实现了建筑生产的工厂化。

6. 建设业主及造价咨询公司的投资控制

项目业主或者造价咨询单位采用 BIM 技术可以有效的实现施工期间成本控制。在施工期间咨询单位通过导入 BIM 技术，可以快速准确的建立三维施工模型(3D)，再加上时间、费用则形成了施工过程中的建筑项目的 5D 模型。实现了施工期间成本的动态管理，并且能够及时准确的划分施工完成工程量及产值，为进度款支付提供了及时准确的依据。

7. 能够实现可视化条件下的装饰方案优化

装饰工程设计通常在施工期间根据业主的需要进一步作深化设计。在二维状态下的建筑装饰设计，设计单位主要是出具效果图。即简单的内部透视图形，无法进行动态的虚拟，更没有办法进行各种光线照射下的效果观测，设计人员和业主不能体会到使用各种装饰材料产生的质感变化。在装饰施工中，为了让业主体会装饰效果，需要建立几个样板间，样板间建立过程中对装饰材料反复更换和比较，浪费时间和成本。

通过 BIM 技术下三维装饰深化设计，可以建立一个完全虚拟真实建筑空间的模型。业主或者建筑师能够像在建好的房屋内的虚拟建筑空间内漫游。

通过虚拟太阳的升起降下过程，人员可以在虚拟建筑空间内感受到阳光从不同角度射入建筑内的光线变化，而光线带给人们的感受在公共建筑中往往变的尤为重要。

同时，通过建筑材料的选择，业主可以在虚拟空间内感受建筑内部或者外部采用不同材料的质感、装饰图案给人带来的视觉感受，如同预先进入了装饰好的建筑内一样。可以变换各种位置，或者角度进行观察装饰效果，从而在电脑上实现装饰方案的选择和优化，既使业主满意，又节约了建造样板间的时间和费用。

从下面几个实例中了解 BIM 技术在施工阶段的作用。

1. 预制构件深化设计

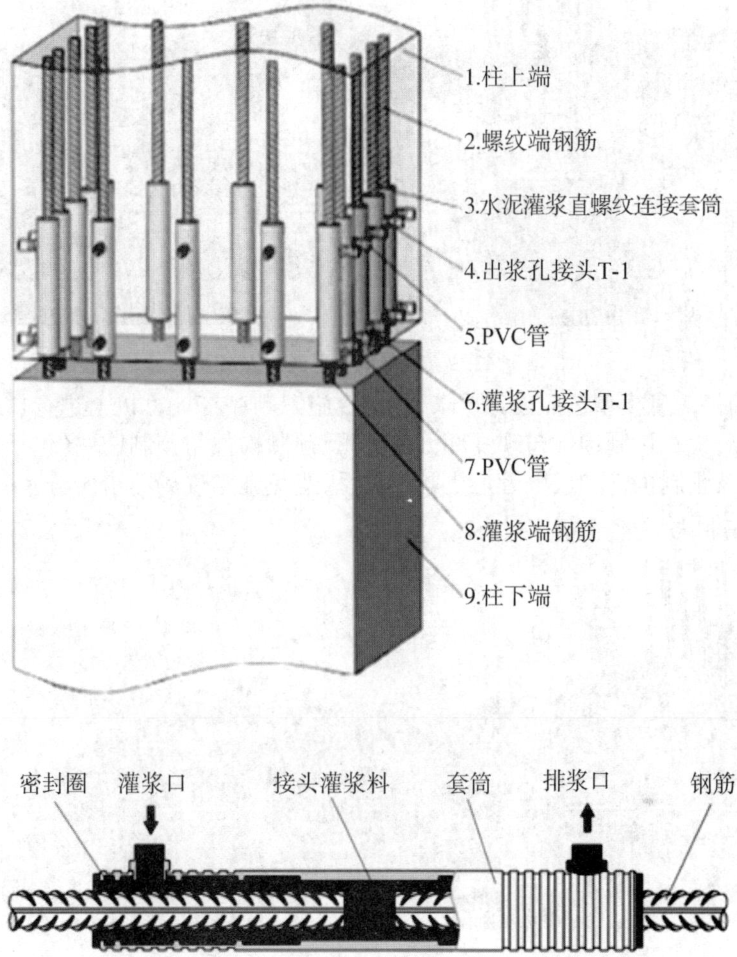

图 12.2 预制构件三维设计模型

在三维设计模型的基础上进行构件拆分，可精确统计预制构件的体积和质量，指导预制率和装配率的计算，并形成各个预制构件的模型。然后在预制构件模型上进行深化设计，布置钢筋与各类埋件，直接生成构件生产所需的图纸，并准确统计钢筋规格与长度、埋件型号与数量等。

2. 预制构件碰撞检测

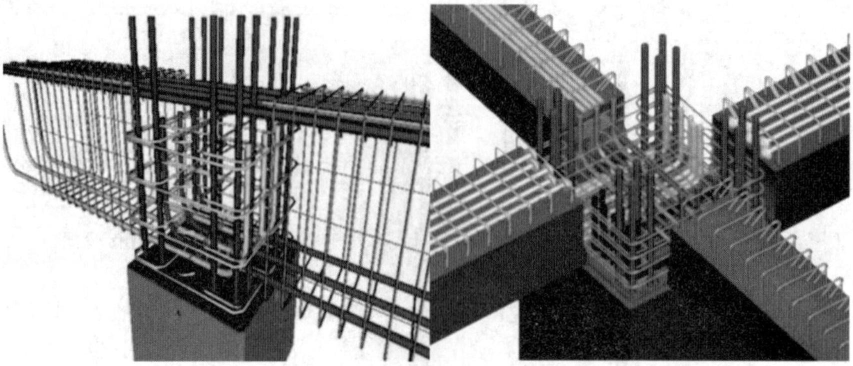

图 12.3　预制构件三维拼装模型

将预制构件信息模型按照设计要求，并结合施工顺序在计算机上进行拼装，对拼接位置进行碰撞检测，检查预制构件与现浇部分的关系，预制构件与预制构件（包括伸出的钢筋）之间的关系，以及预制构件和机电管道之间的关系，避免施工现场的错误与返工。

3. 施工模拟与进度管理

图 12.5　三维可视化施工管理

在施工图深化设计模型和预制构件模型的基础上添加建造过程、进度安排、施工顺序、堆场位置、安装位置和施工工艺等信息。充分利用信息模型所包含的信息，根据项目施工组织计划方案，对预制构件的安装进行动态虚拟仿真模拟，优化施工工序，实现可视化交底。

通过构件编码将虚拟的建筑信息模型与现实的构件联系起来，将施工现场的质量检查信息、进度状况等数据反映到建筑信息模型中，实现三维可视化施工管理。

12.3.4　BIM技术在运维阶段应用

1.提供空间管理

空间管理主要应用在照明、消防等各系统和设备空间定位。获取各系统和设备空间位置信息，把原来编号或者文字表示变成三维图形位置，直观形象且方便查找。如通过RFID获取大楼的安保人员位置；消防报警时，在BIM模型上快速定位所在位置，并查看周边的疏散通道和重要设备等。其次，应用于内部空间设施可视化。传统建筑业信息都存在于二维图纸和各种机电设备的操作手册上，需要使用的时候由专业人员自已去查找信息、理解信息，然后据此决策对建筑物进行一个恰当的动作。利用BIM将建立一个可视三维模型，所有数据和信息可以从模型获取调用。如装修的时候，可快速获取不能拆除的管线、承重墙等建筑构件的相关属性。在软件研发方面，由Autodesk创建的基于DWF技术平台的空间管理，能在不丢失重要数据以及接收方无需了解原设计软件的情况下，发布和传送设计信息。在此系统中，Autodesk FMDesktop可以读取由Revit发布的DWF文件，并可自动识别空间和房间数据，而FMDesktop用户无需了解Revit软件产品，使企业不再依赖于劳动密集型、手工创建多线段的流程。设施管理员使用DWF技术将协调一致的可靠空间和房间数据从Revit建筑信息模型迁移到Autodesk FMDesktop。然后，生成他们专用的带有彩色图的房间报告，以及带有房间编号、面积、入住者名称等的平面图——在迁移墙壁之前，无需联系建筑师，到迁移墙壁时，DWF还能够帮助将更新的信息返回建筑师的Revit建筑信息模型中。

2.提供设施管理

在设施管理方面，主要包括设施的装修、空间规划和维护操作。美国国家标准与技术协会(NIST)于2004年进行了一次研究，业主和运营商在持续设施运营和维护方面耗费的成本几乎占总成本的三分之二。这次统计反映了设施管理人员的日常工作繁琐费时，如手动更新住房报告；通过计算天花板瓦片的数量，计算收费空间的面积；通过查找大量建筑文档，找到关于热水器的维护手册。而BIM技术的特点是，能够提供关于建筑项目的协调一致的、可计算的信息，因此该信息非常值得共享和重复使用，且业主和运营商便可降低由于缺乏互操作性而导致的成本损失。此外还可对重要设备进行远程控制。把原来商业地产中独立运行的各设备通过RFID等技术汇总到统一的平台上进行管理和控制。通过远程控制，可充分了解设备的运行状况，为业主更好地进行运维管理提供良好条件。设施管理在地铁运营维护中起到了重要作用，以及在一些现代化程度较高需要大量高新技术的建筑如大型医院、机场、厂房等也会应用广泛。

3.提供隐蔽工程管理

在建筑设计阶段会有一些隐蔽的管线信息是施工单位不关注的，或者说这些资料信息可能在某个角落里，只有少数人知道。特别是随着建筑物使用年限的增加，人员更换频繁，这些安全隐患日益显得突出，有时直接导致悲剧酿成。如2010年南京市某废旧塑料厂在进行拆迁时，因隐蔽管线信息了解不全，工人不小心挖断地下埋藏的管道，引发了剧烈的爆炸，此次事件引起了社会的强烈反响。基于BIM技术的运维可以管理复杂的地下管网，如污水管、排水管、网线、电线以及相关管井，并且可以在图上直接获得相对位置关系。当改建或二次装修的时候可以避开现有管网位置，便于管网维修、更换设备和定位。内部相关人员可以共享这些电子信息,有变化可随时调整,保证信息的完整性和准确性。

4. 提供应急管理

基于 BIM 技术的管理不会有任何盲区。公共建筑、大型建筑和高层建筑等作为人流聚集区域,突发事件的响应能力非常重要。传统的突发事件处理仅仅关注响应和救援,而通过 BIM 技术的运维管理对突发事件管理包括预防、警报和处理。以消防事件为例,该管理系统可以通过喷淋感应器感应信息;如果发生着火事故,在商业广场的 BIM 信息模型界面中,就会自动触发火警警报;着火区域的三维位置和房间立即进行定位显示;控制中心可以及时查询相应的周围环境和设备情况,为及时疏散人群和处理灾情提供重要信息。类似的还有水管气管爆裂等突发事件:通过 BIM 系统我们可以迅速定位控制阀门的位置,避免了在浩如烟海的图纸中寻找信息,如果处理不及时,将酿成灾难性事故。

5. 提供节能减排管理

通过 BIM 结合物联网技术的应用,使得日常能源管理监控变得更加方便。通过安装具有传感功能的电表、水表、煤气表后,可以实现建筑能耗数据的实时采集、传输、初步分析、定时定点上传等基本功能,并具有较强的扩展性。系统还可以实现室内温湿度的远程监测,分析房间内的实时温湿度变化,配合节能运行管理。在管理系统中可以及时收集所有能源信息,并且通过开发的能源管理功能模块,对能源消耗情况进行自动统计分析,比如各区域,各户主的每日用电量,每周用电量等,并对异常能源使用情况进行警告或者标识。

12.4 总结

目前 BIM 工程管理技术已成为国际工程管理的潮流,在美国及一些发达国家已普遍采用 BIM 技术进行工程管理。国内建设行业内的大公司也相继推广 BIM 工程管理技术,BIM 工程管理技术必将给传统的工程管理带来一场革命。BIM 理技要把项目主要参与方在设计阶段就集合在一起,着眼于项目的全生命期,利用 BIM 技术进行虚拟设计、建造、维护及管理。能给参建各方带来较大的经济益、大幅降低项目风险,减少了项目实施过程中的未知,让管理变得轻松和精细化。

1. 缩短工期,大幅降低建设成本

众所周知,房地产建设的投资额巨大,通过运用 BIM 技术,可在设计阶段规避各专业冲突,优化设计方案,提高建造的施工效率,从而缩短建造工期。工期的缩短将大幅提高业主资金的周转效率,降低建造成本,从而实现业主投资的利益最大化。

2. 提升项目质量,降低建造成本

在建筑物的施工阶段,因为建筑行业技术门槛高,各专业之间协同效率低,常导致返工重做的现象发生,造成了人力、物力、时间的大量损失,运用 BIM 技术,各专业提前在 BIM 模型上将建筑物模拟建造了一遍,通过不断优化建造方案,将可能出现的问题提前解决,可视化交底,提升项目质量,降低成本。

3. 有效控制工程造价和投资

建设是个大工程,也是投资的无底洞,我们经常看到的烂尾楼,大多都是因为投资人不堪重负而毁约撤资。

4. 基于 BIM 的造价管理，可精确计算工程量，快速准确提供投资数据，减少造价管理方面的漏洞，合理推算投资总额，划定区间在 5% 左右应该不难。

5. 多方协同，提升效率

当前建造的项目难度越来越大，很多实操步骤需要多方同时间段的协同管理，而基于 BIM 协同云管理平台软件，能随时随地将各专业链接在一起，通过实时模型查看、施工进度查看等来监管工程进度，大大提升协同效率。

6. 建筑大数据的收集和管理

目前各行各业的大数据产业发展如火如荼，建筑行业的大数据产业因其专业门槛高，应用不广泛，还被搁置，但基于 BIM 模型的数据存储和分析能力，能将建筑二维图纸和三维模型的大数据转化、流转和利用，为建筑物的全生命周期提供应用价值。

7. 建筑大数据的管理和应用

建筑物全生命周期多达百年，在生命周期内的使用全过程中，建筑物的运维成本也长期居高不下，而且需要随时应对可能发生的各项问题。现在，运用 BIM 模型的大数据分析和管理能力，能随时随地调取建筑物的结构数据，大幅提高运维效率，降低物业运维成本。随着基于 BIM 的运维平台和应用的成熟，这方面的价值潜力也是巨大的。

总之，BIM 技术可以有效地提高装配式建筑的设计、生产和施工水平，使装配式建筑从设计到运维的生产链条更加紧密、合理，在我国建筑业实现节能减排、减少污染、促进建筑行业发展转型过程中，能够发挥相当积极的作用。

思考题

1. 什么是 BIM。
2. BIM 所带来的好处。
3. BIM 的应用空间(前景)及现状。
4. BIM 能干什么?
5. BIM 软件有什么?
6. 常用国内的 BIM 软件? 国外 BIM 软件?

参考文献

[1] GB/T51129—2017.装配式建筑评价标准[S].北京：中国建筑工业出版社,2017.
[2] GB/T51231—2016.装配式混凝土建筑技术标准[S].北京：中国建筑工业出版社,2016.
[3] JGJ1－2014.装配式混凝土结构技术规程[S].北京:中国建筑工业出版社,2014.
[4] 吴刚,潘金龙.装配式建筑[M].北京:中国建筑工业出版社,2018.
[5] 张健.装配式混凝土建筑[M].北京：机械工业出版社,2020.
[6] 郭学明.装配式混凝土结构建筑的设计、制作与施工[M].北京:中国建筑工业出版社,2017.
[7] 郭学明,杜常岭.装配式混凝土建筑—施工问题分析与对策[M].北京：机械工业出版社,2020.
[8] 杜常岭.装配式混凝土建筑口袋书[M].北京：机械工业出版社,2019.
[9] 卫涛.基于BIM的Revit装配式建筑设计实战[M].北京：清华大学出版社,2019.
[10] 王鑫,刘晓晨,李洪涛,等.装配式混凝土建筑施工[M].重庆：重庆大学出版社,2018.